浙江农林大学 生态文明研究院 碳中和研究院
Institute of Ecological Civilization & Institute of Carbon Neutrality, Zhejiang A&F University

浙江智库 ZHEJIANG THINK TANK

浙江省生态文明智库联盟

浙江生态文明发展报告

沈满洪　陈真亮　钱志权　孔令乾　等 / 著

碳达峰碳中和在行动

中国环境出版集团 · 北京

图书在版编目（CIP）数据

2021浙江生态文明发展报告：碳达峰碳中和在行动/沈满洪等著. —北京：中国环境出版集团，2023.7
ISBN 978-7-5111-5554-2

Ⅰ.①2… Ⅱ.①沈… Ⅲ.①生态文明—建设—研究报告—浙江—2021 Ⅳ.①X321.255

中国国家版本馆CIP数据核字（2023）第118839号

出 版 人	武德凯
责任编辑	宾银平　陈金华
封面设计	宋　瑞

出版发行	中国环境出版集团
	（100062　北京市东城区广渠门内大街16号）
	网　　址：http://www.cesp.com.cn
	电子邮箱：bjgl@cesp.com.cn
	联系电话：010-67112765（编辑管理部）
	发行热线：010-67125803，010-67113405（传真）
印　　刷	玖龙（天津）印刷有限公司
经　　销	各地新华书店
版　　次	2023年7月第1版
印　　次	2023年7月第1次印刷
开　　本	787×1092　1/16
印　　张	14
字　　数	312千字
定　　价	78.00元

【版权所有。未经许可，请勿翻印、转载，违者必究。】
如有缺页、破损、倒装等印装质量问题，请寄回本集团更换

中国环境出版集团郑重承诺：
中国环境出版集团合作的印刷单位、材料单位均具有中国环境标志产品认证。

前　言

一、什么是发展报告

发展报告就是针对某个特定范围的综合发展或行业发展做出总体评判，既要总结一定周期内发展的战略与举措、取得的成就及经验、存在的问题及根源，又要对现实的机遇、挑战、优势、劣势等做出准确的研判，还要对未来的发展趋势、发展目标、发展战略、发展任务等提出设想。

从区域范围的角度看，发展报告可以区分为全球发展报告、国别发展报告以及各个层次的区域发展报告。《世界高等教育数字化发展报告》就是全球发展报告，《中国高等教育数字化发展报告》就是国别发展报告，《江苏高等教育数字化发展报告》就是区域发展报告。

从报告内容的角度看，发展报告可以区分为综合性发展报告、行业性发展报告。《2020中国发展报告》《"十三五"时期上海市发展报告》就是综合性发展报告，《中国可持续发展战略报告2021》《2018年鄱阳湖生态经济发展报告》就是行业性发展报告。

从报告撰写者的角度看，发展报告可以区分为官方的发展报告、民间的发展报告以及半官方的发展报告。美国国防部发布的《2021年中国军事与安全发展报告》就是官方的发展报告。中国人权研究会撰写的《中国人权事业发展报告》、武汉大学和中国反贫困宣传教育中心撰写的《中国反贫困发展报告2017——定点扶贫专题》就是半官方的发展报告。由中国民间文艺家协会撰写的《2014年中国民间文艺发展报告》就是民间的发展报告。

二、为何撰写发展报告

发展报告不同于一般的学术著作。学术著作是专门针对某一问题进行深入研究，可以阐述"一家之言"，提出自己的观点和认识。发展报告则要求"真实性"，要严格地以事实为基本依据，否则就是人为的抹黑、贬低、吹捧。发展报告也不同于教科书。教科书是对已有理论和知识在取舍的基础上的体系化展示。发展报告则要求"创新性"，要求对以往做出经验提炼，对现实做出方位判断，对未来做出科学预测。做好了，就是高水平的发展报告；做不好，就是低水平的发展报告。

正因为如此，发展报告对相应的读者群体是具有重要的参考价值的。优质的发展报告可以分析以往的思路、战略、路径是否正确，据此决定是否做出调整和优化。优质的发展报告可以研判现实的方位，据此可以对未来做出恰当的谋划，防止"左"的或"右"的错误。优质的发展报告可以擘画未来的蓝图、未来的战略、未来的举措，相当于是战略谋划和对策建议。这正是领导人员所需要的。

正因为如此，不仅是官方层面高度重视发展报告的撰写，民间和半官方也高度重视发展报告的撰写。理论工作者重视发展报告，阅读发展报告相当于做了一次调查研究。实务工作者同样重视发展报告，阅读发展报告相当于帮助做了一次形势分析。

三、如何撰写发展报告

撰写发展报告首先要确定"写什么"。无论是官方的、民间的发展报告，还是半官方的发展报告，都必须有主题。浙江省社会科学界联合会组织撰写的发展报告的主题是由智库联盟的性质决定的。由浙江农林大学生态文明研究院牵头的智库联盟是"浙江省生态文明智库联盟"（原名"浙江'两山'智库联盟"）。该智库联盟应当承担的发展报告主题是浙江省生态文明建设，总体上应该回答在生态文明建设领域浙江省有什么政策创新、理论创新、实践创新以及未来应该如何创新。

撰写发展报告必须要明确"谁来写"。在申报国家社会科学基金或自然科学基金重大项目答辩时，经常会听到专家这样的提问：你有什么平台来保障你研究任务的完成？随着研究经历的丰富，笔者越来越体会到这个问题的重要性。研究平台是检验某个单位、某个组织综合实力和领军人才水平的标志。

撰写发展报告一定要知道"怎么写"。按照我的学习研究体会，下列几个步骤是不可或缺的：第一步，明确主题。主题明确才能定位明确。第二步，拟定提纲。提纲就是"房子的框架和结构"。提纲拟定了，后续工作就是"填空"。第三步，撰写稿子。在给定的框架下，写出具有资料性、创新性和前瞻性的稿子。第四步，研讨修改。优秀的文章是"改出来"的，发展报告也是如此。

四、本发展报告的定位与框架

本发展报告是浙江省社会科学界联合会的"命题作文"，总的要求是围绕"浙江生态文明建设年度发展报告"的主题进行设计。习近平主席在 2020 年 9 月 22 日第七十五届联合国大会一般性辩论上庄严宣告"中国将提高国家自主贡献力度，采取更加有力的政策和措施，二氧化碳排放力争于 2030 年前达到峰值，努力争取 2060 年前实现碳中和"。这充分展现了我国坚持绿色发展、应对气候变化的责任担当与坚定决心。2021 年是包括浙江省在内的全国各省（自治区、直辖市）和各个部门积极响应习近平总书记的号召，大力推进碳达峰碳中和（以下简称"双碳"）的开始之年。"双碳"自纳入生态文明建设总体布局以来，既是一项艰巨的任务，又是一项全新的工作，需要得到学者的特别关注。因此，本发展报告的题目确立为《2021 浙江生态文明发展报告——碳达峰碳中和在行动》。

这就说明"浙江生态文明发展报告"是一个长期坚持的主题。由于生态文明涉及生态文化、生态资源、生态环境、生态产业、生态消费、生态空间、生态科技、生态制度等方方面面，如果泛泛而谈容易浮在面上，每年聚焦某个主题相对容易深化。2021年度浙江生态文明发展报告就聚焦在"双碳"上。

本报告的主要内容由四篇十一章构成。第一篇政策篇由浙江省"双碳"相关制度和政策进展、制度和政策的法治创新、政策研判及完善建议等三章构成；第二篇理论篇由浙江省"双碳"领域的科研立项情况、研究成果、成果的社会影响等三章构成；第三篇实践篇由浙江省行业、区域、微观主体"双碳"的实践等三章构成；第四篇总结展望篇由浙江省"双碳"工作总结和展望两章构成。

五、本发展报告的特色与创新

（1）资料性强。"以事实说话"是发展报告的基本要求。资料性强了，即使分析、研判、前瞻的工作弱了，也还是有发展报告存在的价值。本报告特别强调充分的资料性。本发展报告中，无论是制度政策的梳理、规划蓝图的整理还是理论成果的汇编、实践成就的总结都吸纳了大量翔实的资料，并采取了图表的形式予以展示，其目的就是方便读者更加直观、快速地了解相关内容。

（2）创新性强。本发展报告在系统总结政策创新、理论创新、实践创新的基础上也进行了对策创新。发展报告具有显著的创新性，如关于浙江省推进"双碳"工作的理念概括——以系统集成理念谋求制度政策的体系化，以迭代升级理念谋求制度政策的与时俱进，以优化选择理念谋求制度政策的绩效最佳，以综合权衡理念谋求环境经济的协调发展。又如关于浙江省"双碳"工作的经验提炼：治理理念上充分认识到"等不得，急不得"，稳妥推进"双碳"工作；治理主体上构建起政府主导、企业主体、公众参与的结构，形成"双碳"多元共治格局；治理方式上强化数字化改革，实现"双碳"信息共享和"数字倒逼"；治理制度上努力谋求体系化，形成"双碳"制度矩阵、制度工具箱。

（3）前瞻性强。本发展报告求证了浙江省率先实现"双碳"目标的必要性和可能性。必要性是浙江省打造"两个先行"和"重要窗口"的需要，可能性是基于浙江省经济发展的基础和碳减排与增碳汇的能力。据此提出浙江省2027年实现碳达峰、2050年实现碳中和的时间表，并系统阐述了统筹兼顾"双碳"目标与发展目标、统筹兼顾碳达峰目标与碳中和目标、统筹兼顾碳减排与增碳汇、统筹兼顾改善能源结构与提高能源效率、统筹兼顾生态碳汇与工程碳汇、统筹兼顾碳减排与污染治理、统筹兼顾低碳科技创新与低碳制度创新等七大关系。

六、本发展报告的分工与合作

本发展报告是浙江省生态文明智库联盟和浙江省新型重点专业智库——浙江农林大学生态文明研究院（浙江农林大学碳中和研究院）组织实施的。沈满洪教授作为课题主持人，陈真亮教授、钱志权副教授、孔令乾博士作为核心成员。沈满洪确立选题并根据浙江省社会科学界联合会的总体要求提出大致的框架，由各个部分的负责人草拟提纲，课题组集体研究审定提纲。各章初稿形成后，沈满洪提出详尽的修改意见，经过反复修改定稿。因此，本发展报告是分工合作的成果。各章执笔如下：

前言及篇引：浙江省生态文明智库联盟理事长、浙江省新型重点专业智库——浙江农林大学生态文明研究院院长、经济管理学院教授沈满洪博士；

第一章：浙江省新型重点专业智库——浙江农林大学生态文明研究院学术部部长、文法学院教授陈真亮博士，重庆大学文法学院博士研究生项如意；

第二章：陈真亮，项如意；

第三章：陈真亮，项如意；

第四章：浙江省新型重点专业智库——浙江农林大学生态文明研究院办公室主任、经济管理学院副教授钱志权博士，浙江农林大学经济管理学院硕士研究生王愉萱；

第五章：钱志权，浙江农林大学经济管理学院硕士研究生韩佳银；

第六章：钱志权，浙江农林大学经济管理学院硕士研究生蔡昂见；

第七章：浙江省新型重点专业智库——浙江农林大学生态文明研究院学术部副部长、经济管理学院讲师孔令乾博士，浙江农林大学经济管理学院硕士研究生李朝阳；

第八章：孔令乾，李朝阳；

第九章：孔令乾，李朝阳；

第十章：沈满洪，浙江农林大学经济管理学院硕士研究生王琦；

第十一章：沈满洪，浙江农林大学经济管理学院硕士研究生王寅梅，钱志权。

在研究过程中得到浙江省社会科学界联合会、浙江省生态文明智库联盟单位、浙江农林大学的大力支持，在此表示衷心感谢！

撰写浙江生态文明发展报告尚属首次，报告中难免存在一些不当的甚至错误的地方，敬请读者批评指正。

浙江农林大学生态文明研究院院长
浙江省生态文明智库联盟理事长
沈满洪
2023 年 3 月 6 日

目 录

■ **第一篇　政策篇** / 1

第一章　浙江省碳达峰碳中和相关制度和政策进展 / 3
　一、气候变化应对制度和政策进展评析 / 3
　二、资源能源领域的制度和政策进展评析 / 8
　三、生态环境领域的制度和政策进展评析 / 12

第二章　浙江省碳达峰碳中和制度和政策的法治创新 / 18
　一、浙江省碳达峰碳中和制度和政策创新的基本理念 / 18
　二、浙江省碳达峰碳中和制度和政策创新的发展趋势 / 23
　三、浙江省碳达峰碳中和制度和政策创新的横向比较 / 28

第三章　浙江省率先实现碳达峰碳中和的政策研判及完善建议 / 36
　一、浙江省率先实现碳达峰碳中和的有利法治条件 / 36
　二、浙江省率先实现碳达峰碳中和的主要法律难题或障碍 / 42
　三、浙江省率先实现碳达峰碳中和的法治完善建议 / 47

■ **第二篇　理论篇** / 55

第四章　浙江省碳达峰碳中和领域的科研立项情况 / 57
　一、浙江省碳达峰碳中和领域科研项目立项的比较分析 / 57
　二、浙江省碳达峰碳中和领域科研项目立项的主要特征 / 78
　三、浙江省碳达峰碳中和领域科研项目立项的主要问题 / 79

第五章　浙江省碳达峰碳中和领域的研究成果 / 82
　一、浙江省碳达峰碳中和领域研究成果的比较分析 / 82
　二、浙江省碳达峰碳中和领域研究成果的主要特征 / 97
　三、浙江省碳达峰碳中和领域研究成果的主要问题 / 99

第六章　浙江省碳达峰碳中和领域成果的社会影响　/101
　　一、浙江省碳达峰碳中和领域研究成果的社会影响分析　/101
　　二、浙江省碳达峰碳中和研究成果社会影响的特征　/108
　　三、浙江省碳达峰碳中和研究成果社会影响的主要问题　/109

第三篇　实践篇　/111

第七章　浙江省行业碳达峰碳中和的实践　/113
　　一、浙江省能源行业碳达峰碳中和的实践　/113
　　二、浙江省工业碳达峰碳中和的实践　/120
　　三、浙江省交通行业碳达峰碳中和的实践　/125
　　四、浙江省建筑行业碳达峰碳中和的实践　/129
　　五、浙江省农业碳达峰碳中和的实践　/133

第八章　浙江省区域碳达峰碳中和的实践　/138
　　一、浙江省设区市碳达峰碳中和的实践　/138
　　二、浙江省县域（县、市、区）碳达峰碳中和的实践　/143
　　三、浙江省乡镇碳达峰碳中和的实践　/146
　　四、浙江省社区碳达峰碳中和的实践　/150

第九章　浙江省微观主体碳达峰碳中和的实践　/154
　　一、浙江省园区碳达峰碳中和的实践　/154
　　二、浙江省企业碳达峰碳中和的实践　/158
　　三、浙江省公共机构碳达峰碳中和的实践　/161
　　四、浙江省居民碳达峰碳中和的实践　/165

第四篇　总结展望篇　/169

第十章　浙江省碳达峰碳中和工作总结　/171
　　一、浙江省碳达峰碳中和的重大举措　/171
　　二、浙江省碳达峰碳中和的阶段成就　/181
　　三、浙江省碳达峰碳中和的初步经验　/189

第十一章　浙江省碳达峰碳中和工作展望　/193
　　一、浙江省碳达峰碳中和的战略目标　/193
　　二、浙江省碳达峰碳中和的主要任务　/199
　　三、浙江省碳达峰碳中和的根本方法　/208

第一篇

政策篇

政策篇由浙江省"双碳"相关制度和政策进展、浙江省"双碳"制度和政策的法治创新、浙江省率先实现"双碳"目标的政策研判及完善建议等内容构成。

通过系统回顾国家、浙江省及其设区市三个层面的"双碳"制度创新和政策设计可见，浙江省的"双碳"制度和政策走在全国前列：在基本理念上，以系统集成理念谋求制度政策的体系化，以迭代升级理念谋求制度政策的与时俱进，以优化选择理念谋求制度政策的绩效最佳，以综合权衡理念谋求环境经济的协调发展；在创新特征上，实现了由污染防治到生态保护的环境资源立法转型，由地方法制到区域法治的环境治理转型，由命令控制到引导激励的制度转型，由末端治理到源头预防的规制理念转型；通过横向比较可知，浙江省更加重视区际减碳的均衡性（城乡、省际分工合作），更加重视对数字化等科技手段的运用，更加重视社会资本参与及营商法治环境建设，更加注重绿色金融等市场手段的运用，更加重视节能减排的协同管理体制与机制建设。

浙江省"双碳"工作既有有利条件，也有不利因素，只要扬长避短就可以继续走在前列。政策建议是：进一步规范能源资源市场交易的制度体系，进一步构建节能减排降碳的协同增效的长效机制，进一步深化降碳减排的社会参与制度建设，进一步优化生态增汇和工程增汇技术及政策支撑，进一步推进绿色低碳的金融政策制度创新。

第一章

浙江省碳达峰碳中和相关制度和政策进展

加强"双碳"工作的法治构建,是促进绿色低碳发展和应对气候变化的重要保障。自从提出"双碳"目标以来,浙江省协同推进降碳、减污、扩绿、增长,建立健全省级统筹、三级联动、条块结合、高效协同的"双碳"制度和政策体系,已基本构建起涵盖气候变化应对、资源能源节约、碳减排碳增汇与低碳发展、生态环境保护等方面的绿色制度与政策体系。

一、气候变化应对制度和政策进展评析

(一)碳减排的制度和政策进展

1. 国家层面的进展情况

(1)较早启动碳排放交易试点与市场建设。碳排放交易可以促进碳减排、经济生态化和生态经济化,通过碳市场一体化促进城乡的共同富裕,通过碳市场国际合作推动人类命运共同体建设。[①] 早在2011年,北京、广东、上海、天津、重庆、湖北和深圳等7省(市)就启动了碳排放交易试点,产品主要为碳排放配额和国家核证自愿减排量。2021年,中共中央办公厅、国务院办公厅印发的《关于深化生态保护补偿制度改革的意见》(中办发〔2021〕50号)要求加快建设全国用能权、碳排放权交易市场,健全以国家温室气体自愿减排交易机制为基础的碳排放权抵消机制,将具有生态、社会等多种效益的林业、可再生能源、甲烷利用等领域温室气体自愿减排项目纳入全国碳排放权交易市场。

(2)完善碳排放交易相关制度安排。出台了《中华人民共和国大气污染防治法》《清洁发展机制项目运行管理办法》《碳排放权交易管理办法(试行)》《温室气体自愿减排交

---

① 沈满洪.论碳市场建设[J].中国人口·资源与环境,2021(9):86.

易管理暂行办法》《中国应对气候变化国家方案》《国家适应气候变化战略 2035》《减污降碳协同增效实施方案》等。

（3）扩展碳排放交易的行业覆盖范围。2021 年，全国碳排放权交易市场启动上线交易，全国碳市场发电行业第一个履约周期正式启动。2022 年起，中国依照"成熟一行、推广一行"的原则，推动碳排放权交易市场覆盖范围由发电行业向石化、建材、化工、航空、有色、造纸、钢铁等高能耗行业拓展。

2. 浙江省级层面的进展情况

（1）构建节能降碳工作体系和配套政策。2022 年，浙江省委、省政府印发《关于完整准确全面贯彻新发展理念做好碳达峰碳中和工作的实施意见》，明确全省实现碳达峰碳中和的时间表、路线图。《浙江省碳达峰碳中和科技创新行动方案》（省科领〔2021〕1 号）、《浙江省发展改革委等五部门关于严格能效约束推动重点领域节能降碳工作的实施方案》（浙发改产业〔2022〕1 号）、《浙江省建设项目碳排放评价编制指南（试行）》（浙环函〔2021〕179 号）、《浙江省应对气候变化"十四五"规划》（浙发改规划〔2021〕215 号）、《浙江省"十四五"节能减排综合工作方案》、《"气象+绿色发展"行动实施方案（2021—2023 年）》等文件的出台，标志着浙江省"双碳"工作进入全面实施和系统强化的阶段。

（2）构建应对气候变化的部门统计制度。根据《中华人民共和国统计法》和《关于加强应对气候变化统计工作的意见》（发改气候〔2013〕937 号）等，浙江制定《浙江省应对气候变化部门统计报表制度》。

（3）启动减污降碳协同创新区建设和财政支持工作。2022 年，浙江省生态环境厅等 9 部门联合发布《浙江省减污降碳协同创新区建设实施方案》，要求到 2025 年初步建立资源循环利用体系，构建减污降碳协同制度体系，首创减污降碳协同指数。《浙江省财政厅关于支持碳达峰碳中和工作的实施意见》（浙财资环〔2022〕37 号）提出，建立健全"1+4+N"（1 个目标、4 个政策工具、N 个领域）财政支持碳达峰碳中和政策体系。此外，浙江实施项目环评管理"正面清单"制度和告知承诺审批制度，开展长三角生态绿色一体化发展示范区建设。

3. 设区市层面的进展情况

（1）杭州市发布《关于完整准确全面贯彻新发展理念做好碳达峰碳中和工作的实施意见》，聚焦治理体系低碳转型，要求建立与"双碳"相匹配的规划体系、治理模式和资源利用模式，以及重点领域降碳，实施产业、能源、交通、建筑、居民生活等五大绿色发展计划。

（2）宁波市发布《宁波市碳达峰碳中和科技创新行动方案》（甬创新办〔2021〕5 号），聚焦绿色低碳循环关键核心技术攻关、高能级创新平台建设、技术产业协同发展和高端人才队伍建设，要求构建市场导向的绿色低碳技术创新体系，推动低碳前沿应用技术研究和产业迭代升级。

（3）湖州市发布《湖州市工业碳效对标（碳效码）管理办法（试行）》（湖制高办发〔2021〕

18号)和《湖州市工业企业碳效综合评价细则(试行)》(湖统〔2021〕63号),开展工业碳效智能对标试点,建立五级碳效等级;开展碳排放统计核算工作。

(4)温州市发布《温州市制造业千企节能改造行动方案(2021—2023)》(温政办〔2021〕69号)、《温州市新一轮制造业"腾笼换鸟、凤凰涅槃"攻坚行动实施方案(2021—2023)》(温政办〔2021〕66号)等,要求按照"绿色、清洁、高效、低碳"要求,改造提升高碳低效行业,推广运用节能减碳技术,发展绿色低碳产业。

(5)部分地市推进气候资源开发利用和保护专门立法。比如《宁波市气候资源开发利用和保护条例》(2016年)、《温州市气候资源开发利用和保护条例》(2021年)等地方性法规,要求政府应当采取节能减排、湿地保护、城乡绿化等措施,减缓气候变化,优化气候资源条件。

总之,浙江省已基本建立起以碳交易制度为代表的碳减排制度和政策,注重整体规划、科技引领、协同治理、循序渐进,围绕促进能源低碳智慧转型、新能源高质量发展、新型电力系统建设、新型储能发展等重点任务出台配套政策。

(二)碳增汇的制度和政策进展

1. 国家层面的进展情况

(1)实施清洁发展机制。早在2006年,国家林业局和世界银行合作在广西实施全球首个清洁发展机制(Clean Development Mechanism,CDM)再造林项目,开创了CDM林业碳汇造林项目成功交易的先河。2022年,修订后的《中国清洁发展机制基金管理办法》增加了"支持碳达峰碳中和、污染防治和生态保护等绿色低碳活动领域,促进经济社会高质量发展"等内容。

(2)设立碳汇基金会。2010年,中国成立首家以增汇减排、应对气候变化为目标的全国性公募基金会——中国绿色碳汇基金会(China Green Carbon Foundation,CGCF)。

(3)发展林业碳汇技术与方法学体系。原国家林业局先后组织编制《碳汇造林项目方法学》《森林经营碳汇项目方法学》《竹子造林碳汇项目方法学》《竹子经营碳汇项目方法学》,为开展温室气体自愿减排林业碳汇项目奠定了基础。

(4)促进碳捕集、利用与封存(CCUS)。《关于推动碳捕集、利用和封存试验示范的通知》(发改气候〔2013〕849号)、《二氧化碳捕集、利用与封存环境风险评估技术指南(试行)》(环办科技〔2016〕64号)等,有力地推动了CCCS技术项目发展。

(5)推进农业农村减排固碳。《农业农村减排固碳实施方案》(农科教发〔2022〕2号)要求以实施减污降碳、碳汇提升重大行动为抓手,建立完善监测评价体系,强化科技创新支撑,加快形成节约资源和保护环境的农业农村产业结构、生产方式、生活方式、空间格局。

2. 浙江省级层面的进展情况

(1)在清洁空气行动中开展森林碳汇。早在2010年,《浙江省清洁空气行动方案》(浙政发〔2010〕27号）要求大力实施森林碳汇工程。2022年，浙江省运用国家核证自愿减排量（CCER）规则对首批项目的碳汇量进行标准核算，形成了全省首个林业碳汇开发与交易机制。

（2）推进在水产养殖和海湾建设中开展海洋碳汇工程。2019年，浙江省农业农村厅等十部门联合发布《关于加快推进水产养殖绿色发展的实施意见（2019—2022年）》（浙农渔发〔2019〕12号），要求充分发挥贝藻类的碳汇功能，拓展贝藻养殖。2022年，《浙江省美丽海湾保护与建设行动方案》（浙政发〔2022〕12号）要求探索发展海洋蓝碳，全面开展海洋碳储量和碳汇能力调查评估。

（3）在林业发展中开展森林碳汇工程。2021年，《浙江省林业发展"十四五"规划》（浙发改规划〔2021〕136号）提出到2025年森林植被碳储量将达到3.4亿t。2022年，浙江省林业局探索林业碳汇交易机制，发布了《浙江省森林植被碳储量计量技术规程》、《浙江省林业固碳增汇试点建设管理办法》（浙林绿〔2022〕37号），对试点的确立、建设、管理、成效验收、激励措施等方面作出规定。此外，浙江省机关事务管理局等六部门印发《深入开展公共机构"十四五"绿色低碳引领行动促进碳达峰实施方案》，明确通过"购买生态扶贫林业碳汇"等方法，拓宽多元化的林业碳汇交易渠道。

3. 设区市层面的进展情况

（1）杭州市强化生态碳汇能力建设。2022年，杭州市《关于完整准确全面贯彻新发展理念做好碳达峰碳中和工作的实施意见》要求深度培育林业碳汇、挖掘湿地碳汇潜力、大力发展生态增汇型农业，促进生态增汇。

（2）宁波市建立全国首个湿地碳汇生态价值保险试点。2022年，宁波市前湾新区建立全国首个湿地碳汇生态价值保险试点。

（3）丽水市大力推进碳汇生态产品价值实现。2021年，丽水市在全国率先成立市级森林碳汇管理机构，制定《丽水银行业保险业林业碳汇金融业务操作指引（试行）》。2022年，《丽水市生态产品价值实现"十四五"规划》（丽政办发〔2021〕77号）致力于林业碳汇方法学的创新及向发达地区提供碳汇资源。

总之，巩固和提升生态系统碳汇功能，可以为浙江省工业减排保留更加充裕的排放空间，因此生态系统是浙江省"双碳"战略行动的"压舱石"和"稳压器"。浙江省结合本省森林覆盖率较高、邻近海洋、市场经济活跃、数字技术先进的省情，在大力发展林业碳汇、海洋碳汇等其他多种形式的碳汇制度的同时，还创造性地开展"碳保险""碳账户""碳效码""碳均论英雄"等试点工作，取得一定成效。但是，浙江省生态系统碳汇倍增目标仍然艰巨，还需加强科技支撑、政府引导、公众参与、财政投入等方面的政策制度建设。

（三）碳达峰碳中和的制度和政策进展

1. 国家层面的进展情况

2021年以来，我国出台一系列"双碳"有关规定。主要如下：

（1）加强"双碳"工作的顶层设计。2021年,《中华人民共和国国民经济和社会发展第十四个五年规划和 2035 年远景目标纲要》《国务院关于加快建立健全绿色低碳循环发展经济体系的指导意见》（国发〔2021〕4 号）、《国务院关于印发 2030 年前碳达峰行动方案的通知》、《中国应对气候变化的政策与行动》等陆续发布。

（2）加快"双碳"高等教育人才培养。《加强碳达峰碳中和高等教育人才培养体系建设工作方案》（国发〔2021〕23 号）要求加强绿色低碳教育，推动专业转型升级，加快急需紧缺人才培养，深化产教融合协同育人，加强师资队伍建设，推进国际交流与合作，为实现"双碳"目标提供坚强的人才保障和智力支持。

（3）启动"双碳"立法探索。2016年，修正后的《中华人民共和国气象法》将"合理开发利用和保护气候资源"增加为立法目。2021年，出台了《碳排放权交易管理办法（试行）》《碳排放权交易管理规则》等。《中华人民共和国森林法》《中华人民共和国草原法》《中华人民共和国湿地保护法》等法律肯定了森林、草原和湿地的碳汇功能。

（4）制定具体领域的"双碳"行动方案。住房和城乡建设部、国家发展改革委印发《城乡建设领域碳达峰实施方案》（建标〔2022〕53 号），要求以绿色低碳发展为引领，推进城市更新行动和乡村建设行动，加快转变城乡建设方式，提升绿色低碳发展质量。

2. 浙江省级层面的进展情况

（1）2022年，浙江省委、省政府印发《关于完整准确全面贯彻新发展理念做好碳达峰碳中和工作的实施意见》，要求以数字化改革撬动经济社会发展全面绿色转型，积极稳妥推进"双碳"工作，加快构建"6+1"领域碳达峰体系。浙江省把"双碳"指标纳入经济社会发展综合评价体系，建立碳达峰目标责任考核清单化、闭环化管理机制，有关情况纳入省级生态环境保护督察范围。

（2）将"双碳"工作全面融入经济社会发展规划和生态环境保护总体规划。2021年，《浙江省国民经济和社会发展第十四个五年规划和 2035 年远景目标纲要》提出鼓励有条件的区域和行业率先达峰，开展"零碳"体系试点，落实碳排放权交易制度，实施温室气体和污染物协同治理举措，启动实施碳达峰行动，编制碳达峰行动方案。《浙江省生态环境保护"十四五"规划》（浙发改规划〔2021〕204 号）、《浙江省应对气候变化"十四五"规划》（浙发改规划〔2021〕215 号）等坚持减缓和适应并重，推动实施二氧化碳排放达峰行动，推进应对气候变化与环境治理、生态保护修复协同增效。

（3）明确"双碳"工作细则和责任分工。主要有《浙江省碳达峰碳中和工作领导小组工作规则》、《浙江省碳达峰碳中和 2021 年工作任务清单》、《浙江省碳达峰碳中和科技创新行动方案》（省科领〔2021〕1 号）、《浙江省生态环境厅办公室关于印发碳达峰碳中和工作厅内分工方案的通知》、《浙江省关于印发 2022 年建筑领域碳达峰碳中和工作要点的通知》等。

3. 设区市层面的进展情况

（1）宁波市推进低碳城市和低碳科技建设。代表性的有《宁波市低碳城市发展规划

（2016—2020 年）》（甬政发〔2017〕2 号）、宁波市科技局发布并实施的《宁波市碳达峰碳中和科技创新行动方案》（甬创新办〔2021〕5 号）等。

（2）绍兴市推进柴油动力移动源排气污染防治工作。《绍兴市柴油动力移动源排气污染防治办法》要求将柴油动力移动源排气污染防治工作纳入环境保护规划和环境保护目标责任制，制定在用柴油动力移动源分级管理名录和分级管理实施方案。

（3）杭州市推进"双碳"数智治理体系建设。2022 年，杭州市《关于完整准确全面贯彻新发展理念做好碳达峰碳中和工作的实施意见》提出聚焦支撑能力建设，强化创新、数智、市场、政策、区域协作等方面作用，高质量推进"双碳"数智治理体系建设。

（4）湖州市打造"双碳"工作新高地。《湖州市碳达峰实施方案》要求打造绿色产业发展新高地、资源循环利用新高地、绿色制度创新新高地、绿色生活引领新高地、绿色技术创新新高地等，并发布《湖州市碳达峰碳中和科技创新行动方案》等。

总之，浙江省深入学习习近平生态文明思想，把"双碳"工作摆在经济社会发展变革大局的突出位置，统筹经济发展、能源安全、碳排放和居民生活等目标。

二、资源能源领域的制度和政策进展评析

（一）资源节约领域的制度和政策进展

1. 国家层面的进展情况

（1）制定"绿色民法典"。2020 年，《中华人民共和国民法典》第九条规定了绿色原则，统摄物权编、合同编和侵权责任编的相关具体制度和规则，并规定了近 20 条与生态环境保护有关的条款，形成了融合性条款、限制性条款、激励性条款、救济性条款、扩展性条款等。[①]

（2）规定环境保护基本国策。《中华人民共和国环境保护法》《中华人民共和国节约能源法》《中华人民共和国土地管理法》分别将"保护环境""节约资源""十分珍惜、合理利用土地和切实保护耕地"规定为基本国策，将其效力拓展至所有国家公权力，构成对"双碳"工作有普遍约束力的国家目标条款。

（3）构建节能和可再生能源等法律制度。比如《中华人民共和国节约能源法》规定实行节能目标责任制和节能考核评价制度、固定资产投资项目节能评估和审查制度等；《中华人民共和国可再生能源法》规定国家将可再生能源的开发利用列为能源发展的优先领域，通过制定可再生能源开发利用总量目标和采取相应措施，推动可再生能源市场的建立和发展。

---

① 吕忠梅. 民法典绿色条款的类型化构造及与环境法典的衔接[J]. 行政法学研究，2022（2）：17.

2. 浙江省级层面的进展

（1）节能领域的主要规定有：《浙江省节能环保产业发展规划（2015—2020年）》（浙发改规划〔2015〕831号）、《浙江省发展改革委等五部门关于严格能效约束推动重点领域节能降碳工作的实施方案》（浙发改产业〔2022〕1号）等。

（2）节水领域的主要规定有：《浙江省节水行动实施方案》（浙政办发〔2020〕27号）、《浙江省人民政府办公厅关于公布第一批通过节水型社会建设验收县（市、区）和启动第二批县（市、区）节水型社会建设工作的通知》（浙政办发〔2016〕47号）、《关于开展节水型企业建设工作的通知》（浙经信资源〔2017〕31号）等。

（3）土地节约利用的主要规定有：《关于全面开展调整城镇土地使用税政策促进土地集约节约利用工作的通知》（浙政办发〔2014〕111号）、《关于进一步深化殡葬改革全面推行生态葬法的通知》（浙政办发〔2004〕50号）等。

3. 设区市层面的进展

（1）节约能源规划。比如《杭州市公共机构节约能源资源"十四五"规划》、《宁波市能源发展"十四五"规划》（甬政办〔2022〕25号）、《温州市能源发展"十四五"规划》（温发改规划〔2021〕217号）、《2021年嘉兴市公共机构节约能源资源工作要点》、《衢州市能源发展"十四五"规划》（衢政办发〔2021〕15号）等。

（2）节水方案。比如《杭州市节水行动实施方案》（杭政办函〔2020〕45号）、《宁波市节水行动实施方案》（甬政办发〔2020〕69号）、《丽水市节水行动实施方案》（丽政办发〔2020〕71号）等。

（3）土地集约节约利用方案。比如《杭州市人民政府关于切实推进节约集约利用土地的实施意见》（杭政〔2008〕6号）、《宁波市人民政府关于调整工业用地结构促进土地节约集约利用的意见（试行）》（甬政发〔2010〕69号）、《温州市区调整城镇土地使用税差别化优惠政策促进土地集约节约利用实施方案》（温政办〔2018〕112号）等。

总之，浙江省不断健全资源节约领域的制度和政策体系，各级政府在节约能源、水资源、土地资源等方面制定实施各种规划，有力推进浙江省生产生活的绿色低碳化发展。

（二）资源高效利用的制度和政策进展

1. 国家层面的进展情况

（1）调整产业结构以促转型增效益。2016年，国务院印发《关于促进建材工业稳增长调结构增效益的指导意见》（国办发〔2016〕34号）、《关于营造良好市场环境促进有色金属工业调结构促转型增效益的指导意见》（国办发〔2016〕42号）、《关于石化产业调结构促转型增效益的指导意见》（国办发〔2016〕57号）等文件，要求通过调整产业结构提高资源利用效率。

（2）推进资源型地区高质量发展。《推进资源型地区高质量发展"十四五"实施方案》（发改振兴〔2021〕1559号）要求统筹资源能源开发与保护，提高资源能源利用水平；推动战略性矿产资源开发与下游行业耦合发展，支持资源型企业的低碳化、绿色化、智能化技术改造和转型升级。

（3）实施工业能效提升行动计划。2022年，工业和信息化部等六部门印发《工业能效提升行动计划》，要求把节能提效作为最直接、最有效、最经济的降碳举措，统筹推进能效技术变革和能效管理革新，提高能效监管能力和能效服务水平，提升重点用能工艺设备产品效率和全链条综合能效，稳妥有序推动工业节能从局部单体节能向全流程系统节能转变。

2. 浙江省级层面的进展情况

（1）实施"亩产倍增"计划深化土地节约集约利用。早在2013年，《全省实施"亩产倍增"计划深化土地节约集约利用方案》（浙政办发〔2013〕81号）要求坚持"亩产论英雄、集约促转型"的发展理念，落实最严格的节约用地制度，以"用好增量、盘活存量"为着力点，全面加强全过程节约集约管理，大力推进土地利用方式转变，优化调整土地利用结构，不断提高土地利用效率。

（2）深化"亩均论英雄"改革。2018年，浙江省出台《关于深化"亩均论英雄"改革的指导意见》（浙政发〔2018〕5号），建立省深化"亩均论英雄"改革工作领导小组。这标志着浙江省"亩均论英雄"改革进入新阶段。2021年，浙江省印发《2021年深化"亩均论英雄"改革工作要点及任务清单》（浙亩均办〔2021〕3号）。

（3）规范工业与信息化发展财政资金的专项使用。2018年，《浙江省工业与信息化发展财政专项资金使用管理办法》在"支持对象、支持方向和分配方式""资金分配、下达和使用""绩效管理和监督检查"等方面作出规定。

3. 设区市与县级层面的进展情况

（1）通过"亩均论英雄"理念来推进高质量发展。2006年，绍兴市柯桥区（原绍兴县）以提高"亩产效益"为核心，围绕节约集约用地、节能降耗减排等重点，促进经济增长方式从粗放到集约、从量的扩张到质的提高。柯桥区将原本用于农业生产领域的"亩产"概念引入工业领域，引导企业用最少的资源消耗实现工业产出的最大化，破除企业粗放用地模式。

（2）开展资源要素市场化配置改革试点。2013年，海宁市开展资源要素市场化配置改革试点，2014年开始向24个县（市、区）推广。2021年浙江省"亩均论英雄"综合评价报告显示，各地级市通过"亩均论英雄"改革，生产效能得到明显提升。

（3）深化"亩均论英雄"制度改革。义乌市发布《关于开展工业亩产效益综合评价深化"亩均论英雄"改革的实施意见》（义政发〔2019〕15号）、《关于开展工业企业亩产效益综合评价全面推进"亩均论英雄"改革的实施意见》（义政发〔2020〕16号）、《关于开展工业企业亩产效益综合评价全面推进"亩均论英雄"改革的实施意见》（义政发〔2022〕33号）等系列文件。

总之，浙江通过"亩均论英雄""亩产倍增"等能效提升制度创新，不断推进资源能源的高效利用。影响浙江省提高资源利用效率的"短板"更多还是集中在技术和经济结构上，要尽快修订2011年制定的《浙江省资源综合利用促进条例》，建立"以技术政策支持为基础、以经济政策激励为核心、以地方法治为保障"的绿色低碳循环发展经济体系，优化能效领跑者制度等。

（三）能源领域的制度和政策进展

1. 国家层面的进展情况

（1）制定新能源高质量发展规定。国家发展改革委、国家能源局《关于促进新时代新能源高质量发展的实施方案》（国办函〔2022〕39号）要求创新新能源开发利用模式，加快构建适应新能源占比逐渐提高的新型电力系统，深化新能源领域"放管服"改革，支持引导新能源产业健康有序发展，保障新能源发展合理空间需求，充分发挥新能源的生态环境保护效益，完善支持新能源发展的财政金融政策。

（2）制定新能源汽车产业发展方面的规定。《新能源汽车产业发展规划（2021—2035年）》（国办函〔2020〕39号）要求依照市场主导、创新驱动、协调推进、开放发展的基本原则，推动新能源汽车与能源、交通、信息通信融合发展，大力推动充换电网络建设、协调推动智能路网设施建设、有序推进氢燃料供给体系建设。

（3）推进能源立法更新和体系化。全国人大先后制定《中华人民共和国电力法》《中华人民共和国煤炭法》《中华人民共和国节约能源法》《中华人民共和国可再生能源法》等，基本形成能源法律体系。作为能源领域基础性法律的"中华人民共和国能源法"，其草案被列入《国务院2022年度立法工作计划》。

2. 浙江省级层面的进展

（1）可再生能源方面。《浙江省可再生能源发展"十四五"规划》（浙发改能源〔2021〕152号）要求以能源安全和保障供应为出发点，以优化调整能源结构为主线，以科技和政策创新为驱动，以构建以新能源为主体的新型电力系统为目标，形成以风、光、水和生物质发电为主，海洋能和地热能综合利用为辅的多元发展新格局。

（2）煤炭石油天然气方面。《浙江省煤炭石油天然气发展"十四五"规划》（浙发改规划〔2021〕212号）要求加快推动能源结构调整，提升煤炭石油天然气储备体系，完善集疏运网络，提高智慧化监管水平，保障全省煤炭石油天然气安全平稳供应，建立健全安全、可靠、高效、智慧的煤炭石油天然气产供储销体系。

（3）能源发展规划方面。《浙江省能源发展"十四五"规划》（浙政办发〔2022〕29号）提出能源发展的八项主要任务，要求坚守能源安全保供底线，以数字化改革引领推动能源治理变革，推动能源绿色低碳变革，优化能耗"双控"制度和措施，抢占能源科技制高点，高水平建成国家清洁能源示范省。

3. 设区市层面的进展情况

（1）杭州市为进一步提高电网供电可靠性与推进可再生能源发展，制定了《杭州电网供电可靠性管制工作细则（试行）》（杭发改能源〔2020〕164 号）、《杭州市能源发展（可再生能源）"十四五"规划》（杭发改规划〔2021〕178 号）等。

（2）宁波市为提升分布式光伏发电系统等主要清洁能源的应用水平，促进建筑领域绿色低碳转型，制定《宁波市促进光伏产业高质量发展实施方案》（甬建发〔2022〕15 号）等。

（3）温州市为加快推进本市新能源汽车推广应用，服务绿色生态文明城市发展，制定《温州市级 2020—2021 年新能源汽车推广应用支持政策》（温发改产〔2020〕179 号）等。

总之，浙江已形成较为完善并具有一定优势的新能源产业链体系和政策制度体系。浙江能源发展正朝着可再生化、多样化、绿色化和法治化方向发展。

三、生态环境领域的制度和政策进展评析

（一）生态保护的制度和政策进展

1. 国家层面的进展情况

（1）加强"立改废释纂"和法律实施。党的十八大以来，全国人大共制定和修订生态环境保护领域法律 20 多部，新制定《中华人民共和国土壤污染防治法》《中华人民共和国生物安全法》《中华人民共和国湿地保护法》《中华人民共和国黑土地保护法》《中华人民共和国长江保护法》《中华人民共和国黄河保护法》等法律，形成"生态环境法典专家建议稿（草案）"。2022 年，生态环境部、最高人民法院、最高人民检察院等 14 家单位联合印发《生态环境损害赔偿管理规定》。自 2014 年修订的《中华人民共和国环境保护法》实施以来，立法机关、司法机关依法履行立法检查、司法审判职能，促进相关法律的有效执行。

（2）构建自然保护地体系。经过 60 多年的发展，中国自然保护地体系经历了类型化发展和体系化发展的阶段，形成了中国式自主创新的自然保护区、风景名胜区、森林公园等类型，以及受国际公约和保护计划影响的湿地公园、地质公园、自然遗产地等类型，大力推进山水林田湖草一体化保护和系统治理，构建以国家公园为主体的自然保护地体系。《中华人民共和国刑法修正案（十一）》增加了破坏自然保护地生态犯罪的规定。

（3）鼓励社会资本参与生态保护，构建生态产品价值实现机制。《国务院办公厅关于鼓励和支持社会资本参与生态保护修复的意见》（国办发〔2021〕40 号）鼓励和支持社会资本参与生态保护修复项目投资、设计、修复、管护等全过程。2021 年《关于建立健全生态产品价值实现机制的意见》（中办发〔2021〕24 号）要求健全碳排放权交易机制，探索碳汇权益交易试点。

2. 浙江省级层面的主要进展

（1）加强高质量"森林浙江"建设，打造现代化林业先行省。《浙江省林业发展"十四五"规划》（浙发改规划〔2021〕136 号）要求围绕高质量发展建设共同富裕示范区、乡

村振兴和山区 26 县跨越式发展，重点实施百万亩国土绿化美化工程、千万亩森林质量精准提升工程、名山公园发展工程、珍稀濒危野生动植物抢救保护工程、自然保护地体系建设工程、重要湿地保护修复工程、森林灾害防控保障工程、绿色富民产业增效工程、数字林业及现代装备建设工程和共享森林全民普惠工程等。2022 年 11 月，《浙江省林业领域轻微违法行为不予行政处罚实施办法》生效实施。

（2）加强海洋生态保护。《浙江省海洋生态环境保护"十四五"规划》（浙发改规划〔2021〕210 号）要求坚持陆海统筹，系统治理，以"美丽海湾"保护与建设为主线，推进海洋生态环境治理体系和治理能力现代化。根据《浙江省美丽海湾保护与建设行动方案》（浙政发〔2022〕12 号）、《浙江省八大水系和近岸海域生态修复与生物多样性保护行动方案（2021—2025 年）》，浙江大力开展红树林保护修复专项行动和"蓝色海湾"整治行动，建设"美丽海岛、生态岛礁、绿色海岸"。

（3）加强自然保护地体系建设和生物多样性保护。《浙江省自然保护地体系发展"十四五"规划》（浙发改规划〔2021〕163 号）提出全面加强自然保护地建设，形成生态完好、类型丰富、布局合理、功能完善、管理规范的自然保护地体系，基本建立制度体系。《浙江省生态环境保护"十四五"规划》（浙发改规划〔2021〕204 号）要求全面实施以"三线一单"为核心的生态环境分区管控体系，开展重点区域、重点流域、重点行业和产业布局的规划环评。此外，浙江印发实施《关于进一步加强生物多样性保护的实施意见》《浙江省八大水系和近岸海域生态修复与生物多样性保护行动方案（2021—2025 年）》，开展《浙江省生物多样性保护战略与行动计划（2011—2030 年）》中期评估和修编、生物多样性体验地建设等。2022 年，浙江省人民检察院发布"10 件生物多样性保护典型案例"。

（4）构建生态产品价值实现机制。浙江省委、省政府印发《关于建立健全生态产品价值实现机制的实施意见》《浙江（丽水）生态产品价值实现机制试点方案》（浙政办发〔2019〕15 号），启动《浙江省生态产品价值实现"十四五"规划》编制等工作。2020 年，发布全国首部省级 GEP 核算标准《生态系统生产总值（GEP）核算技术规范 陆域生态系统》，2021 年印发《浙江省生态系统生产总值（GEP）核算应用试点工作指南（试行）》。

3．设区市层面的主要进展

（1）杭州市被誉为"生态文明之都"，生态文明制度建设走在全国前列。[①] 制定实施《新时代美丽杭州建设实施纲要（2020—2035 年）》《杭州市生态文明建设规划（2021—2025 年）》《杭州市生态环境保护"十四五"规划》《杭州市湿地保护"十四五"规划》《杭州市重点流域水生态环境保护"十四五"规划》《杭州西溪国家湿地公园功能区划定方案》等，制定和修订《杭州西溪国家湿地公园保护管理条例》《杭州市钱塘江综合保护与发展条例》《杭州市淳安特别生态功能区条例》等地方性法规。杭州市在全国率先开展淳安特别生态功能区建设的探索实践，制定全国首个《美丽河道评价标准》，积极创建国际湿地城市。

---

① 沈满洪，陈真亮，杨永亮，等．生态文明制度建设的杭州经验及优化思路[J]．观察与思考，2021（6）：98-105．

（2）各地市生物多样性保护的法治实践可圈可点。丽水市发布《丽水市生物多样性保护管理办法》《丽水市建设"全国生物多样性保护引领区"行动方案》《丽水市生物多样性保护与可持续利用发展规划（2020—2035年）》《丽水的生物多样性保护白皮书》；湖州市印发《金融支持生物多样性保护的实施意见》；金华市发布《金华市生物多样性保护实施方案》《磐安县生物多样性友好城市建设试点实施方案》《磐安县生物多样性友好城市建设标准》等。2022年，湖州市被联合国《生物多样性公约》第十五次缔约方大会（COP15）认定为生态文明国际合作示范区。

（3）率先开展生态产品价值实现机制试点。丽水市是全国首个生态产品价值实现机制试点市，出台《丽水市生态产品价值核算技术办法（试行）》《生态产品价值核算指南》等地方标准，建立GDP和GEP双核算、双评估、双考核机制。丽水、湖州等地探索"两山银行"试点建设。

总之，浙江通过生态保护领域的制度与政策体系建设，统筹生产、生活、生态三大空间布局，以美丽"提质"和"绿水青山"向"金山银山"转化为重点，全面提升生态环境治理体系和治理能力现代化水平。浙江生态环境制度建设具有重视经济环境协同发展、多元共治、陆海统筹等特点，推进生态环保数字化转型。下一步，浙江要继续围绕"共抓大保护、不搞大开发"的要求，坚定不移走生态优先、绿色发展之路，实现经济效益、环境效益、社会效益多赢。

（二）污染防治的制度和政策进展

1. 国家层面的进展情况

（1）构建污染防治法律体系。专门立法有《中华人民共和国大气污染防治法》《中华人民共和国固体废物污染环境防治法》《中华人民共和国水污染防治法》《中华人民共和国噪声污染防治法》《中华人民共和国放射性污染防治法》等，到2022年全国污染防治攻坚战各项阶段性目标任务全面完成。《生态环境法典专家建议稿（草案）》设置"污染控制编"。

（2）协同推进减污降碳。2022年，生态环境部等7部门联合印发《减污降碳协同增效实施方案》，要求科学把握污染防治和气候治理的整体性，以结构调整、布局优化为关键，以优化治理路径为重点，以政策协同、机制创新为手段，完善法规标准，强化科技支撑，全面提高环境治理综合效能。

（3）开展《中华人民共和国环境保护法》执法检查。2022年3月至6月，全国人大常委会开展《中华人民共和国环境保护法》执法检查。执法检查报告建议适时修改环境保护法，增加减污降碳协同增效、绿色低碳发展相关内容，适时制定或修改国家公园法、自然保护地法、矿产资源法等法律，健全完善生态环保法律体系，用最严格制度最严密法治保护生态环境。

2. 浙江省层面的进展情况

（1）水污染防治进展情况。2015年，浙江省政府印发实施《关于加强农村生活污水治理设施运行维护管理的意见》；2017年，系统修订《浙江省水污染防治条例》；2021年，《浙江省农村生活污水治理"强基增效双提标"行动方案（2021—2025年）》（浙政办发〔2021〕42号）要求全面摸清现状，编制规划计划，抓好问题整改，规范项目实施，强化运维管理。

（2）大气污染防治进展情况。主要有《浙江省大气污染防治条例》、《浙江省空气质量改善"十四五"规划》、《浙江省臭氧污染防治攻坚三年行动方案》、《化学纤维工业大气污染物排放标准》（DB 33/2563—2022）等。

（3）土壤污染防治进展情况。主要有《浙江省建设用地土壤污染风险管控和修复监督管理办法》《浙江省土壤、地下水和农业农村污染防治"十四五"规划》《浙江省土壤污染防治工作方案》等，在2022年启动"浙江省土壤污染防治条例"立法调研和起草工作。

3. 设区市层面的主要进展

（1）水污染防治方面。代表性的有《杭州市苕溪水域水污染防治管理条例》、《杭州市排水管理办法》、《杭州市治污水暨水污染防治行动2020年实施计划》（杭美建〔2020〕2号）、《宁波市近岸海域水污染防治攻坚战实施方案（2021—2022年）》（甬政办发〔2021〕44号）、《宁波市余姚江水污染防治条例》等。

（2）大气污染防治方面。代表性的有《杭州市机动车排气污染防治条例》《杭州市大气污染防治规定》《杭州市城市扬尘污染防治管理办法》《宁波市大气污染防治条例》《温州市扬尘污染防治条例》等。2021年，温州在全省率先将碳排放评价内容纳入环评体系。

（3）土壤污染防治方面。代表性的有《台州市土壤污染防治条例》《杭州市土壤污染防治"十四五"规划》《宁波市土壤和地下水污染防治"十四五"规划》等。台州市从2018年开始创建土壤污染综合防治先行区。

总之，浙江先后就水、大气、固体废物、海洋、生活垃圾、机动车排气等污染治理问题出台相应的单行法规，印发实施《浙江省减污降碳协同创新区建设实施方案》。《浙江省生态环境保护条例》规定环境污染防治协议制度，建立健全地上地下、陆海统筹的生态环境治理制度和污染防治联防联控机制。但是，浙江生态环境保护结构性、根源性、趋势性压力总体上尚未根本缓解，以煤为主的能源结构和以公路货运为主的运输结构没有根本改变，污染排放和生态保护的严峻形势没有根本改变，生态环境事件多发、频发的高风险态势没有根本改变，生态环保任重道远，未来需要加强全链条防控、全形态治理、全地域保护。

（三）循环发展和清洁生产方面的制度和政策进展

1. 国家层面的进展情况

（1）推进法律修订和规划实施。相关法律有《中华人民共和国循环经济促进法》《中华人民共和国清洁生产促进法》等。2022年，财政部等七部门联合发布修订后的《中国清洁发展机制基金管理办法》。国务院将循环经济助力降碳行动作为"碳达峰十大行动"之一，印发实施《"十四五"循环经济发展规划》，安排中央财政资金支持循环经济试点示范建设，探索农业循环经济降碳增汇路径。

（2）构建绿色低碳循环发展经济体系。《国务院关于加快建立健全绿色低碳循环发展经济体系的指导意见》（国发〔2021〕4号）要求健全绿色低碳循环发展的生产体系，健全绿色低碳循环发展的流通体系和消费体系，加快基础设施绿色升级，构建市场导向的绿色技术创新体系。

（3）构建废旧纺织品循环利用体系。国家发展改革委会同有关部门印发《关于加快推进废旧纺织品循环利用的实施意见》（发改环资〔2022〕526号），要求以提高废旧纺织品循环利用率为目标，着力打通回收、交易流通、精细分拣、综合利用等关键环节堵点、痛点，强化全链条管理，完善标准体系，加强行业监管。

2. 浙江省级层面的进展情况

（1）制定循环经济发展规划。《浙江省循环经济发展"十四五"规划》（浙发改规划〔2021〕189号）要求围绕构建现代化循环型产业体系、完善废旧物资循环利用体系、推进资源节约集约利用、做大做强优势绿色产业、打造低碳能源体系、推进基础设施绿色升级、推行绿色生活方式、构建绿色技术创新体系和健全循环经济发展机制等九大领域，实施园区绿色低碳循环升级、城市废旧物资循环利用体系建设、大宗固体废物综合利用示范、建筑垃圾资源化利用示范、海水淡化示范、污水资源化示范、绿色产业示范基地创建、绿色生活创建、循环经济关键技术与装备创新等九大工程和百个重大项目，打造循环经济"991"行动计划升级版。

（2）发展循环经济、建设节约型社会和开展循环经济示范试点建设。在《浙江省清洁生产审核验收暂行办法》《浙江省"十一五"发展循环经济建设节约型社会总体规划》《浙江省循环经济试点实施方案》《浙江省循环经济"991"行动计划（2011—2015年）》等基础上，持续发展循环经济、建设节约型社会，开展省级循环经济示范试点和资源循环利用示范城市（基地）建设，积极创建全国循环经济发展示范区；发布餐厨垃圾、畜禽养殖废弃物等方面的资源化综合利用行动计划或工作方案，有力推动传统制造业绿色化转型。

（3）共建长三角生态绿色一体化发展示范区。2018年，《长三角地区循环经济协同发展行动计划》发布实施，并依此组建长三角地区循环经济产学研协同创新联盟。《浙江高质量发展建设共同富裕示范区实施方案（2021—2025年）》要求加快共建长三角生态绿色一体化发展示范区，开展"零碳"体系试点建设，推进低碳转型立法。《加快推进浙江省长江经济带化工产业污染防治与绿色发展工作方案》（浙发改长三角〔2020〕315号）要求深化浙江省化工产业整治提升，提高化工产业安全生产水平，推动化工产业转型升级和绿色发展。

3. 设区市层面的进展情况

（1）杭州：在《杭州市全面推行清洁生产实施办法》《杭州市强制性清洁生产实施办法》等的基础上，《杭州市绿色发展（循环经济）"十四五"规划》提出以新发展理念推动城市发展绿色转型，以提高绿色发展水平和资源利用效率为主题，以生产和消费为两翼，以创新和改革为驱动，加快构建以企业端绿色微循环为基础，产业链绿色中循环为核心，社会绿色大循环为延伸的绿色循环网络体系。

（2）宁波：《宁波市循环经济发展"十四五"规划》要求依照"减量化、再利用、资源化"原则，着力推进循环型工业体系建设，促进循环型农业绿色发展，加快构建资源循环型社会，推广绿色低碳生活方式，构建循环经济创新支撑体系，完善循环经济政策保障体系。除了《宁波市清洁生产审核验收实施办法》（甬经信节能〔2012〕399 号），2022 年《宁波市再生资源回收利用管理条例》从规划与建设、回收经营、利用促进、监督管理、法律责任五方面明确政府各部门职责、对回收再生利用企业的管理制度。

（3）台州：《台州市绿色发展"十四五"规划》（台发改规划〔2021〕102 号）要求全方位、全过程推行绿色规划、绿色设计、绿色投资、绿色建设、绿色生产、绿色流通、绿色生活、绿色消费，加快完善绿色低碳循环发展产业体系、生活方式和制度政策支撑体系；建设台州湾循环经济产业集聚区、台州循环产业物流中心。

可见，浙江省以"双碳"工作为引领，形成了特色鲜明的循环经济模式；同时坚持科技创新与制度创新并举，不断完善促进循环经济发展的激励和约束机制。以杭州、宁波、台州等为代表的地级市充分运用市场机制和价格手段，加强规划引领，从城市建设、工农业发展等方面推进循环经济发展。浙江省实施"一行一策"的绿色转型升级模式，有效推动建筑业、服务业、交通运输业等领域清洁生产，构建循环经济发展综合指标体系、评价体系，形成循环经济协调发展的新格局，变原生资源小省为再生资源大省，积极创建全国循环经济示范省、循环经济建设节约型社会。

综上所述，从"绿色浙江"到"生态浙江"再到"美丽浙江"建设阶段，浙江作为"绿水青山就是金山银山"理念的发源地和率先实践地，高质量建设国家生态文明试验区。2019 年，浙江省通过生态环境部试点验收，成为全国首个生态省；"千万工程"获得联合国"地球卫士奖"。

第二章

浙江省碳达峰碳中和制度和政策的法治创新

浙江省"双碳"工作秉持系统集成、迭代升级、优化选择、综合权衡的理念，正从污染防治到生态保护、从地方法制到区域法治、从命令控制到引导激励、从末端治理到源头预防的制度升级和规制转型。与其他省份相比，浙江省更加重视规划引领和顶层设计、区际减碳均衡性、数字化改革、绿色金融等市场手段、减污降碳协同增效的管理体制与机制长效建设。这些使得浙江省"双碳"工作走在全国前列，成为"先行者""引领者"。系统梳理浙江省"双碳"相关制度和政策创新，对其他省份乃至国家"双碳"法治建设具有借鉴意义。

一、浙江省碳达峰碳中和制度和政策创新的基本理念

（一）以系统集成理念促进政策优化与制度体系化

1. 持续深化长三角生态绿色一体化发展示范区环评制度改革

（1）环评审批制度一体化改革。江苏省、浙江省、上海市"两省一市"生态环境部门及长三角生态绿色一体化发展示范区执行委员会联合印发《关于深化长三角生态绿色一体化发展示范区环评制度改革的指导意见（试行）》（浙环函〔2021〕260号），实行规划环评与项目环评联动、项目环评管理"正面清单"制度、相关制度统筹衔接、事中事后环境监管强化等改革举措。实施告知承诺制，促进建设项目环评审批提速。

（2）构建生态环境管理"三统一"制度。《长三角生态绿色一体化发展示范区总体方案》（发改地区〔2019〕1686号）发布后，示范区开展环境管理"三统一"（统一生态环境标准、统一环境监测监控体系、统一环境监管执法）、水体联保共治等制度探索和实践，发布示范区生态环境一体化保护典型案例。

（3）发挥环评制度改革集成、示范引领、跨域协同的作用。江苏省、浙江省、上海市

"两省一市"综合行政执法部门建立一体化、多层次、常态化执法协作体系，对环评失信实施惩戒。"两省一市"生态环境厅和长三角生态绿色一体化发展示范区执行委员会共同开展全国首次跨行政区域的生态环境质量年度评价，开展改革实施成效评估。

2. 系统推进气候治理体系和治理能力现代化

（1）强化应对气候变化的地方法治建设。推进全国首个减污降碳协同创新区建设，发布《浙江省应对气候变化"十四五"规划》（浙发改规划〔2021〕215号）、《浙江省能源发展"十四五"规划》（浙政办发〔2022〕29号）等，将温室气体管控要求统筹融入环境管理全过程以及治水、治气、治土、清废等全要素，构建应对气候变化统计报表制度、生产者责任延伸制度、能源消费总量和强度"双控"制度、碳普惠制度、碳排放达峰目标评价考核制度等体系。

（2）把"双碳"纳入生态文明建设整体布局。统筹推进重点领域、重点区域应对气候变化工作，《浙江省生态环境保护条例》规定将"双碳"工作纳入生态环境保护考核体系，建立健全降低温室气体排放的激励约束机制。《温州市气候资源保护和利用条例》规定建立跨区域、跨部门的气候资源保护和利用工作协调联动和信息共享机制。

（3）启动气候治理试点。浙江省积极推进大气污染物与温室气体排放协同控制改造提升工程试点、全国"无废城市"数字化改革试点、红树林蓝碳试点，以及杭州市现代化国际大城市减污降碳协同创新试点、湖州市"三线一单"协同推动减污降碳试点、丽水市温室气体自愿减排交易试点、安吉县竹林碳汇交易试点、椒江区大陈岛海洋蓝碳交易试点等工作。

3. 统筹推进公共资源交易的法治化发展

（1）坚持省级立法和设区市立法相结合。《浙江省公共资源交易发展"十四五"规划》（浙发改规划〔2021〕88号）要求以系统观念推进公共资源交易发展，制定实施《浙江省公共数据条例》、《浙江省公共资源交易平台服务标准（试行）》（浙发改公管〔2021〕440号）。《宁波市公共资源交易管理条例》规定了公共资源市场化配置机制和考核评价体系。

（2）坚持市场有效和政府有为相结合。在尊重市场规律的基础上，划清政府和市场的边界，找准市场功能和政府行为的最佳结合点，坚持应进必进，发挥市场配置的决定性作用；注重推进以营商环境优化为重点的公共资源交易统一市场建设，印发《浙江省公共资源交易平台服务标准（试行）》（浙发改公管〔2021〕440号），发挥浙江省公共资源交易服务平台的统一管理和协调功能。

（3）坚持数字赋能和整体智治相结合。注重制度标准的系统性、整体性和协同性，推进交易全流程电子化，整合公共资源交易信息、专家等资源，以数字化、标准化、法治化推动市场一体化，推进部门协同监管、信用监管和智慧监管，建设公共资源交易现代化体系。

（4）坚持公平竞争和公开透明相结合。兼顾公共资源交易的效益、公平和效率，实行全领域、全方位、全生命周期信息公开，保证各类交易行为动态留痕、可追溯。注重发挥市场主体、行业组织、社会公众、新闻媒体外部监督作用，激发市场主体活力。

总之，"双碳"工作是一个复杂性系统工程，需构建跨区域、跨部门的协同配合机制。浙江省以区域协同理念推进本省融入长三角生态绿色一体化发展，以协同治理理念推进气候治理体系和治理能力现代化，以政府与市场相协调理念推进公共资源交易发展，统筹推进系列配套政策编制，完善"双碳"保障体系。截至2022年，浙江省已成功创建25个国家生态文明建设示范市县、8个"绿水青山就是金山银山"实践创新基地，总数居全国第一。

（二）以迭代升级理念推动制度政策的与时俱进

1. 创新性推进节能降耗和能源资源优化配置

（1）坚持改革创新与整体智治相结合。浙江省深化用能权、区域能评、节能审查等改革，完善能源"双控"与产业发展规划、重点投资计划、投资审批监管、招商引资目录和产业扶持政策等有机衔接，加强能源资源源头治理。《浙江省节能降耗和能源资源优化配置"十四五"规划》（浙发改规划〔2021〕209号）要求以创新理念推进节能降耗；《杭州市民用建筑节能条例》规定通过科技创新不断提高民用建筑节能水平。

（2）坚持能源数字化改革和绿色低碳变革相结合。节约资源是我国基本国策，浙江推进节能管理与数字技术深度融合，以能源数字化改革为牵引，建立全领域全链式能源资源配置和消费管理机制，推动能源行业数字化转型。同时，以数字化改革引领推动能源绿色低碳变革，在全国率先发布减污降碳协同指数。

（3）坚持贯彻国家法和地方立法相结合。2017年修正《浙江省实施〈公共机构节能条例〉办法》，2021年修订《浙江省实施〈中华人民共和国节约能源法〉办法》，构建节能目标责任制和节能考核评价制度，能源统计制度，落后用能产品（设备、生产工艺）淘汰制度和高耗能行业限制制度，固定资产投资项目节能评估和审查制度，能源消费统计制度，营运车船燃料消耗量限值准入制度，能源消耗定额管理制度等。

2. 依法促进可再生能源的开发利用和持续发展

（1）坚持创新引领，系统推进。《浙江省可再生能源发展"十四五"规划》（浙发改能源〔2021〕152号）提出要以科技和政策创新为驱动。浙江注重发挥数字经济优势，开展技术创新、产业创新、商业模式创新，推进可再生能源与数字技术、信息技术深度融合，提升可再生能源开发质量和效益，打造浙江省智慧能源示范区。

（2）坚持统筹兼顾，强化责任。《浙江省可再生能源开发利用促进条例》规定开发利用可再生能源应当注重保护生态环境。统筹全省可再生能源规划布局，形成绿色能源消费机制。对能源消耗超过国家和省的单位产品能耗限额标准的用能单位，实行惩罚性价格政策。

（3）坚持规模发展，保障安全。把扩大可再生能源利用规模，提高可再生能源电力消费占比作为重要引导性指标，注重发挥可再生能源资源分布广、产品形式多样的特点，推动可再生能源高质量发展，保障能源供应和安全。

3. 依法持续推进新能源汽车产业升级

（1）坚持创新引领。《浙江省新能源汽车产业发展"十四五"规划》（浙发展规划〔2021〕107号）提出要以创新驱动新能源汽车国家战略的实施。注重完善政产学研用协同创新体系，推动产业链向价值链高端延伸、产品向中高端转型。《浙江省印发加快新能源汽车产业发展行动方案》要求加大财税支持力度和人才政策支持，支持企业、科研院所开展新能源汽车领域科技创新。

（2）坚持系统谋划。注重抢占产业链制高点，增强产业链自主可控、安全性和稳定性，推动新能源汽车全链融合发展；开展动力电池回收利用体系建设，引导金融机构将碳减排效益、碳价、两业融合发展水平等指标纳入新能源汽车企业授信评价体系。

（3）坚持市场主导。注重发挥民营经济优势，强化企业在技术创新和生产服务等方面的主体地位，实施"生态主导"企业培育工程推动有效市场和有为政府更好结合；利用国内国际两个市场、两种资源，积极参与国际产业合作，拓展自主品牌全球市场，共建长三角新能源汽车世界级制造业集群。

总之，浙江省以迭代升级理念谋求可再生能源和新能源行业与制度政策的与时俱进，推动行业向一体化集成、综合性服务升级，推进产业集聚、产业创新和产业升级。

（三）以优化选择理念谋求制度政策的绩效最佳

1. 探索构建绿色低碳的现代能源交易体系

（1）坚持市场导向，绿色发展。"十四五"时期是浙江省高质量创建国家清洁能源示范省和构筑现代能源体系的战略机遇期。对此，《中共浙江省委关于制定浙江省国民经济和社会发展第十四个五年规划和二〇三五年远景目标的建议》要求深化电力、天然气体制改革，构建绿色低碳的现代能源供应体系，构建电油气"三张网"，打造长三角清洁能源生产基地，完善油品储备体系，打造国家级油气储备基地，建设长三角期现一体化油气交易市场。

（2）率先建立省级绿电交易政策机制。2021年，浙江省发展改革委、能源局启动绿色电力市场化交易试点，创造绿色电力交易凭证并纳入绿色电力证书管理体系。

（3）加强对市场主体的信用监管。浙江省将市场主体的履约行为纳入信用评价体系，由浙江省电力交易中心将绿色电力交易合同履约相关信息归集至全国信用信息公示平台，对参与交易的电力用户进行信用管理，按照结算电度价格与目录电度价格的价差乘以交易电量作为信用保证额度。

2. 探索构建绿色富民的现代林业管理体系

（1）坚持以人为本、兴林惠民。早在2016年，《浙江省林业发展"十三五"规划》提出要把浙江建设成为现代林业的样板区。2022年，浙江省委、省政府提出要建设高质量森林浙江、打造林业现代化先行省。《浙江省林业发展"十四五"规划》（浙发改规划〔2021〕136号）提出打造全国林业现代化先行区，构建基础扎实、管理先进、保障有力、整体智治的林业发展新格局。

（2）打造全国林业践行"绿水青山就是金山银山"理念示范区。浙江省不断建美"绿水青山"、做大"金山银山"，拓宽"绿水青山"向"金山银山"转化的通道，完善林业生态产品价值实现机制，形成特色鲜明、主体多元、三产融合、效益显著的绿色富民体系，实现生态保护与产业发展协调并进。

（3）打造全国林业高质量发展标杆区。浙江省全面深化集体林权制度改革，加大林业股份制改革力度，探索区域性森林碳汇交易机制。同时，加快建设现代数字林业，把数字化改革贯穿林业发展全过程各方面，释放数字赋能新价值，强化现代科技手段应用与大数据分析，加强林业智治能力建设。

3. 严格能效约束以推动重点领域节能降碳

（1）坚持对标标杆、整体提升。浙江省要求 2025 年重点领域达到能效标杆水平的产能比例提升至 50%，打造全国绿色发展示范省。同时，对标国内外生产企业先进能效水平，确定各行业重点领域能效基准水平和标杆水平，以量化标准为牵引，推进开展节能降碳行动。

（2）坚持突出重点、分步实施。加强省级有关部门的协同联动，落实属地监管指导责任，压实企业主体责任，加强行业协会指导帮助；聚焦综合条件较好的重点行业重点企业先行先试，率先开展节能降碳技术改造。

（3）坚持综合施策、平稳有序。浙江省发布《浙江省工业节能降碳技术改造行动计划（2022—2024 年）》、《浙江省发展改革委等五部门关于严格能效约束推动重点领域节能降碳工作的实施方案》（浙发改产业〔2022〕1 号），整合创新政策工具，加强财政、金融、投资、价格、能源等政策与产业、环保政策的协调配合。

总之，实现"双碳"目标是涉及生产方式、生活方式、空间格局的全方位深层次变革，其中最关键的就是推动产业和能源结构的调整优化。浙江省以市场主导理念探索构建低碳高效的现代能源交易体系，以改革创新理念探索构建绿色富民的现代林业管理体系，以对标标杆理念严格能效约束、推动重点领域节能降碳。

（四）以综合权衡理念促进绿色低碳协调发展

1. 建立健全绿色低碳循环发展经济体系

《浙江省人民政府关于加快建立健全绿色低碳循环发展经济体系的实施意见》（浙政发〔2021〕36 号）指出要构建以下五大体系：

（1）绿色低碳循环发展的产业体系。以工业转型升级为重点，做强优势绿色环保产业，加快农业绿色发展和服务业绿色发展。

（2）清洁低碳安全高效的能源体系。以清洁能源示范省建设为统领，加快能源结构调整优化，深化能源治理改革创新。

（3）覆盖全社会的资源高效利用体系。以循环经济发展为依托，全面推行循环型生产方式，加强再生资源回收利用，倡导绿色低碳生活方式。

（4）绿色现代化的基础设施体系。以绿色低碳发展为方向，建设绿色化数字基础设施体系，推动交通基础设施绿色转型，推进城乡人居环境绿色升级。

（5）市场导向的绿色技术创新体系。以增强创新活力为核心，强化绿色技术研发，推进科技成果转移转化，建设国家绿色技术交易中心。

2. 全面推进循环经济发展和绿色转型

（1）注重规划引领。先后编制印发《浙江省循环经济发展"十三五"规划》《浙江省循环经济发展"十四五"规划》（浙发改规划〔2021〕189号）、《浙江省节能环保产业发展规划（2015—2020年）》（浙发改规划〔2015〕831号）、《浙江省绿色经济培育行动实施方案》等，形成相对系统的规划和行动体系。

（2）加强制度供给。先后制定《浙江省城镇生活垃圾分类源头减量专项行动计划》《推进绿色包装工作的通知》《限制一次性消费用品的通知》等，推行绿色包装，严格落实"限塑令"，限制一次性消费用品等源头减量措施，建设废旧铅酸电池等回收利用体系。

（3）明确领域和行动升级。《浙江省循环经济发展"十四五"规划》（浙发改规划〔2021〕189号）要求实施九大工程和百个重大项目，实施园区循环化改造，推进餐厨垃圾资源化利用和资源循环利用基地建设，打造循环经济"991"行动计划升级版。

3. 统筹推进煤炭石油天然气协调发展

（1）坚持需求导向和安全保障相结合。强化自然资源、交通、水利等部门协同，围绕能源资源供应安全，充分利用国内外资源，扩大资源供应渠道，在全球范围配置能源资源。

（2）坚持整体统筹和重点推进相结合。注重规划统筹和立法引领，制定《浙江省煤炭石油天然气发展"十四五"规划》（浙发改规划〔2021〕212号），并在2021年修订《浙江省石油天然气管道建设和保护条例》，推进长三角一体化合作，融入国家油气管网体系。

（3）坚持清洁高效和技术创新相结合。坚持化石能源清洁化、高效化利用，节约优先，突出创新第一动力，推进油气体制改革，建立健全智慧化监管系统，优化资源配置，提高能源整体利用效率和清洁利用水平。

浙江省是经济大省，同时也是能源消费大省、能源资源小省。对此，浙江省不断探索降碳与治气、治水、治废等协同创新解决方案，系统谋划和协同推进减污降碳协同增效工作，优化融合减污降碳相关制度政策。

二、浙江省碳达峰碳中和制度和政策创新的发展趋势

（一）由污染防治到生态保护的综合立法转型

1. 制定生态环境保护领域的综合性法规

（1）构建生态环境保护领域"1＋N"法规体系。浙江省先后就水、大气、固体废物、海洋、生活垃圾、机动车排气等污染治理问题出台相应的单行法规，并定期采取"打包"

方式集中修订相关法规。2022 年，浙江省人大通过《浙江省生态环境保护条例》，以统领省内生态环保地方单行法规。

（2）推进山水林田湖草沙一体化保护和系统治理。《浙江省生态环境保护条例》规定"坚持人与自然和谐共生、绿水青山就是金山银山、山水林田湖草沙是生命共同体的理念"。2018 年，新组建的浙江省自然资源厅新添一项"统一国土空间生态保护修复"职责。2019 年，浙江省委、省政府发布《关于高标准打好污染防治攻坚战高质量建设美丽浙江的意见》，要求统筹山水林田湖草系统治理，实施重要生态系统保护和修复重大工程、水生态保护与修复工程、全域土地综合整治与生态修复工程等。

（3）首次为"绿水青山"向"金山银山"的转化提供立法依据。《浙江省生态环境保护条例》单列"生态产品价值实现"一章，明确制度框架和实现机制，对相应支持措施、补偿机制等作出规定，将生态产品价值核算结果作为领导干部自然资源资产离任审计的重要参考。

2. 从陆地污染防治扩展至陆海统筹式的生态保护

（1）强化海洋生态环境保护。浙江省是海洋大省，海洋是浙江省的新增长点。除了《浙江省生态环境保护条例》《浙江省海洋环境保护条例》等规定海洋环境保护应当统筹规划，《浙江省海洋经济发展"十四五"规划》要求提升海洋生态保护与资源利用水平，优化海洋空间资源保护利用，构建陆海一体开发保护格局。

（2）制定海洋生态环境保护专门规划。《浙江省海洋生态环境保护"十四五"规划》（浙发改规划〔2021〕210 号）要求以"美丽海湾"保护与建设为主线，坚持生态优先、绿色发展，坚持减污降碳协同增效，聚焦解决区域海洋生态环境突出问题，保护、治理与监管并重，推进海洋生态环境治理体系和治理能力现代化，推动海洋生态环境质量持续改善，以海洋生态环境高水平保护促进沿海经济高质量发展。

（3）强化陆海统筹，系统治理。《浙江省近岸海域水污染防治攻坚三年行动计划》要求实施陆海联防共治，严格控制陆源污染物向海洋排放，建立健全海洋生态环境统筹保护机制，构建陆海一体化污染防治体系。

3. 依法推进从绿色浙江、生态浙江到美丽浙江的建设

（1）生态文明建设战略持续深化。生态省建设 20 年以来，浙江始终按照"进一步发挥浙江的生态优势，创建生态省，打造绿色浙江"的要求推进生态文明建设。从绿色浙江建设到生态省建设，再到生态浙江、美丽浙江建设，一以贯之、层层递进。2014 年，《关于建设美丽浙江创造美好生活的决定》要求把生态文明建设的目标提升到美丽浙江建设的高度，把创造美好生活作为美丽浙江建设的终极目标。

（2）践行"八八战略"，统筹推进包括美丽浙江在内的"六个浙江"建设。2017 年，浙江省第十四次党代会提出统筹推进富强浙江、法治浙江、文化浙江、平安浙江、美丽浙江、清廉浙江建设，并对美丽浙江作出部署，明确美丽浙江是包括美丽生态环境、美丽生态经济、美丽生态文化和美丽生态人居在内的综合美丽，要求从"811"环境保护行动到

"811"生态浙江建设行动再到"811"美丽浙江建设行动。

（3）推进生态文明建设先行示范，打造生态文明高地。在建成全国首个生态省的基础上，《浙江省2023年政府工作报告》要求深入践行"绿水青山就是金山银山"理念，协同推进降碳、减污、扩绿、增长，创建国家生态文明试验区。

总之，浙江省正在经历由污染防治到生态环境综合规制的整体立法转型，以《浙江省生态环境保护条例》为代表的省级地方性法规构建形成"大生态""大环保"的多元治理格局，落实"用最严格的制度最严密的法治保护生态环境"，与时俱进地赋予碳达峰碳中和、生物多样性保护、数字化改革、生态产品价值实现、生态环境损害赔偿等主题以新内容，推动污染防治向生态环境综合治理、系统治理、源头治理转变，促进了制度升级与优化。

（二）由地方法制到区域法治的环境治理转型

1. 加强规划引领和规划衔接

（1）构建山海协作、陆海统筹、城乡协同的环境治理体系。浙江省委、省政府印发《关于完整准确全面贯彻新发展理念做好碳达峰碳中和工作的实施意见》，要求将"双碳"目标融入全省经济社会发展中长期规划，加强与国土空间规划、专项规划和地方各级规划的衔接协调，打造有利于低碳发展的紧凑型、集约型空间格局。《浙江省2023年政府工作报告》要求强化陆海联动、山海协作，推动区域协调发展。

（2）开展"零碳"示范试点建设工程。《浙江省应对气候变化"十四五"规划》（浙发改规划〔2021〕215号）要求优先面向县（市、区）、乡镇（街道）、村（社区）等层级，制定"零碳"示范试点建设方案，实施多层级"零碳"示范试点工程建设，优先支持山区26县等区域开展"零碳"示范区建设。

（3）构建覆盖沿海沿江滩涂的清洁电力系统。《浙江省可再生能源发展"十四五"规划》（浙发改能源〔2021〕152号）要求因地制宜发展分散式风电，探索深远海试验示范。

2. 高水平建设长三角生态绿色一体化发展示范区

（1）依法建设长三角生态绿色一体化发展示范区。2020年，浙江省人大常委会通过《关于促进和保障长三角生态绿色一体化发展示范区建设若干问题的决定》。浙江省聚焦规划管理、生态保护、土地管理、要素流动、财税分享、公共服务、公共信用等事项，建立健全一体化发展机制。2022年，新出台的《长三角生态绿色一体化发展示范区行政执法协同指导意见》《长三角生态绿色一体化发展示范区行政执法协同实施办法》等政策文件为示范区高质量发展构筑法治保障。

（2）推进煤炭石油天然气的长三角一体化发展。《浙江省煤炭石油天然气发展"十四五"规划》（浙发改规划〔2021〕212号）要求坚持整体统筹和重点推进相结合，加强规划统筹，强化规划引领，推进长三角一体化发展，加强区域合作，积极融入国家油气管网体系。

（3）推进生态环评制度的长三角一体化发展。《关于深化长三角生态绿色一体化发示范区环评制度改革的指导意见（试行）》（浙环函〔2021〕260号）要求突出示范区落实长三角一体化发展国家战略先手棋和突破口作用。

3. 加强长江经济带生态环境协同治理

（1）推进长江经济带化工产业污染防治与绿色发展。《加快推进浙江省长江经济带化工产业污染防治与绿色发展工作方案》（浙发改长三角〔2020〕315号）明确要求依法依规深入推进产业整治提升和转型升级，突出"两高两低"（高科技、高效益，低排放、低风险）产业导向，加快建成高端化、特色化、智能化的现代化工产业体系。

（2）规范长江经济带绿色发展的投资专项管理。《重大区域发展战略建设（长江经济带绿色发展方向）中央预算内投资专项管理办法》（发改基础规〔2021〕505号）从资金的支持范围和标准、资金申请、资金下达及调整、监管措施等多维度规范专项资金的使用。

（3）推进长江经济带农业农村绿色发展与乡村振兴。浙江省严格依照《农业农村部关于支持长江经济带农业农村绿色发展的实施意见》（农计发〔2018〕23号）的规划部署，于2017年制定《浙江省长江经济带发展实施规划》，凸显了浙江省参与长江经济带农业农村绿色发展的重点任务，并为浙江省参与推进长江经济带农业农村绿色发展与乡村振兴奠定了良好的政策基础。

总之，2020年以来，浙江省从山海协作、陆海统筹、城乡融合、长三角区域环境协同治理、长江经济带协同发展等多方面加强流域和区域环境合作共治，促进由省域地方性法制到长三角区域法治的环境治理转型。这些均体现浙江省环境合作治理的空间转向，为环境规制手段的迭代升级提供了新的实践创新与理论发展机遇，有助于促进基于环境改善的利益增进与共享以及民众对美好生活向往权利的实现。①

（三）由命令控制型到引导激励型环境规制转型

1. 注重发挥政府引导和市场机制

（1）注重政府与市场机制的双重规制。浙江省将绿色转型、创新驱动、政府引导、市场发力作为重要工作原则，并出台相关引导激励型政策。比如，2021年修订的《浙江省实施〈中华人民共和国节约能源法〉办法》规定了节约优先、政府调控、市场引导、社会参与等原则。

（2）重视发挥企业的创新优势。《浙江省新能源汽车产业发展"十四五"规划》（浙发改规划〔2021〕107号）将市场主导作为基本原则，指出要发挥民营经济优势，强化企业在技术创新和生产服务等方面的主体地位。

（3）强调发挥改革的引领推动作用。《浙江省公共资源交易发展"十四五"规划》（浙发改规划〔2021〕88号）要求建设统一开放市场体系，提高交易数字化水平，提升公共资源交易透明度等，用规划明确发展方向，用改革激发市场活力，用政策引导市场预期，用

---

① 陈真亮. 行政边界区域环境法治的理论展开、实践检视及治理转型[J]. 江西财经大学学报, 2022（1）：125.

法治规范市场行为。

2. 注重企事业单位和个人的社会参与

（1）拓宽环境污染问题发现路径。《浙江省人民政府办公厅关于建立健全环境污染问题发现机制的实施意见》（浙政办发〔2020〕42号）要求创新生态环境监管执法模式，构建人防、物防、技防相结合的环境污染问题发现机制，显著提升了环境污染风险预防的社会化、智能化、专业化。

（2）鼓励公众参与。《浙江省生态环境保护条例》要求建立健全生态环境问题发现机制，拓宽生态环境问题线索发现渠道，健全举报奖励制度。

（3）注重对环境问题内部举报人的奖励。《浙江省生态环境违法行为举报奖励办法》对举报偷排漏排、篡改伪造监测数据、非法倾倒危险废物等性质恶劣、行为隐蔽、日常监管难以发现的重大环境违法行为实施重奖，并定期公布举报奖励领域的典型案例。

3. 注重绿色低碳循环发展经济体系的构建

（1）构建市场导向的绿色技术创新体系。浙江省鼓励绿色低碳技术研发，实施绿色技术创新攻关行动，在节能环保、清洁生产、清洁能源等领域布局了一批具有前瞻性、战略性、颠覆性的科技攻关项目。2023年1月起施行的《浙江省电力条例》首次明确推动建立健全统一开放、竞争有序、安全高效、治理完善的电力市场体系。

（2）健全绿色低碳循环发展的消费体系。浙江省积极促进绿色产品消费，加大政府绿色采购力度，扩大绿色产品采购范围，将绿色采购制度扩展至国有企业；加强对企业和居民采购绿色产品的引导，鼓励地方采取补贴、积分奖励等方式促进绿色消费。

（3）培育绿色交易市场机制。浙江省不断健全排污权、用能权、用水权、碳排放权等交易机制，建立初始分配、有偿使用、市场交易、纠纷解决、配套服务等制度，做好绿色权属交易与相关目标指标的对接协调。

浙江省委、省政府《关于加快推进环境治理体系和治理能力现代化的意见》要求到2022年形成导向清晰、决策科学、执行有力、激励有效、多元参与的环境治理体系。而由命令控制型到引导激励型的政策制度转型，正是浙江省实现"双碳"工作目标的现实需要。但是，引导激励并不意味完全自由、完全放任。浙江省注重发挥法治保障、规划引导、协同监管、基础设施等方面作用，优化政策制度体系，完善企业治污正向激励机制，探索建立绿色再生产品消费激励制度，推动有效市场和有为政府更好结合。

（四）由末端治理到源头防治、综合施策的规制转型

1. 大气污染防治与减碳方面的规制转型

（1）推进能源利用低碳化。《浙江省煤炭石油天然气发展"十四五"规划》（浙发改规划〔2021〕212号）明确了煤炭、石油、天然气的具体发展目标，指出要严格控制煤炭消费，持续提高天然气利用水平，推进成品油低碳替代。

（2）大力发展清洁能源。《浙江省可再生能源发展"十四五"规划》（浙发改能源〔2021〕

152号）要求形成以风、光、水和生物质发电为主，海洋能和地热能综合利用为辅的多元发展新格局。

（3）提高能源利用效率。《浙江省推动工业经济稳进提质行动方案》要求强化能效标准引领。浙江注重推进高耗能行业重点领域节能降碳、企业节能降碳技术改造，努力打造一批达到国际先进水准的绿色低碳工业园区，大力发展海上风电等新能源产业。

2. 海洋污染防治与农业面源污染的规制转型

（1）加强入海排污口整治提升。《浙江省海洋经济发展"十四五"规划》要求加强近岸海域污染治理，完善陆源污染入海防控机制。深入实施河长制，重点抓好陆源流域污染控制。深入推进钱塘江、曹娥江、甬江、椒江、瓯江、飞云江、鳌江等重点流域水污染防治，构建七大入海河口陆海生态廊道。

（2）加强主要入海河流（溪闸）总氮、总磷浓度控制。浙江省加快城镇污水处理设施建设与提标改造，加大脱氮除磷力度。

（3）加强畜禽养殖治理。浙江省严格执行畜禽养殖区域和污染物排放总量"双控"制度，降低农业面源污染。"十三五"期间，浙江全省近岸海域优良海水比例均值达42.7%，较"十二五"时期上升12.8%。

3. 经济社会绿色低碳发展的规制转型

（1）注重宣传教育和培育绿色低碳生活体系。浙江省发布《浙江低碳生活十条》《浙江省人民政府办公厅关于科学绿化的实施意见》等，倡导低碳理念，潜移默化推动产业结构、生活方式、消费习惯的绿色化转型。

（2）持续推进先进低碳技术的发展并优化能源结构。浙江省推动建立企业绿色发展的引导约束机制，构建清洁低碳安全高效的能源体系，推动煤炭消费尽早达峰。

（3）持续推进发电供热用煤高效清洁化。浙江省大力支持碳减排技术研发及应用，真正做到生产环节的源头预防与全过程治理。

总之，浙江省在陆地和海洋污染防治、减碳降污、经济社会绿色低碳发展等方面，还需要坚持综合治理、系统治理、源头治理，建立健全地上地下、陆海统筹的生态环境治理制度，更加重视源头防治与环境健康风险规制，推动产业结构、生活方式、消费习惯等领域的全面绿色化转型。

三、浙江省碳达峰碳中和制度和政策创新的横向比较

（一）更加重视区际减碳的均衡性与合作治理

1. 注重区域间的创新协作与能源合作

（1）强化部门职责和区域能源协同发展。《浙江省可再生能源开发利用促进条例》规定了县级以上各地方人民政府及相关主管部门的各自职责范围，为区域间的可再生能源发

展合作奠定了法制基础。《浙江省可再生能源发展"十四五"规划》（浙发改能源〔2021〕152号）以及杭州、丽水、衢州等地的"十四五"能源发展规划，均涉及省际、市际、城乡间的协作体制机制。对此，浙江省积极参与"一带一路"和长三角一体化能源领域及关联产业合作，并要求能源管理部门切实履行行业管理和属地保障责任。

（2）注重推动区际能源产学研合作。浙江省重视加强与大型能源、数字企业的战略合作，推进在智慧城市、综合能源、增量配电网试点等领域的合作；加强与大院名校、国家级研发机构合作，引进共建一批高质量产业创新研究院、技术转移中心；探索"研发在当地、产业在衢州、工作在当地"的科研飞地模式。

（3）探索综合能源服务的协同发展。浙江省建设综合能源智慧服务平台，通过智慧能源网络实现区域、城市能源多元协同和供需互动，实现能源与产业、城乡、区域智慧化协调发展；推进"绿能码"能源数字化产品服务应用，统筹运用数字化思维与技术，对企业碳排放和新能源消纳进行实时监测。

2. 注重区域间环评联动与一体化

（1）规划环评与项目环评联动。《关于深化长三角生态绿色一体化发展示范区环评制度改革的指导意见（试行）》（浙环函〔2021〕260号）要求发挥规划环评宏观把控和引导作用，促进项目环评提质增效，优化排放总量管理。

（2）实施项目环评管理"正面清单"制度。浙江省实行差别化的建设项目环评管理，切实提升环评管理效能。对于产业园区内同一类型的小微企业项目，打捆开展环评审批，统一提出污染防治要求，对单个项目不再重复开展环评；探索"绿岛"等环境治理模式，建设小微企业共享的环保基础设施或集中工艺设施，依法开展共享设施环评。

（3）环评制度与相关制度的统筹衔接。浙江省强化环境影响评价制度在源头控制、过程管理中的基础性作用，将强化固定污染源持证排污、落实碳减排目标、强化"三线一单"生态环境分区管控等重点工作与环境影响评价制度深度融合。

3. 注重区域间大气污染防治协作

（1）依法推进区域大气污染防治协作。2020年修订的《浙江省大气污染防治条例》规定"生态环境主管部门应当会同有关部门建立健全大气污染防治监督管理协作机制"，《浙江省空气质量改善"十四五"规划》要求推进长三角区域大气污染联防联控，加强区域大气环境数据联合监测、共享和空气质量联合会商，开展区域大气污染专项治理和联合执法，推进跨区域联合监管。

（2）加强减污降碳的组织协同。浙江省注重推进大气污染物与温室气体协同减排，加强部门协同。浙江省生态环境厅会同省级有关部门，按照职责分工，加强组织领导，强化指导、协调、监督，确保规划顺利实施。

（3）加强减污降碳的社会协同。浙江省注重利用世界环境日、浙江生态日等开展多种形式的宣传教育，提升全民大气污染防治意识。同时，注重加强信息公开、畅通举报渠道。

总之，加强区际减碳的均衡性与合作治理，对于浙江省率先实现碳达峰碳中和具有重要意义,其不仅有利于提升区域减碳的有效性,也有助于实现区域环境正义与共同富裕。

(二)更加重视科技手段和数字化改革的牵引

1. 依法构建数字化的绿色资源交易平台

(1)构建数字化电力交易平台。浙江省委、省政府印发的《关于完整准确全面贯彻新发展理念做好碳达峰碳中和工作的实施意见》要求以数字化改革撬动经济社会发展全面绿色转型。《关于开展 2021 年浙江省绿色电力市场化交易试点工作的通知》要求完善包括绿色电力交易在内的浙江数字化电力交易平台。

(2)推进公共资源交易数字化。《浙江省数字经济促进条例》规定"发展数字经济是本省经济社会发展的重要战略"。《浙江省公共资源交易发展"十四五"规划》(浙发改规划〔2021〕88号)要求坚持数字赋能和整体智治,加快推进交易全流程电子化,整合公共资源交易信息、专家等资源,以数字化、标准化、法治化推动市场一体化。

(3)推进农村生活污水治理数字化。《浙江省农村生活污水治理"强基增效双提标"行动方案(2021—2025年)》(浙政办发〔2021〕42号)要求深化数字化改革,构建省市县乡一体联动,规划、建设、运维全流程管理,管理服务、监督检查、综合评价、辅助决策全方位赋能的数字化闭环管理机制。

(4)对生态产品价值实现"数字赋能"。浙江省全面深化"浙里生态价值转化"应用建设,打造 GEP 辅助决策、"两山银行"等一系列跨场景应用,加强互联网、云计算、大数据、人工智能等新一代信息技术在公共资源交易领域的应用。

2. 推进节能降耗和能源资源优化配置的数字化

(1)开展节能治理能力提升工程。《浙江省节能降耗和能源资源优化配置"十四五"规划》(浙发改规划〔2021〕209号)要求推进能源管理数字化改革,强化节能监督监察和节能执法,建立智慧能源监管体系。

(2)强化智慧能源监测平台建设。浙江省注重发挥智慧能源监测系统、用能权交易平台、重点用能单位能耗在线监测平台等在预测预警、节能监察等方面的支撑作用。

(3)开发建设能效技术创新平台。浙江省注重为制定节能政策、推广节能技术提供全面、精细化的数据分析系统,挖掘能源数据价值,提升节能管理数字化和产业化水平。

(4)加强智慧能源平台共建共享。浙江省注重统筹电力、天然气、建筑、交通、公共机构等领域监测综合服务平台,研究建立贯穿能源全产业链的用能信息公共服务网络和数据库。

(5)逐步建立跨行业、跨部门数据共享机制。浙江省注重鼓励互联网企业与能源企业合作挖掘能源大数据商业价值,开展综合能源服务,促进能源数据市场化、产业化。

3. 推进气候治理的数字智治

(1)注重科技引领、数字赋能。《浙江省应对气候变化"十四五"规划》(浙发改规划〔2021〕215号)要求推进气候治理数字化,强化应对气候变化的科技创新支撑和应对气候变化大数据应用，打造"双碳"数智平台，提升数字智治水平。

（2）建立碳账户管理体系。浙江省利用大数据平台，构建碳账户体系，强化企业减排责任，实现申领排污许可证企业全覆盖；通过建立衡量企业绿色低碳发展水平的计量、核算和评价标准，加强监测预警、评估考核、数据回流，实现全链式闭环管理；以碳账户数据为依据，采用绿色金融、财税政策等手段激励企业节能降碳，促进企业绿色低碳转型。

（3）注重构建数字智治体系。《浙江省人民政府关于加快建立健全绿色低碳循环发展经济体系的实施意见》（浙政发〔2021〕36号）要求统筹推进"双碳"数智平台、省域空间治理数字化平台和"无废城市"应用场景建设，健全高效协同、综合集成、闭环管理机制；推广碳排放空间承载力监测分析和"双碳"动态监测、预警、评估等应用。

总之，数字化改革对于浙江省率先实现碳达峰碳中和至关重要，不仅有助于提升浙江省生态环境治理水平和效能，还可以为国家数字治理提供浙江样本和法治经验。2020年以来，浙江省构建数字化绿色资源交易平台以推进绿色电力市场化交易，推进能源消费数字化改革以实现节能降耗和能源资源优化配置，推进气候治理数字化以更好应对气候变化。

（三）更加重视从营商环境到宜商环境的体系建设

1. 注重营造法治化的市场竞争环境

（1）注重营商环境、宜商环境的法治建构。《浙江省法治政府建设实施纲要（2021—2025年）》要求普遍建立市场准入负面清单公布、调整制度，探索开展市场准入负面清单效能评估；及时查处市场准入违法违规行为，落实公平竞争审查制度，完善公平竞争审查例外规定，建立公平竞争审查抽查、考核、公示制度。《中国营商环境报告2021》显示，在2020年营商环境评价中，衢州市、杭州市、温州市、舟山市、宁波市五个参评城市全部进入企业开办指标"标杆城市"。

（2）促进中小微企业发展。2023年1月，修订后的《浙江省促进中小微企业发展条例》明确小微企业园的准公共属性，强化企业集聚、产业集群、要素集约、服务集成和治理集中等方面的功能，使之成为推动小微企业转型升级和集群化发展的重要承载地。浙江省政府发布《关于进一步优化营商环境降低市场主体制度性交易成本的实施意见》（浙政办发〔2022〕68号），助力市场主体高质量发展。

（3）加强反垄断和反不正当竞争执法。浙江省注重优化事前合规、事中审查、事后执法全链条监管，规范平台企业数据收集使用管理行为；全面推行以"双随机、一公开"监管和"互联网+监管"为基本手段、重点监管为补充、信用监管为基础、智慧监管为支撑的新型监管机制，加强监管数据互联互通。

（4）开展"沙盒监管"、触发式监管等包容审慎监管试点。浙江省注重优化对新产业、新业态、新商业模式等的监管方式，根据不同领域特点和风险程度确定监管内容、方式和频次，提高监管精准化水平。

2. 坚持有效市场和有为政府相统一

（1）依法发挥市场配置的决定性作用。《浙江省公共资源交易发展"十四五"规划》（浙发改规划〔2021〕88号）要求充分发挥市场配置的决定性作用；《宁波市公共资源交易管理条例》规定"公共资源交易实行集中监管与共同监管相结合，遵循统一进场、公开透明、公平诚信、高效便民的原则"。

（2）注重划清政府和市场的边界。浙江省用规划明确发展方向，用改革激发市场活力，用政策引导市场预期，用法治规范市场行为，大幅提升公共资源交易市场化程度，健全法治化营商环境。

（3）注重"双碳"工作激励约束。浙江省从完善碳排放权交易市场、探索建立碳汇交易系统、强化绿色金融对碳减排的支持等方面，激发市场主体活力，同时依法规范和引导市场健康发展。

3. 实施营商环境优化提升行动

（1）优化纳税服务流程。《浙江省营商环境优化提升行动方案》（浙政办发〔2021〕78号）要求进一步打造市场化、法治化、国际化营商环境。浙江省推进"十税合一""主税附加税合并申报"省域全覆盖，探索企业财务报表与纳税申报表自动转换。

（2）促进跨境贸易便利化。浙江省注重加快铁路、内河航道与宁波舟山港、上海港基础设施互联互通，推行海铁联运、水水联运"车船直取"模式；推动集装箱收储、船代等中介服务向内陆多式联运站点延伸。

（3）优化公共资源交易服务。浙江省注重发挥信用在投标材料容缺受理、履约保证金减免中的基础性作用；降低创新产品政府采购市场准入门槛；推行"互联网+公共资源交易"，推动全省域评标评审专家共享、数字证书互认。

（4）完善纠纷多元化解机制。浙江省注重加快多领域纠纷化解"一件事"改革，率先在知识产权保护等领域实施纠纷化解"一件事"；探索市场化调解纠纷，依托"浙江解纷码"，建立纠纷在线多元化解新模式。

总之，为构建政府主导、企业主体、公众参与的"双碳"治理联动机制，浙江省以数字化改革为牵引，加快转变政府职能，深化体制机制创新，构建与国际通行规则相衔接的营商环境制度体系，营造稳定、公平、透明、可预期的良好环境，不断促进从营商环境到宜商环境的体系建设。

（四）更加重视对绿色金融等市场机制的运用

1. 率先开展绿色金融改革创新试点

（1）构建与低碳转型相适应的金融服务体系。浙江省以碳密集行业低碳转型、高碳高效企业发展、低碳转型技术应用的金融需求为重点，推动金融与碳密集行业良性互动；打好能源、产业、财政政策组合拳，增强碳密集行业企业低碳转型积极性，激发金融机构创新动力。

（2）构建碳金融风险防范机制。浙江省按照"可衡量、可报告、可核查"的要求，界定转型活动范围，编制转型金融支持项目清单和目录，推动金融机构定期披露转型金融效应，防范"洗绿"风险。浙江省银保监局将全省 23 万家企业的环保信息纳入共享范围，支持银行机构实时查询调用数据。

（3）依法促进绿色金融改革创新试验区建设。2017 年，湖州市、衢州市成为国家首批绿色金融改革创新试验区，在《浙江省湖州市、衢州市建设绿色金融改革创新试验区总体方案》发布之后，湖州市制定全国地市级首部绿色金融促进条例——《湖州市绿色金融促进条例》，编制《衢州市"十三五"绿色金融发展规划》，发布《绿色企业评价规范》《绿色项目评价规范》等市级地方标准。截至 2021 年年末，浙江省绿色贷款余额 1.48 万亿元，同比增长 46.3%，高于全部贷款增速 30.9 个百分点。

2. 持续完善应对气候变化市场机制

（1）夯实碳交易工作基础。《浙江省应对气候变化"十四五"规划》（浙发改规划〔2021〕215 号）提出要构建碳交易市场。2023 年 2 月，浙江省发布全国首个省域促进应对气候变化投融资的实施意见——《浙江省促进应对气候变化投融资的实施意见》。

（2）全面参与全国碳排放权交易市场。浙江省明确碳排放交易责任目标，建立全省碳排放配额分配管理机制，做好重点排放单位碳排放配额分配、履约管理工作，健全碳排放配额市场调节和抵消机制，指导全省企业做好配额履约和清缴工作，健全碳排放权有偿使用和转让机制。

（3）推进碳资产管理和开发。浙江省配套信息化管理系统，开发林业碳汇项目碳减排量、节能项目碳减排量等国家核证减排量和其他机制下的碳减排量项目；探索开发海洋、湿地等碳汇方法学，开发自愿减排项目。衢州市率先构建了以应对气候变化为导向的碳账户体系和碳账户金融"5 e"闭环系统。

3. 持续推进林业金融改革创新

（1）构建以数字林业为基础的林业信用体系。《浙江省林业发展"十四五"规划》（浙发改规划〔2021〕136 号）提出，要扩展普惠金融服务，开展"林业+金融"战略合作。浙江省林业局、财政厅、银保监局发布《关于进一步推进森林资源资产抵（质）押贷款工作的意见》（浙林规〔2020〕53 号），建立全省林权抵（质）押贷款及贴息等工作会商制。

（2）挖掘林权权能，开展林业碳汇贷试点。2022 年，浙江省农商联合银行、林业局联合印发《关于开展林业碳汇贷试点工作的指导意见》，推进杭州市、湖州市、衢州市、丽水市开展"林业碳汇贷"试点，开发林业碳汇收储贷款、林业碳汇质押贷款、林业碳汇信用贷款、"林权+碳汇"组合贷款等四款信贷产品，创建以"单位面积碳储量、碳汇量"为核心的普惠金融价值简易估价机制。

（3）完善林业生态产品价值实现机制。浙江省要求开展森林、湿地生态产品价值核算，推进林业生态产品价值核算实践试点，构建森林、湿地生态系统生产总值核算指标体系、模型参数体系和技术方法体系；探索构建以森林、湿地生态产品价值核算为基础的生态产品价值实现路径。

总之,浙江省率先开展绿色金融改革创新试点,依法完善碳交易市场制度,充分运用绿色金融等市场手段,不仅促进碳金融市场的繁荣,还增强了"双碳"治理的灵活性与可持续性。浙江省在推动普惠金融和绿色金融改革过程中,注重探索金融在支持小微企业绿色转型、促进绿色农业发展和引导居民绿色行为方面的体制机制创新,初步形成一条"让普惠更加绿色、让绿色更加普惠"的普惠金融与绿色金融融合发展之路。

(五)更加重视节能减排协同管理体制与长效机制建设

1. 依法构建减污降碳的协同治理体系

(1)加强省级层面的顶层设计。《浙江省应对气候变化"十四五"规划》(浙发改规划〔2021〕215号)提出构建减污降碳的协同治理体系;《浙江省发展改革委等五部门关于严格能效约束推动重点领域节能降碳工作的实施方案》(浙发改产业〔2022〕1号)提出,推进节能减排的机制协同与政策协同。

(2)建立协同减排管理机制。浙江省将温室气体减排统一纳入排污许可"一证式"管理,推动碳排放权交易和排污权交易的协同管理;整合温室气体和大气污染物管理工作举措,重点突出源头控制,开展固体废物、废水处置设施的温室气体排放协同治理;推进挥发性有机物和氮氧化物协同减排等。

(3)建立减污降碳协同评价机制。浙江省建立并动态发布浙江省减污降碳协同指数,对各城市减污降碳协同工作推进情况进行跟踪评估,客观评价各城市环境—气候—经济效益协同、重点措施增效、协同管理提效的实施效果;推进碳排放报告、监测、核查制度与排污许可制度融合,探索开展大气污染物和温室气体协同减排管控试点示范等。

(4)探索构建长三角协同减排联动体系。浙江省积极参与长三角一体化国家战略,共同探索生态友好型高质量发展模式,扎实推进"三省一市"应对气候变化领域的交流合作,共同研发应对气候变化新技术,共同探索建立区域减污降碳联动机制。

2. 重视节能减排的机制协同与政策协同

(1)坚持一体推进、分工协作。浙江省注重省级有关部门的协同联动,强化属地监管指导责任,压实企业主体责任,加强行业协会的指导帮助,强化多方联动、协同作战。

(2)落实税收优惠政策。浙江省争取中央预算内投资支持企业开展节能降碳技术改造,实行差异化要素扶持机制,对于改造后能效降幅较大且能达到标杆水平的重点技术改造项目,加大用能、土地、税收、金融等要素的倾斜支持。

(3)拓展绿色债券市场的深度和广度。浙江省支持符合条件的节能低碳发展企业上市融资和再融资,落实首台(套)重大技术装备示范应用、重点新材料首批次应用鼓励政策,探索重点领域节能降碳数字化场景建设支持政策等。

3. 重视新能源汽车产业发展的组织协同

《浙江省新能源汽车产业发展"十四五"规划》(浙发改规划〔2021〕107号)提出,

完善浙江省新能源和智能汽车发展联席会议工作机制。其主要创新如下：

（1）统筹推进新能源汽车发展工作。健全横向协同、纵向贯通的协调推进机制，加强新能源汽车与能源、交通、信息通信等行业在政策规划、标准规范等方面的统筹。

（2）省级各部门密切协作，加强政策协同。由浙江省发展改革委牵头，根据职能分工制订本部门工作计划和配套政策措施。

（3）各级政府建立相应工作协调机制。制订新能源汽车规划方案和工作计划，优化产业布局，避免重复建设，上下合力确保规划顺利落地实施。

（4）新能源汽车行业协会、产业联盟、专家组充分发挥连接企业与政府的桥梁作用，精准服务新能源汽车产业链提升发展。

综上所述，党的十八大以来，浙江省始终牢记习近平总书记"浙江生态文明要先行示范""让绿色成为浙江发展最动人的色彩"的殷殷嘱托，加快绿色转型、建设美丽浙江。浙江省着力构建"双碳"工作体制机制，构建整体智治体系、加快建设综合应用场景、着力创新制度和政策供给、完善争先创优机制、健全全社会参与机制，有力地促进减污降碳协同增效。

第三章

浙江省率先实现碳达峰碳中和的政策研判及完善建议

浙江省"双碳"工作具有法治保障、科技赋能、政策利好、国际化合作等有利条件，但在制度框架、体制机制、社会参与、绿色金融政策支撑等方面还有待完善。系统把握"双碳"政策制度的有利条件，剖析法律问题，有助于促进"双碳"政策制度的体系化、合理化发展。浙江省欲率先实现"双碳"目标，需加强降碳、减污、扩绿和经济增长的有机联动，完善能源资源交易市场制度体系，构建节能减排的协同增效与长效机制，强化社会参与，优化生态增汇和工程增汇的技术政策，推进绿色金融政策创新，从而为其他省（区、市）乃至国家的"双碳"法治建设提供"浙江样本"。

一、浙江省率先实现碳达峰碳中和的有利法治条件

（一）构建与高质量发展相匹配的地方法治体系

1. 加强法治政府与全面依法行政建设

（1）习近平生态文明思想和习近平法治思想为"双碳"工作提供了理论指引。浙江省坚持以习近平新时代中国特色社会主义思想为指导，立足习近平生态文明思想重要萌发地的政治优势，笃学践行习近平法治思想，聚焦建设法治中国示范区目标，加强生态文明地方法治建设，为高质量发展提供法治保障。以"双碳"工作为牵引，全面加强资源节约和环境保护，促进经济社会发展全面绿色转型。

（2）构建"双碳"工作的地方法治。浙江省全面、准确贯彻新发展理念，出台了《浙江省生态环境保护条例》《中国（浙江）自由贸易试验区条例》《浙江省数字经济促进条例》《浙江省公共数据条例》《浙江省综合行政执法条例》等地方性法规，并和长三角其他省市

探索推进区域协同立法、司法等区域法治建设。在地方立法层面，出台了《杭州市生态文明建设促进条例》《杭州市钱塘江综合保护与发展条例》等。

（3）依法全面履行政府职能，打造现代整体智治政府。《法治浙江建设规划（2021—2025年）》要求一体推进法治浙江、法治政府、法治社会建设。《浙江省法治政府建设实施纲要（2021—2025年）》提出构建职责明确、依法行政的政府治理体系，深化"县乡一体、条抓块统"县域整体智治改革，健全清单化履职机制和权力事项编码制度，一体推进数字浙江、数字政府、数字法治建设。

2. 加快经济社会绿色发展的政策和法规规章体系建设

（1）发挥政策先行作用。浙江省先后编制《浙江省碳达峰碳中和科技创新行动方案》（省科领〔2021〕1号）、《关于完整准确全面贯彻新发展理念做好碳达峰碳中和工作的实施意见》、《浙江省发展改革委等五部门关于严格能效约束推动重点领域节能降碳工作的实施方案》（浙发改产业〔2022〕1号），统筹推进"6+1"领域碳达峰实施方案及配套政策编制。

（2）发挥地方立法规范作用。浙江省先后修改《浙江省水污染防治条例》《浙江省大气污染防治条例》《浙江省建设项目环境保护管理办法》《浙江省辐射环境管理办法》《浙江省畜禽养殖污染防治办法》，并新制定《浙江省生态环境保护条例》等，通过"立改废释"推动绿色技术迭代升级，促进"双碳"制度优化。

（3）发挥财政引导激励作用。《关于实施新一轮绿色发展财政奖补机制的若干意见》（浙政办发〔2020〕21号）要求提高主要污染物排放财政收费标准，完善单位生产总值能耗财政奖惩制度，调整"两山"建设财政专项激励政策，实施省内流域上下游横向生态保护补偿机制等。

3. 推进行政决策的科学化与行政执法的规范化

（1）规范重大行政决策与综合行政执法制度。根据《浙江省重大行政决策程序规定》，全面推行目录化管理，实行重大决策社会风险评估；制定全国首部规范行政合法性审查工作的创制性政府规章《浙江省行政合法性审查工作规定》；通过《浙江省综合行政执法条例》，促进"大综合一体化"行政执法改革。

（2）规范执法正面清单制度。《浙江省生态环境监督执法正面清单管理办法》明确正面清单企业严重违法的惩处措施，规定正面清单企业存在恶意环境违法行为的，要依法从严从重处罚；涉嫌犯罪的，要依法移送公安机关并移出正面清单，并列为"双随机、一公开"特殊监管对象。

（3）规范环境监管问责机制。针对中央第三生态环境保护督察组于2020年9月1日至10月1日期间对浙江省开展的第二轮生态环境保护督察，发布《浙江省第二轮中央生态环境保护督察整改落实情况报告》，实施环境执法监管专项行动"绿剑"精准打击环境违法行为。

4. 持续推进提高法院和检察院的环境司法专门化水平

（1）强化生态文明建设的司法保障。浙江省司法机关积极服务保障浙江建设国家生态文明试验区,加强"河(湖、滩、湾)长制"与检察公益诉讼衔接,建立行政执法与公益诉讼检察信息共享机制,加强公益诉讼检察与环保督察制度衔接,形成了"专业化法律监督+恢复性司法实践+社会化综合治理"的环境司法模式。

(2)常态化开展破坏环境资源犯罪专项立案监督。浙江省检察机关依法打击违规排放、倾倒、处置或者进口废物、有毒有害物质,危害珍贵、濒危野生动植物资源等犯罪,支持开展生态环境损害赔偿磋商,探索在生态环境领域民事公益诉讼中适用的惩罚性赔偿。

(3)通过数字检察建设,赋能生态环境治理。浙江省检察机关以数字检察赋能法律监督,聚焦跨部门、跨层级业务协同,推动破除不同行政执法、行业监管部门间的数据壁垒,形成"个案办理—类案监督—系统治理"的全新监督模式。

总之,浙江省加快经济社会绿色发展的地方探索,以营商环境法治化助推绿色低碳发展,推进行政决策的科学化与行政执法的规范化,提高环境司法专门化水平。

(二)构建碳达峰碳中和数字化治理的政策制度体系

1. 初步实现了碳达峰碳中和治理体系的数字化

(1)以数字化改革推动国土空间治理现代化。2021年,《浙江省数字化改革总体方案》要求"统筹运用数字化技术、数字化思维、数字化认知,把数字化、一体化、现代化贯穿到党的领导和经济、政治、文化、社会、生态文明建设全过程各方面"。浙江省自然资源厅印发《浙江省自然资源数字化改革工作方案》,要求迭代升级国土空间基础信息平台,打造纵向到底、横向到边、内外联通的自然资源数字化治理架构——"数字国土空间"。

(2)加强科技创新。2022年,《浙江省碳达峰碳中和科技创新行动方案》(省科领〔2021〕1号)强调科技创新为实现"双碳"的关键变量。浙江省形成"6+1"领域碳达峰体系并构建"1+5+N"生态环境数字化改革架构体系,打造"生态环境在线"综合集成应用;统筹推进碳达峰碳中和数智平台、省域空间治理数字化平台和"无废城市"应用场景建设,在全国率先发布浙江省减污降碳协同指数。

(3)以数字化改革推进省域治理现代化。数字政府建设更多是指政府通过数字化思维、数字化理念、数字化战略、数字化资源、数字化工具和数字化规则等治理信息社会空间、提供优质政府服务、增强公众服务满意度的过程。[①] 浙江省在全国范围内率先出台公共数据管理的地方性法规《浙江省公共数据条例》,为"双碳"工作的统计核算、生态系统修复及固碳提供法治保障。

2. 运用数字赋能碳排放监管体系

(1)深入推动"数字浙江"建设。2021年,浙江省启动实施数字化改革,推动"数字浙江"建设,以实现跨层级、跨地域、跨系统、跨部门、跨业务的高效协同为突破,以数字赋能为手段,通过高效整合数据流,科学改造决策流、执行流、业务流,推动各领域工

---

① 戴长征,鲍静. 数字政府治理——基于社会形态演变进程的考察[J]. 中国行政管理,2017(9):24.

作体系重构、业务流程再造、体制机制重塑。

（2）深化"最多跑一次"改革。《浙江省保障"最多跑一次"改革规定》规定商事登记、企业投资项目、事中事后监管、数据共享等方面内容，推进治理体系和治理能力现代化。这在纵深推进"一件事"集成改革的同时，也统筹推进了跨部门、跨层级、跨领域的业务流程优化、制度重塑、系统重构，完善一体化智能化公共数据平台。

（3）构建"互联网+监管"的省级监管平台。浙江省依托"互联网+"，上线运行全省行政执法监督系统1.0版，建成全国首个投用的"互联网+监管"省级子平台，结合卫星遥感、北斗定位等数字技术，运用智能计算手段，完善场景关联集成。

3. 构筑了坚实的环境治理数字化改革基础

（1）建设数字经济。2021年，浙江省实施数字经济"一号工程"2.0版，加快推进数字产业化、产业数字化，国家数字经济创新发展试验区和数字经济系统建设成效显著。

（2）开展碳中和数字化试点。2021年，浙江省在全国率先建立重点企业碳账户，率先开展九大重点行业建设项目碳排放评价试点。比如运用"数字碳中和"，探索建设"碳普惠合作网络"和"浙江碳普惠"应用。

（3）具有相对完善的数字化治理评价体系。2021年以来，浙江省全面构建碳达峰碳中和的数智治理体系，推动数据中心全方位绿色高质量发展，打造"双碳"数智平台，推进精细化管理，完善控碳网络，保障有关部门监测、评价等工作。

总之，浙江省充分结合数字化治理改革，初步实现碳达峰碳中和治理体系的数字化，成为浙江率先实现"双碳"目标的有利条件之一。

（三）充分利用各种示范区建设的央地政策利好

1. 国家生态文明建设示范区建设

（1）奋力打造美丽浙江"重要窗口"。《中共中央 国务院关于支持浙江高质量发展建设共同富裕示范区的意见》提出高水平建设美丽浙江，支持浙江省开展国家生态文明试验区建设；生态环境部与浙江省签订全国首个部省共建生态文明建设先行示范省战略合作协议。浙江省委十三届五次全会作出"建设美丽浙江、创造美好生活"决策部署，提出要建设"富饶秀美、和谐安康、人文昌盛、宜业宜居"的美丽浙江。浙江省第十四次党代会提出统筹推进美丽浙江等"六个浙江"建设。浙江省先后发布《浙江省生态文明示范创建行动计划》《深化生态文明示范创建 高水平建设新时代美丽浙江规划纲要（2020—2035年）》等。2022年6月，浙江省第十五次党代会提出高水平推进人与自然和谐共生的现代化，打造生态文明高地。

（2）完善法规、制度和标准体系。2020年以来，浙江省明显加快推进生态补偿、环境监测、生态公益林管理、节约用水、固体废物污染防治及环境保护综合性条例等有关生态文明建设的地方性法规和规章的制（修）订工作。坚持制度先行，强化生态文明建设制度保障，全面推行领导干部自然资源资产离任审计、生态环境损害赔偿制度、生态环保责任报告制度。健全环保信用评价、信息强制性披露、严惩重罚等制度。

（3）成效显著。截至 2022 年，浙江省创建成功全国首个生态省，累计建成国家生态文明建设示范市县 25 个，国家"绿水青山就是金山银山"实践创新基地 8 个，总数居全国第一；省级生态文明建设示范市 7 个，省级生态文明建设示范县（市、区）61 个，在全省率先实现国家级生态镇全覆盖。"千万工程"获联合国"地球卫士奖"，湖州市被 COP15 认定为生态文明国际合作示范区。

2. 长三角生态绿色一体化发展示范区建设

（1）政策协同优势。中共中央、国务院印发《长江三角洲区域一体化发展规划纲要》《长三角生态绿色一体化发展示范区总体方案》（发改地区〔2019〕1686 号）。浙江省与其他长三角省市接连发布《关于支持长三角生态绿色一体化发展示范区高质量发展的若干政策措施》等，定位生态优势转化新标杆，绿色创新发展新高地，一体化制度创新试验田，人与自然和谐宜居新典范。

（2）区域立法协同优势。《长三角生态绿色一体化发展示范区总体方案》（发改地区〔2019〕1686 号）提出的一体化制度创新、重大改革集成等举措需要暂时调整实施有关地方性法规或规定的，由一体化示范区执行委员会向"两省一市"人大常委会提出并办理相关手续；需暂时调整实施有关行政法规、国务院文件和经国务院批准的部门规章有关规定的，待国务院作出相关决定后，授权执行委员会制订相关规定并实施。

（3）技术标准协同优势。浙江省与上海市、江苏省、安徽省等联合出台《长三角生态绿色一体化发展示范区统一企业登记标准实施意见》，发布《浙江省生态环境厅等关于深化长三角生态绿色一体化发展示范区环评制度改革的指导意见（试行）》（浙环函〔2021〕260 号）、《长三角生态绿色一体化发展示范区建设 2022 年重点工作安排及责任分工》等，为长三角地区的绿色低碳发展提供重要支撑。

3. 共同富裕示范区建设

（1）国家层面提供特别政策支持。《中共中央 国务院关于支持浙江高质量发展建设共同富裕示范区的意见》赋予浙江省高质量发展、建设共同富裕示范区的历史使命和重任。2021 年，财政部印发《支持浙江省探索创新打造财政推动共同富裕省域范例的实施方案》，支持浙江省探索有利于推动共同富裕的财政管理体制，支持浙江省探索率先实现基本公共服务均等化的有效路径，支持浙江省探索践行"绿水青山就是金山银山"理念的财政政策，支持浙江省探索形成助推经济高质量发展的财政政策，支持浙江省探索建立现代预算管理制度先行示范。

（2）提供可行性碳减排的规范路径。在《浙江高质量发展建设共同富裕示范区实施方案（2021—2025 年）》的指引下，2021 年以来浙江省逐步形成共同富裕示范区建设"1+7+N"重点工作体系和"1+5+N"重大改革体系，制订相关考评规定，如《浙江省人民政府关于深化环境准入制度改革助推高质量发展建设共同富裕示范区的指导意见》《浙江省环境信息依法披露制度改革实施方案》《浙江省八大水系和近岸海域生态修复与生物多样性保护行动方案（2021—2025年）》等。

（3）最高人民检察院提供高质量司法保障。最高人民检察院《关于支持和服务保障浙江高质量发展建设共同富裕示范区的意见》提出，各地检察机关既要同心协力帮助、支持浙江检察机关落实落细各项要求，为促进本地经济社会高质量发展和共同富裕做出更大贡献。

总之，"双碳"工作既是生态文明建设的重要任务，也是高质量发展建设共同富裕示范区的题中之义。浙江省作为国家生态文明建设示范区、共同富裕先行示范区以及"绿水青山就是金山银山"理念发源地，拥有党中央与国务院提供的特别政策支持。上述这些工作均为浙江率先实现"双碳"目标奠定了良好的政策制度基础。

（四）构建以自贸区为重要载体的对外开放格局

1. 建设"数字丝路"，推动"一带一路"绿色发展

（1）重视国际合作和境外项目的绿色发展。《关于推进共建"一带一路"绿色发展的意见》（发改开放〔2022〕408号）要求推进重点领域的国际合作和境外项目的绿色发展。《浙江省国际科技合作载体体系建设方案》（浙科发外〔2022〕23号）要求聚焦"互联网+"、生命健康、新材料三大科创高地和碳达峰碳中和技术制高点、海洋科技、农业科技等重点领域，以全球视野着力打造科技创新领域对外开放合作平台。

（2）坚持"引进来""走出去"并重。2017年，浙江省在宁波市成立"一带一路"建设综合试验区，努力将其打造为"一带一路"港航物流中心、投资贸易便利化先行区、产业科技合作引领区、金融保险服务示范区、人文交流门户区。2018年，国家气候战略中心和美国落基山研究所在北京市联合召开了"宁波梅山近零碳排放示范区建设规划与国际合作研究项目研讨会"，专门研讨"国际近零碳排放示范区"的建设方案。

（3）坚持碳达峰碳中和的陆海统筹。浙江省正在加快推进海岛大花园建设，建设山海绿色生态廊道，严格落实海洋红线，全面实施"美丽海岛""蓝色海湾"和舟山渔场修复振兴工程，推进生态产品生产总值核算及应用。

2. 聚焦能源优化与转型，加强国际交流合作

（1）注重立法和政策统筹规划。除了《中国（浙江）自由贸易试验区条例》，《浙江省人民政府关于支持中国（浙江）自由贸易试验区油气全产业链开放发展的实施意见》提出对涉及的污染物排放、温室气体排放、能源消耗、用电用煤等要素指标争取予以单列。《浙江省煤炭石油天然气发展"十四五"规划》（浙发改规划〔2021〕212号）、《中国（浙江）自由贸易试验区深化改革开放实施方案》（浙政发〔2020〕32号）等文件予以落实和具体化。

（2）重视对标国际先进水平。《浙江省发展改革委等五部门关于严格能效约束推动重点领域节能降碳工作的实施方案》（浙发改产业〔2022〕1号）要求"坚持对标标杆、整体提升"，对标国内外有关行业生产的先进能效水平，加强与"一带一路"沿线国家的交流与合作。按照《浙江省科技发展专项资金管理办法》相关规定,浙江省对绩效评价"优秀"的国际科技合作基地、海外创新孵化中心、国际联合实验室给予奖励。

(3)重视"双碳"经济技术领域的交流合作。浙江省商务厅举办"2021 浙江-RCEP 区域双碳经济技术合作对接会",探索与《区域全面经济伙伴关系协定》(RCEP)成员国绿色低碳产业技术的合作连接点,加强"双碳"技术领域的交流合作。2022 年 4 月,浙江-新加坡经济贸易理事会第十六次会议召开,双方在新能源、新材料和节能环保等方面开展合作。

3. 全面贯彻新发展理念,依法推动高水平对外开放

(1)国家政策和地方性法规协同推进自贸区建设。2020 年,国务院批复同意浙江自贸试验区扩区,在舟山区域的基础上新设立宁波片区、杭州片区和金义片区。扩区后,《中国(浙江)自由贸易试验区扩展区域方案》(国发〔2020〕10 号)要求着力打造以油气为核心的大宗商品资源配置基地、新型国际贸易中心、国际航运和物流枢纽、数字经济发展示范区和先进制造业集聚区("五大功能定位")。2022 年 3 月,浙江省人大修订《中国(浙江)自由贸易试验区条例》,要求各片区加强联动协同,并对"三个自贸区"(油气自贸区、数字自贸区和枢纽自贸区)和"五大功能定位"问题进行规定。

(2)深化资源要素市场化改革。浙江省推进投资自由化、便利化,在区内研究放宽油气产业、数字经济、生命健康和新材料等战略性新兴产业集群市场准入;推动土地、能源、金融、数据等资源要素向自贸试验区倾斜。

(3)建立能源政府储备和企业储备相结合的政策保障体系。浙江省打造以油气为核心的大宗商品全球资源配置基地;聚焦能源和粮食安全,建立能源等大宗商品政府储备和企业储备相结合的政策保障体系;构建长三角港口群跨港区供油体系,打造东北亚燃料油加注中心。

(4)构建安全高效的油气产业环境风险防控体系。浙江省完善风险防控的评估、预警与处置机制,加强油气产业环境风险处置应对能力建设。

总之,浙江省构建以自贸区为重要载体的对外开放格局与法治环境,建设"数字丝路",推动"一带一路"绿色发展;聚焦能源优化与转型,加强国际交流合作等。这些都是其率先实现"双碳"目标的有利条件。

二、浙江省率先实现碳达峰碳中和的主要法律难题或障碍

(一)"双碳"法治框架与制度体系有待完善

1. 缺乏促进"双碳"工作与综合应对气候变化的专门立法

(1)相关立法侧重碳减排。主要包括《中华人民共和国可再生能源法》《中华人民共和国节约能源法》《中华人民共和国碳排放权交易管理办法(试行)》等,通过调整用能结

构，发展清洁能源、可再生能源，提高能源利用效率等方式促进碳减排。

（2）相关立法侧重碳增汇。主要包括《中华人民共和国森林法》《中华人民共和国草原法》《中华人民共和国湿地保护法》《中华人民共和国海洋环境保护法》等，通过促进碳增汇适应气候变化。

（3）亟待制定"应对气候变化法""能源法"等国家综合性法律。实现"双碳"目标是一场广泛而深刻的经济社会系统性变革，要把"双碳"工作纳入生态文明建设法治体系。相关法律如《中华人民共和国大气污染防治法》《中华人民共和国环境保护法》《中华人民共和国可再生能源法》《中华人民共和国森林法》等虽然有涉及"双碳"内容，可较为分散，缺乏对"双碳"工作的统筹规定。目前还缺乏"应对气候变化法""能源法"或"浙江省应对气候变化条例"等法律法规。

2. 缺少对于部分重要低碳能源的专门法律规制

除了《中华人民共和国核安全法》《中华人民共和国电力法》等之外，还要尽快修订《中华人民共和国清洁生产法》《中华人民共和国可再生能源法》等法律，从而对核电等低碳能源的环境健康风险问题进行规制。"十三五"时期以来，中国发展核电等低碳清洁能源的步伐进一步加快。2022年6月，台州市三门核电站二期工程开工建设。未来，核电在浙江能源消费比重将会进一步增加，如何依法保障能源安全和生态安全，实现对核能利用风险的法律规制，是亟须解决的法律问题。

3. 欠缺对部分重要"双碳"制度的地方性法规或规章的确认与规范

（1）地方立法有待进一步细化和具体化。对于碳排放权交易、碳汇交易、用能权交易、绿色金融制度等，尽管中央已经出台《碳排放权交易管理办法（试行）》《碳排放权交易管理规则》《碳排放权登记管理规则》《碳排放权结算管理规则》等部门规章，对上述部分制度运行事项作出规定，但浙江省仍然需要对这些规定予以具体化。对于一些在实践中已经操作成熟的有益经验，也亟须通过地方立法来固化政策创新和试点经验。

（2）立法规制目标和路径有待优化。从现有经验来看，"双碳"法律制度的规制目标应当包括温室气体源控制和汇增长，规制路径包括温室气体库保护、温室气体减排、封存、循环和替代等，规制内容包括规划、温室气体排放控制、温室气体库管理、奖励促进、碳汇等制度。因此，"双碳"法治构建应当从相关法律规范的低碳化改造、"应对气候变化法"的适时制定等方面展开，[①] 加强"立改废释"，促进适应性、减缓性制度体系优化。

总之，浙江省"双碳"法律框架与制度体系有待完善，主要是缺乏促进"双碳"工作与综合应对气候变化的专门立法，缺少对于部分重要低碳能源的专门法律规制，欠缺对部分重要"双碳"制度的地方性法规或规章的确认与规范等。

---

① 徐以祥，刘继琛. 论碳达峰碳中和的法律制度构建[J]. 中国地质大学学报（社会科学版），2022（3）：20.

(二) 节能减排等方面的协同体制机制不够畅通

1. 绿色财税政策和金融政策间的协作配合不够畅通

（1）缺乏组织体系上的协同配合。财税和金融政策在基本目标、管理体制和运行机制等方面存在较大差异，且其政策的制定与执行分属不同的部门，这导致浙江省绿色财税和金融系统缺乏深度的横向、纵向协同和区域合作。

（2）缺乏对民间资本参与绿色项目的政策激励。财政部门在安排绿色补贴等财政支出时，忽视了绿色金融多元化发展的投资需求，对于引导、激励社会资本、民营资本投资绿色项目的政策支持力度不足。

（3）缺乏财税层面的政策支持。金融部门在制订并落实信贷政策与信贷投放时，容易忽视财税方面的政策，更偏向于投资利润高、发展稳定的行业，对投资绿色项目信心不足。这种金融与财政在绿色发展领域中的"单干"形式，难以形成合力。因此，有必要加强财税与金融政策的有效衔接，从促进风险分担、利益分享与补偿角度出发，撬动更多社会资本的投入，提高地方政府、金融机构、企业等主体参与绿色金融的主动性与积极性。

2. 节能减排协同政策的贯彻执行出现偏差

部分地区对干部的考核仍主要侧重于经济增长、招商引资等内容，特别是在经济下行的背景下，有的地方打着保增长的旗号，对高耗能行业实行优惠电价；有的地方为保障经济平稳增长放松对重污染企业的监管，进而影响淘汰落后产能的步伐；有的地方甚至鼓励停产歇业的小造纸、小煤窑重新开工，以防止经济下滑为借口，对企业排污"睁一只眼闭一只眼"，以拉动内需为名义，乱铺摊子、乱上项目。

3. 长三角生态绿色发展一体化的协同立法有待加强

（1）协同立法缺乏上位法依据。《中华人民共和国立法法》仅规定了联合制定部门规章，但未规定联合制定政府规章，也未规定其他协同立法的形式。即协同立法还未完全制度化，目前的协同立法项目还仅限于部分个案的实践。基于此，在协同立法过程中，如果一方不愿继续协同，即可能导致协同立法无法完成。因此，有必要建立利益分配机制，实现收益共享与利益补偿。

（2）区域协同法治建构缺乏法律"硬"约束。长三角地区采用的是"三省一市"省（市）委书记、省（市）长出席的主要领导座谈会制度来进行决策，由长三角地区合作与发展联席会议进行协调，即使达成了共识也需要分别走各自的立法程序，影响行政管理效率。区域协调主要是立法机关的工作机构在工作层面的协调，或者是司法部门之间进行立法协调，比如《长江三角洲三省一市司法厅（局）区域协同立法合作框架协议》。这基本上属于个案性质的协调，缺乏启动情形、协调程序、协调意见的处理等方面的规定。

（3）有待从低位阶协同向高位阶协同转变。长三角区域立法协同已涵盖立法规划、立法起草、立法推进以及立法成果共享等，有待在"双碳"等生态文明建设领域加强立法协同。但受限于《中华人民共和国立法法》，并未形成一部统一适用于长三角区域的专门法律,"三省一市"立法主体没有区域立法权限,无法以共同立法的方式促进长三角区域"双碳"法律问题的统一。

总之,浙江省节能减排协同体制机制还不够畅通,主要存在的问题有绿色财税政策和金融政策间的协作配合不够畅通、节能减排协同政策的贯彻执行出现偏差、长三角生态绿色发展一体化的协同立法有待加强等。

(三)社会力量参与降碳减排的深度广度不够

1. 降碳减排的公众参与机制尚待加强

从已有的调研数据来看,浙江省碳减排的推动实施仍过于倚重政府,企业和居民积极性不高。由政府主导的"双碳"政策已有不少且在持续加强,但有待进一步理顺公众参与机制,不断增强全民的资源忧患意识、节约意识和环境法律责任意识。

2. 企业面临节能降耗新技术的研究开发、推广应用等方面的现实阻力

(1) 能效"领跑者"制度亟待完善。由于初始节能降耗设备投入成本较大,企业产品和工艺技术推广应用落后。节能降耗技术开发落后已造成中国能源利用效率只有33%左右,比国际先进水平低10%左右,单位GDP能耗率则比世界平均水平高出近3倍。因此,要优化《能效领跑者制度实施方案》《高耗能行业能效领跑者制度实施细则》等规定,提高规范位阶、建立与强制性节能标准制度和能效标识制度的规范联系,赋予能效"领跑者"制度间接强制效力。①

(2) 对节能减排技术的基础性研究、应用研究不够,普遍缺乏核心技术。基础性研究和应用研究投资大、收效慢,加之政府财政支持力度不足,造成节能减排技术的基础性研究、应用研究发展缓慢。

(3) 节能减排新技术和新产品价格普遍偏高。这造成消费市场疲软,没有形成从研发到推广再到研发的良性循环,客观上阻碍了节能降耗技术的普遍推广和广泛应用。

3. 农户风险承担能力偏弱影响森林碳汇项目的推广实施

森林碳汇项目经营周期长,容易受到自然灾害、经营技术、市场波动、政策变动等影响。改变农户持续参与的意愿和行为,表现为农户已参与碳汇林的转入及转出,而风险态度和风险感知是农户面临风险时影响行为决策的重要因素。② 因此,当前农户风险承担能力较弱,影响森林碳汇项目参与度和积极性。

总之,浙江省社会公众力量参与降碳减排的深度广度不够,还存在降碳减排的公众参与机制尚待加强、企业面临节能降耗新技术的研究开发、推广应用等方面的现实阻力、农户风险承担能力偏弱影响森林碳汇项目的推广实施等问题。对此,要解决碳达峰碳中和进程中的社会参与的法律义务和鼓励激励等问题,可以充分运用网络拓展公众参与立法的潜能,使公众通过网络参政及时表达意愿和诉求,实现民主决策;再次,转变公众参与方式,

---

① 于文轩,冯瀚元. 双碳目标下能效"领跑者"制度的完善路径[J]. 行政管理改革,2021 (10):40.
② 陈伟,顾蕾,冯贻勇,等. 风险态度、风险感知对农户碳汇林流转意愿的影响[J]. 浙江农林大学学报,2021 (6):2.

推进公众参与"双碳"工作的机制化、民主化、法治化。

（四）绿色低碳发展的金融政策支持力度有待加强

1. 浙江省碳金融制度体系仍未得到充分构建

（1）林业碳汇、蓝碳交易潜力亟待提升。从 2007 年起，嘉兴市排污权储备交易中心、杭州市产权交易所和浙江省排污权交易中心等相继挂牌成立。2022 年，根据《浙江省用于大型活动（会议）碳中和的碳普惠减排量管理办法（试行）》，浙江省林业局探索碳普惠机制下的林业碳汇开发管理机制；首批浙林碳汇项目减排量开发交易已得到林业碳汇第三方核证机构认定。2023 年 2 月，宁波市公共资源交易网（象山县分网）发布《蓝碳拍卖公告》，对蓝碳（西沪港渔业）一年的碳汇量约 2 340.1 t 进行拍卖，这是全国首单蓝碳拍卖交易。

（2）被允许交易的产品种类过少。参与碳交易及碳金融的金融机构以银行为主，碳金融交易品种较少，主要是向节能减排项目提供"绿色信贷"和碳融资。

（3）可交易碳基金的数量过少。总体上，浙江省碳金融交易活动是零零散散的，没有相对完整和连续的碳金融交易体系和服务网络。

（4）配套服务有待提升。绿色金融项目相关业务的实现通常要寻找可接受业务方进行实施，例如大部分绿色金融项目第三方评估的业务通常会选择国际上的会计师事务所。除了银行保险机构探索设立绿色金融事业部或绿色金融专营分支机构，浙江仍缺乏足够数量的绿色金融中介服务机构。

2. 配套机制不够完善、政策支持力度不够

（1）缺乏统一有效的政策法律规范。环境风险评估标准和信息披露机制尚不够健全，实行绿色金融业务的银行使用的环境风险评估标准不一致，使其很容易被高污染企业利用。金融机构在操作过程中没有严格的标准可以参照，不能对企业的污染能耗做出准确评价。

（2）缺乏统一和科学的绿色项目认定标准。尽管在国家层面已陆续出台一系列指引文件，如《绿色信贷指引》《绿色债券支持项目目录》等，但其分类标准和统计口径仍较为宽泛，并且不同部门文件之间存在差异，不利于浙江省绿色金融改革试验区制定具体的绿色金融项目目录，同时也为金融机构、第三方评估机构识别绿色项目带来困难。

（3）缺乏更加具有操作性的核算评估制度。对于碳信息的采集标准、采集范围、运用边界、监管主体、监管措施等，仍缺乏更加具体和明确的法律制度规定。生态产品价值实现存在度量难、交易难、变现难、抵押难等"四难"问题，还缺乏一套行之有效的价值核算方法和价值评价体系。

3. 碳信息沟通及共享协同机制尚未完全打通

（1）碳信息的收集与管理工作碎片化。碳信息分散于不同部门，如发展改革部门掌握项目环评、能评信息和企业用能信息，生态环境部门掌握企业环境权益资产信息和碳排放的核查信息，统计部门掌握企业碳排放的统计信息。各部门碳信息孤立，未与金融部门实现共享。① 另外，由于绿色项目往往涉及环保专业新技术，识别和评估过程需要多个部门参与，各部门对绿色技术知识、绿色项目运作和盈利模式、环境风险评估过程等关键环节认知存在差异，容易引发绿色项目识别风险。

（2）绿色金融产品周期长、回报率低。绿色金融以绿色信贷、绿色债券为主，产品相对单一。对金融机构而言，开展相关专业性较强的碳核算、碳金融产品开发、环境信息披露等工作，容易使人力、管理、系统开发、购买第三方服务等投入成本的提高。

（3）绿色金融产品风险过高。无论是对试验区传统产业进行改造还是绿色产业投资，都将面临诸多不确定性，尤其是浙江省小微企业众多，其风险控制与防范能力相对较差，一旦项目运作失败很有可能使得企业陷入破产困境，从而引发信用风险。浙江省大多数绿色金融创新集中在地方中小银行和金融机构，与大型国有银行相比，其资金规模小、抗风险能力差，信用风险发生将对中小金融机构稳定经营带来更大冲击。②

（4）绿色金融政策的实施效能较低。多主体、多目标间的矛盾突出，改革创新要以全局的思维进行系统的思考和落实。绿色金融与乡村振兴、共同富裕、建设全国统一大市场等国家战略在协同发展方面存在一些问题，各部门的协调配合不够畅通，效率偏低，绿色金融与财政支持的衔接度也有待提高，财政资金的杠杆作用和引导功能发挥有限。

总之，浙江省绿色低碳发展的金融政策支持力度、协同度等还有待加强，碳金融制度体系仍未得到充分构建、配套机制不够完善、政策支持力度不够、碳信息沟通及共享机制尚未完全打通等。

三、浙江省率先实现碳达峰碳中和的法治完善建议

（一）进一步规范能源资源市场交易的制度体系

1. 建立能效提升与经济高质量发展评价机制

（1）构建科学有效的碳评价体系。对现有环评制度进行适当调适，明确碳评价的评价对象、评价指标与评价效力。在与环评相关的地方性法规修订中采取"概括条款+授权条款"的方式为碳评价提供法律依据。③ 此外，还可以各县（市、区）或重大产业平台为主要评价对象，建立涵盖经济发展水平、产业结构特点、能源消费结构、能效技术标准等多维度的能效评价体系，科学设置评价模型，制定能源资源优化配置目标，建立年度评价、规划中期评估等定期评价制度，加强评价考核结果应用。

（2）建立健全用能风险预警机制。发挥数字化技术在区域用能、重大平台用能管理中

---

① 殷兴山. 绿色金融支持碳达峰碳中和的浙江实践[J]. 中国金融，2022（1）：2.
② 张宇，钱水土. 绿色金融创新及其风险防范问题研究——基于浙江省绿色金融改革创新试验区的思考[J]. 浙江金融，2018（4）：4-5.
③ 王社坤. 论我国碳评价制度的构建[J]. 北方法学，2022（2）：27.

的作用，强化重点用能单位能耗在线监测系统建设和数据应用，加强用能监测预警，准确研判用能形势，精准施策，及时出台化解用能风险举措。

（3）完善能源资源配置调整机制。强化用能事中事后监管，充分考虑各地经济社会发展水平差异及节能降耗目标任务，建立能源资源总量指标的动态管理和调整机制，及时、灵活调整能源资源配置方案，实现用能的高效公平配置。

2．深入开展用能权有偿使用市场交易改革

（1）优化用能权交易顶层设计。以绿色创新为导向，以产业能效提升为核心，以产业转型升级为目标，建立基于能效技术标准的用能权有偿使用和交易体系。加快完善用能权确权、行业能效标准、定价、资金管理等配套政策。探索用能权交易立法，建立用能权产权制度。以数字化改革为牵引，加强与能耗在线监测系统等的对接，强化事中事后监管。

（2）扩大用能权交易范围。加强与国家用能权交易制度的衔接，开展政府间跨省用能权交易。逐步扩大用能权交易范围，完善存量交易制度，以增量带存量，依法开展用能权存量交易。创新用能权交易模式，鼓励金融机构积极参与用能权交易市场建设，提供多种绿色金融产品和服务。

（3）探索多元能源资源市场交易试点。以用能权交易试点为基础，结合全省电力现货交易试点、天然气交易、绿色电力交易等，探索建立多元能源资源市场综合交易试点，围绕能源资源确权、定价机制、交易市场、交易监管等核心环节，建立市场运行机制及配套政策。

3．加强政府对能源资源优化配置的引导作用

（1）强化省级能源资源协调能力。坚持碳排放配额覆盖的共同原则与时空分配的区别原则，按照"要素跟着项目走"的原则，强化省级能效治理和指标协调的监管，重点保障国家和省级重大平台、重大产业投资计划、高端先进制造业和社会民生等高质量项目用能。尤其是，保持政策稳定性和持续性，注重新旧政策之间的升级和衔接。

（2）强化重大平台（项目）用能保障。优化重大平台能源资源配置，强化平台用能预算管理，建立健全能源资源年度指标、需求分析、预算方案、监测预警等保障机制，加强能耗指标与产业调整目录、能效准入标准、招商引资项目和相关投资政策等有机衔接，建立"发展战略实施+重大平台提升+行业能效引领+产业目录调整+投资项目监管"的管理体系。

（3）强化能源资源差别化配置机制。对"十三五"期间能效水平领先、能源"双控"目标任务完成较好的地区，适当下调能耗强度降低目标。对产业结构偏重、能源利用效率较低的地区，适当加压，倒逼其经济向低能耗、低排放产业转型升级。

总之，市场机制有其自身的运行规律与自我调节机制，"自上而下"强制型或供给主导型的制度建构模式，可能会导致政府欠缺对规制手段适当性、必要性及均衡性的充分考量。①

---

① 陈真亮，项如意．碳排放配额制度的比例原则检视及优化进路[J]．学术交流，2022（3）：78．

下一步，浙江省要坚持共同但有区别的原则，提升其事实认定的科学化水平与价值判断的民主化水平，建立能效提升与经济高质量发展评价机制，深入开展用能权有偿使用市场交易改革，加强政府对能源资源优化配置的引导作用。就确权而言，需明确碳排放权的义务本质，强化政府、企业以及地方层面的碳达峰碳中和制度设计和监管责任，[①] 从发展评价机制、用能权有偿使用市场交易改革、能源资源优化配置、具体制度补强等方面，推进能源资源市场交易法治化，加强能源资源交易的国内法治与国际法治互动。同时，也要防止政府对于能源资源市场交易制度的过度规制。

（二）进一步构建节能减排降碳的协同增效的长效机制

1. 加强政策协同与地方专门立法

（1）加快"双碳"专门立法步伐。可选择一些比较成熟、紧迫性强、可操作的专门行业领域着手，率先设立专门法律或地方性法规，加快绿色金融立法，将"禁塑令"上升为"禁塑法"等。时机合适时，再考虑从单点突破迈向系统集成，形成综合性法规，从而提升法律针对性、内容完整性和制度精准性。

（2）加强节能减碳的政策协同。相关部门在决策过程中，应当就节能减碳政策的制定与实施进行相互协调，增强政策的科学性、针对性与可操作性。政策协同应当贯穿于政策目标的制定、政策细则的确定与政策实施过程中，将减污降碳协同增效的思想和方法贯穿管理体系和制度执行过程当中，以全局性、系统化的视角设定目标、统筹规划、设计政策机制。

（3）全方位完善节能减排的配套措施。加强财政投入、推动技术创新、优化产业结构、降低能源强度等配套措施，建立起符合浙江省实际情况的政策协同机制。加强组织领导和监督考核，地方各级政府对本行政区域节能减排工作负总责。此外，完善能耗双控考核措施，统筹目标完成进展、经济形势及跨周期因素，优化考核频次。

2. 建立大气污染物与二氧化碳协同减排机制

（1）构建污染物与温室气体减排的协同监管体制。以生态环境部门为核心，建立国家和地方大气污染物减排与二氧化碳减排协同监管执法体制与机制，在法律法规、标准指南、能耗指标、行政许可、设施监管、监测方法、数据合规性等方面，定期开展综合执法检查。

（2）构建碳排放目标责任制和评价考核体系。明确协同减排的政治责任、管理责任、法律责任，强化对地方政府及其相关部门协同减排成效的定期监督。

（3）探索环境统计与温室气体排放核算的协同路径。建设温室气体监测体系，发挥大气污染物监测已形成的数据优势，促进碳排放与生态环境及大气污染物统计监测的打通融合、协同增效。

---

① 陈真亮，项如意. 碳排放权法律属性的公私法检视及立法建议[J]. 武汉科技大学学报（社会科学版），2022（1）：104.

3. 建设适应气候变化与生态保护修复的协同机制

（1）提升重点领域和地区的气候韧性。根据《关于统筹和加强应对气候变化与生态环境保护相关工作的指导意见》（环综合〔2021〕4号），重视陆地生态系统、水资源、海洋及海岸带等生态保护修复与适应气候变化的协同，协调推动农业、林业、水利等领域以及城市、沿海、生态脆弱地区开展气候变化影响风险评估，实施适应气候变化行动，提升重点领域和地区的气候韧性。

（2）实施生态保护修复的协同机制。在舟山—温州蓝色海湾修复、衢州—丽水大花园建设、长三角生态绿色一体化发展示范区建设等行动中，探索生态保护修复的陆海统筹协同治理机制。根据《关于鼓励和支持社会资本参与生态保护修复的意见》（国办发〔2021〕40号）规定，加强督察和执法，全程全面依法监管，严格规范行为，建立信用监管机制，加强跨地区跨部门奖惩联动。

（3）主动对接以生态环境为导向的开发（EOD）模式。加强EOD模式试点建设，推进绿色生态建设，支持地方整合修复林业、海洋、湿地等各类碳汇资源，创新包括碳汇项目在内的生态环境治理项目组织实施方式。

总之，浙江省要着力推动能源结构调整，严格煤炭消费减量替代，深入实施可再生能源替代行动，提升能源清洁高效利用水平。在推动能源集约化与高效利用的同时，从源头上减少碳排放总量，实现节能减排降碳机制的协同增效与长效运行。尤其是要优化节能减排降碳的协同增效与长效机制，增强温室气体控制协同规制和自主规制并形成合力。同时，从法律法规层面和政策层面进行调整和改革，[①] 促进资源能源利用地方性法规的"低碳化"。

（三）进一步加强化降碳减排的社会参与制度建设

1. 提高公众参与生态保护的积极性

（1）增强全民绿色低碳意识。建立健全"双碳"工作宣传教育机制，定期举办全国节能宣传周、全国低碳日、世界环境日等主题宣传活动和节能新技术、新产品、新装备推介会。把绿色减碳纳入国民教育体系和各级领导干部培训教育体系，将"双碳"教育纳入大中小学课堂。

（2）鼓励开展绿色低碳行动。坚持全民行动观，制定多样化、创新性的激励措施，激发全民参与绿色低碳行动的内生动力和积极性及主动性。鼓励支持社会公众使用节能、节水、节材产品，参加义务植树、环保宣传教育等绿色生活创建活动。

（3）优化公众参与机制。利用数字化改革成果，引导鼓励公众参与绿色低碳政策制定，为构建科学高效的"双碳"政策体系建言献策、贡献力量。加大政府、企业"双碳"信息公开，保障公众知情权；完善公众监督和举报反馈机制，发挥新闻媒体、公众、社会组织

---

① 杜群，张琪静.《巴黎协定》后我国温室气体控制规制模式的转变及法律对策[J]. 中国地质大学学报（社会科学版），2021（1）：19.

的监督作用。

2. 倡导绿色低碳生活方式

(1) 培育绿色消费观。对贯彻节能减排、绿色低碳的先进单位、家庭和个人给予表彰和奖励，发挥政府部门、事业单位示范带头作用。加快推进构建统一的绿色产品认证与标识体系，完善绿色产品推广奖励机制。

(2) 开展绿色出行行动。实施绿色出行激励机制和优惠政策，引导公众优先选择乘坐公共交通、步行和骑行等绿色出行方式。深入开展塑料污染治理攻坚行动，持续推进塑料污染全链条治理。全面推行生活垃圾分类回收和资源化，加快构建废弃物循环利用体系，推行"互联网+"等废旧物品交易模式，推广应用绿色包装，减少一次性消费用品使用。

(3) 开展碳普惠和绿色社区建设。加强全省统一的碳普惠应用建设，逐步加入绿色出行、绿色消费、绿色居住、绿色餐饮、全民义务植树等项目。加快完善"碳标签""碳足迹"等制度，开展绿色社区等建设、在社区逐步推广碳积分、碳币、碳信用卡、碳普惠等措施。

3. 提高企业参与"双碳"工作的积极性，促进其积极承担社会义务

(1) 加强绿色产品的研发与生产。企业要通过调整自身的产业结构，在产品设计、选材、生产、包装、运输、使用到报废处理的产品全生命周期贯彻绿色管理理念，引用最佳可行的绿色生产技术，采用高性能、轻量化、绿色环保的新材料，研发更具竞争力的绿色产品。

(2) 创新碳排放管理制度。企业要建立包括碳排放监测、核查、报告、预警等在内的碳排放管理体系，将碳排放影响评价直接融入项目可行性研究和咨询评估制度；要制定相关应急预案，开展碳排放形势预警。

(3) 培育低碳领军团队。企业要调整人才队伍结构和人才培育体系，建立专业人才队伍梯次培养和成长机制，加快转变到以绿色低碳为核心的新人才培育体系，突出骨干人才队伍建设，打造高精尖的行业技术带头人队伍，推进生产技术和节能降耗技术迭代升级。

未来，浙江要继续优化政府主导、企业主体、社会组织和公众共同参与的现代化协同治理体系，统筹考虑经济社会发展和生态环境保护，建立覆盖生产生活全链条、全过程和所有环节的制度设计，形成上下统一、协调一致、相互融合的制度体系，加快形成有利于减污降碳的产业结构、生产方式和生活方式。

(四) 进一步优化生态增汇和工程增汇技术及政策支撑

1. 改进生态增汇的技术政策

(1) 巩固提升林业碳汇。加强对林业碳汇的科技支撑，提升林业碳汇能力。以森林碳汇发展共性技术和关键技术需求为导向，支持推进森林经营增汇、森林保护促汇、树种选育及更新、竹木产品固碳等关键技术等方面的森林生态系统增汇减排技术研究。完善森林碳汇计量监测体系，探索湿地、竹木制品等碳库核算方法。

（2）持续挖掘海洋的蓝色碳汇潜力。加强海洋碳汇相关基础研究和国际合作交流，在提高对海洋储碳、固碳功能认知的基础上，制定海洋碳汇的技术方法和评估标准，加速成果转化。

（3）提升红树林生态系统质量和功能。浙江省拥有广袤的蓝色疆土、全国最北的红树林，发展蓝碳的自然禀赋得天独厚。依照《浙江省红树林保护修复专项行动实施方案（2021—2025年）》的规定，实施红树林抚育和提质改造工程，将集中连片红树林划入生态保护红线。

2. 改进碳捕集、利用与封存（CCUS）技术等工程增汇的技术政策

（1）明确面向碳中和目标的CCUS发展路径。优化考虑碳中和目标下的产业格局，重点从减排需求出发，研判火电、钢铁、水泥等重点排放行业的减排贡献。

（2）完善CCUS政策支持与标准规范体系。明确和细化包括项目属性定位、各参与方职责、长期监管责任、封存许可制度、安全监管、风险评价、减排量核算等政策法规，建立科学合理的建设、运营、监管、终止标准体系。[①]

（3）规划布局CCUS基础设施建设。加大二氧化碳输送与封存等基础设施投资力度，优化技术设施管理水平，建立相关基础设施合作共享机制；注重已有资源优化整合，推动现有装置设备改良升级，逐步提高现有基础设施性能水平；充分利用相关基础设施共享机制，建设二氧化碳运输与封存共享网络，推动CCUS技术与不同碳排放领域与行业的耦合集成。

（4）开展大规模CCUS示范与产业化集群建设。针对捕集、压缩、运输、注入、封存等全链条技术单元之间的兼容性与集成优化，建成CCUS全链条示范项目；加速突破高性价比的二氧化碳吸收/吸附材料开发、大型反应器设计、长距离二氧化碳管道运输等核心技术，促进CCUS产业集群建设；在电力行业超前部署新一代低成本、低能耗CCUS技术示范，推进CCUS技术代际更替。

3. 加强对生态系统碳汇功能的修复工作

（1）加强生态保护修复碳汇成效监管。强化生态保护修复固碳能力，发挥生态系统碳汇对生态保护修复的导向作用和倒逼机制，提升生态系统碳汇在国土空间规划和用途管控、生态保护修复中的优先级，将生态系统碳汇纳入生态保护修复监管与成效评估。统筹推动生态系统碳汇保护修复与山水林田湖草系统治理、国土空间修复等工程，加强生态系统碳汇保护修复工程成效监管。

（2）健全生态保护修复补偿机制。开展生态系统碳汇价值评估，推动碳汇项目参与全国碳排放权交易，探索创新生态系统碳汇的"绿水青山就是金山银山"转化路径，建立健全体现碳汇价值的生态保护补偿机制，保障生态系统碳汇保护修复的后期管护。

（3）建立生态系统碳汇监管网络体系。构建生态系统碳汇保护空间格局，在生态环境

---

① 张贤，李凯，马乔，等. 碳中和目标下CCUS技术发展定位与展望[J]. 中国人口·资源与环境，2021（9）：29-33.

分区管治的基础上，综合考虑生态系统碳汇功能与生物生产功能、其他生态功能的重叠关系，建立生态系统碳汇保护空间划定技术体系。按照维护我国发展碳排放权益、拓展未来发展碳排放空间的需求，综合考虑自然保护地、生态保护红线等生态功能重要区域和国土空间规划，划定生态系统碳汇核心管控区、一般管控区、后备区并明确其管控要求。

总之，浙江省要大力发展碳减排技术、增碳汇技术、碳利用技术、碳监测技术等，实施低碳科技自主创新战略，抢占碳达峰碳中和技术制高点。短期内可以探索优先发展生态系统增汇技术和增汇产业；从长远来看，工程方法增汇具有无限潜力。片面强调生态系统碳汇或工程方法碳汇都是不妥的，要统筹兼顾生态碳汇与工程碳汇，选择边际增汇成本相对低廉的碳汇增汇技术。[①] 浙江省现有生态增汇的重点区域大多为老、少、边、穷等本身财力不足地区，当地民众存在不同程度的"等、靠、要"思想，缺乏鼓励各地统筹多层级、多领域资金、吸引社会资本积极参与重大工程建设的内生动力。因此要建立健全协同配合机制，统筹陆地-河流-海洋国土空间规划和各种增汇技术，从技术扩散角度和环境保护角度设计生态增汇等生态科技创新的矫正机制，[②] 将乡村振兴工作与生态保护补偿、国家重大生态工程、生态产业发展、清洁能源产业等相结合，全面推进欠发达地区绿色低碳发展。

（五）进一步推进绿色低碳的金融政策制度创新

1. 加强金融政策与制度体系的协同

（1）完善碳金融市场的监管制度。注意环境政策风险、金融风险和市场运行风险多重风险的综合防控；通过培育多元市场主体、维持市场交易秩序、保障产品产权和实现产品标准化等方式提高市场效率，维持制度激励。在监管机制方面，要强化对高耗能、高污染企业的管理，按照主体-行为-产品三要素分别展开，建构和完善市场准入、风险控制、行为规制、信息披露和产品评级等机制规则。

（2）建立完善的绿色金融担保机制。引导担保机构优先向绿色领域配置担保资源，有效解决企业绿色信贷的各种问题，促进贷款的发放，确保资金融通保持流畅。

（3）建立绿色金融专营机制。支持各金融机构在低碳工业园区、美丽宜居示范村等设立绿色金融事业部、绿色金融服务中心、绿色金融专营机构等专业机构和特色支行，专注服务绿色企业、绿色项目和美丽乡村建设等领域。

（4）建立"绿色信贷清单"和绿色金融项目评价制度。实施差异化授信管理和差异化利率定价机制，通过商业银行内部资金转移定价优惠、设置专项财务资源、合理分配经济资本等正向激励政策对绿色贷款实行利率优惠，完善绿色金融项目的评价体系。

---

① 沈满洪.实现"双碳"目标贵在统筹兼顾[R/OL].（2022-07-20）[2022-08-16]. https://theory.gmw.cn/2022-07/20/content_35896045.htm.
② 吴应龙，沈满洪，王迪.生态科技创新的双重外部性及矫正机制研究[J].浙江社会科学，2023（1）：15.

2. 推动绿色金融产品创新

（1）创新生态价值转化机制。打通"绿水青山"转化为"金山银山"的金融通道，创新"三贷一卡"（"GEP 生态贷""两山贷""生态区块链贷"和"生态主题卡"）金融支持模式。推动绿色债券发行扩容提质，推动碳中和债、蓝色债券等创新产品落地。

（2）发挥财政资金的杠杆作用。可以联合浙江财政部门对符合条件的主承销金融机构实施财政资金专项奖励，对承销绿色债务融资工具给予更大的奖励。

（3）创新碳账户金融产品，拓展市场化融资渠道。探索以碳账户为依托，开展基于碳信息的绿色金融产品创新，推出碳账户专属信贷产品。发展基于水权、排污权、碳排放权等各类资源环境权益的融资工具，建立绿色股票指数，发展碳排放权期货交易。

3. 深化绿色金融改革试验区建设

（1）加大对绿色低碳领域的金融支持力度。完善碳减排支持工具，深化碳账户金融试点，完善碳信息共享机制，探索基于碳账户的转型金融发展路径和模式。加快推进全省金融机构环境信息披露，进一步夯实金融机构碳核算的数据基础和平台支撑。

（2）健全绿色金融改革成果共享机制。推动改革成果由点及面向全省和长三角地区复制推广，发挥好改革的集成效应，推动绿色金融与农村金融、小微金融、普惠金融等融合发展。

（3）深化国际绿色金融合作。可以依托中国-阿盟、中国-非盟、中国-东盟、中国-中东欧、亚太经合组织（APEC）可持续能源中心等合作平台，持续支持可再生能源、电力、核电、氢能等相关技术人才合作培养，开展能力建设、政策、规划、标准对接和人才交流。[①]

绿色金融可以促进环境保护及治理，引导资源从高污染、高耗能产业流向理念、技术先进的部门。2020 年以来，浙江省绿色金融政策稳步推进，在信贷、债券、基金等领域都有长足发展，但在绿色金融创新方面仍有较大提升空间。下一步，浙江省要加大绿色金融政策优化与创新，通畅信息交流渠道，推进金融机构改革创新，加强国际交流和合作。同时，加强绿色金融政策制度协同，推进地方与长三角区域协同立法，加强法规、规章和政策的制度补给，优化碳减排制度矩阵，提高减污降碳协同增效工作的制度绩效。

---

① 国家发展改革委，国家能源局. 关于完善能源绿色低碳转型体制机制和政策措施的意见[EB/OL]. [2022-06-30]. http://www.gov.cn/zhengce/zhengceku/2022-02/11/content_5673015.htm.

第二篇

理论篇

本篇由浙江省"双碳"领域的科研立项情况、研究成果及其社会影响等三章构成。

通过浙江省"双碳"领域国家社会科学基金项目、国家自然科学基金项目、教育部人文社会科学基金项目、省自然科学基金项目、省哲学社会科学基金项目、省软科学项目、省公益应用技术推广项目、省重点研发项目等的梳理，发现浙江省"双碳"领域科研立项存在科研项目量质齐升、研究领域不断细化、多学科共同参与等特征，但是还存在关键领域资助力度不足、科研力量区域分布不均、跨机构协同攻关有待加强等问题。

通过对浙江省"双碳"领域在 SSCI、SCI、CSSCI、浙大一级期刊发表的学术论文及其专著的分析表明，浙江省呈现出研究成果数量急剧上升、领域不断丰富、支撑学科不断拓展、影响力持续上升等特征。但是依然存在研究力量区域分布不均、高显示度成果有待培育、区域研究高地尚未形成等问题。

通过对浙江省"双碳"领域成果获奖、批示、宣传、推广等的分析表明，浙江省研究成果处于全国前列、研究成果彰显浙江特色、资政研究支撑政府决策。但是，依然存在研究成果有待系统集成、决策咨询亟须靶向精准、研究成果的国际影响力有待增强等问题。

从机构贡献角度分析，浙江省"双碳"领域呈现出以浙江大学引领，以浙江工业大学、浙江农林大学为支点及多点分布的研究格局。

第四章

浙江省碳达峰碳中和领域的科研立项情况

省部级以上的科研项目是"双碳"领域科研发展水平的重要标志。就浙江省而言,省部级以上的科研项目立项渠道主要有国家社会科学基金项目、国家自然科学基金项目、教育部哲学社会科学基金项目、省自然科学基金项目、省哲学社会科学基金项目、省软科学项目、省公益应用技术推广项目、省重点研发项目等类别,本章选取浙江省学者2017—2021年"双碳"领域的科研项目进行比较分析,通过这一期间科研项目立项情况及其与北京、上海、广东、江苏等先进地区的比较分析,概括浙江省"双碳"科研领域相关研究的发展水平及发展趋势。研究表明,随着"双碳"目标的进一步明确,浙江省在"双碳"领域的科研立项不断增长、领域不断拓宽、多学科参与的局面逐步形成,但同时也存在关键领域资助力度不足、科研力量区域分布不均、跨机构协同攻关有待加强等问题。

一、浙江省碳达峰碳中和领域科研项目立项的比较分析

(一)省部级以上科研项目立项情况

1. 国家社会科学基金项目立项数全国领先

对全国哲学社会科学工作办公室网站历年国家社会科学基金"双碳"相关的课题立项情况进行查询,查询结果如表4-1所示。从国家社会科学基金项目立项来看,2017—2021年,"双碳"领域的国家社会科学基金项目立项从83项上升到113项,增幅达到36%,说明这一研究领域日益得到学术界的高度重视。2017—2021年,浙江省"双碳"领域共有38项国家社会科学基金项目,在全国排名第三,处于全国第二方阵领先地位,离高校科研院所密集的第一方阵北京(57项)、江苏(50项)尚有较大的差距。从增长速度来看,2021年浙江省国家社会科学基金项目立项数为5项,立项数比2017年4项增长25%,增幅略低于全国水平,但其中有两项为重点项目,重点立项率达到40%。其中在30项以上

的方阵中,领先于传统高教强省(市)上海、山东、湖北。相较于浙江省的高教资源较小的体量,浙江省在"双碳"领域国家社会科学基金项目立项情况说明浙江省在该领域研究优势还是相当突出的。

表 4-1 2017—2021 年全国各省(区、市)"双碳"相关领域国家社会科学基金项目立项数

单位:项

序号	地区	2017 年	2018 年	2019 年	2020 年	2021 年	合计
1	北京	14	14	12	8	9	57
2	天津	0	5	3	2	1	11
3	河北	1	1	3	1	2	8
4	山西	2	0	0	3	1	6
5	内蒙古	1	0	5	0	0	6
6	辽宁	1	5	5	2	6	19
7	吉林	1	2	0	2	4	9
8	黑龙江	2	2	0	2	4	10
9	上海	1	7	5	10	9	32
10	江苏	4	6	13	14	13	50
11	浙江	4	10	14	5	5	38
12	安徽	0	1	2	0	3	6
13	福建	1	4	5	1	4	15
14	江西	0	1	2	2	2	7
15	山东	6	9	6	6	8	35
16	河南	6	2	3	4	5	20
17	湖北	8	2	11	6	6	33
18	湖南	6	7	8	3	3	27
19	广东	4	4	5	2	5	20
20	广西	2	0	2	1	1	6
21	海南	0	1	0	0	2	3
22	重庆	5	8	2	4	7	26
23	四川	6	3	4	7	4	24
24	贵州	1	2	1	5	2	11
25	云南	0	2	1	0	1	4
26	西藏	0	0	0	0	0	0
27	陕西	5	4	8	3	3	23
28	甘肃	1	0	0	2	0	3
29	青海	1	2	1	0	0	4
30	宁夏	0	0	1	0	1	2
31	新疆	0	1	0	3	2	6
	合计	83	105	122	98	113	521

数据来源:全国哲学社会科学工作办公室网站。

2. 国家自然科学基金项目立项数稳步增长

通过 letpub 网站对历年国家自然科学基金"双碳"相关的课题立项情况进行查询，查询结果如表 4-2 所示。从国家自然科学基金项目立项来看，2017—2021 年，国家自然科学基金项目从 2 288 项上升到 2 491 项，增幅达到 8.9%，每年稳定在 2 200 项以上，说明国家自然科学基金项目在"双碳"这一研究领域的基础性支撑作用，立项数量的小幅度增长说明现实需求对"双碳"领域知识的需求。2017—2021 年，浙江省"双碳"领域共有 454 项国家自然科学基金项目，在全国排名第八，在全国处于中上水平，立项数量仅有北京的 1/4，不仅远远落后于北京、江苏、广东、上海等经济发达省（市），也落后于湖北、陕西、山东等省，与浙江省经济社会发展水平极不相称。但从增长速度来看，2021 年浙江省"双碳"领域国家自然基金项目立项数为 95 项，立项数比 2017 年增长 20%，增速远高于全国平均水平，但仍未说明浙江省这一领域快速增长的实力与较好的发展潜力。总体而言，浙江省国家自然科学领域立项数量偏少、排名欠佳，说明浙江省"双碳"领域的基础科学支撑有限，亟须加强"双碳"领域的自然科学学科建设，提升"双碳"领域的整体研究实力和服务能力。

表 4-2　2017—2021 年全国各省（区、市）"双碳"相关领域国家自然科学基金项目立项数

单位：项

序号	地区	2017 年	2018 年	2019 年	2020 年	2021 年	合计
1	北京	421	453	440	412	424	2 150
2	天津	58	45	48	58	50	259
3	河北	13	29	25	14	24	105
4	山西	32	32	27	22	27	140
5	内蒙古	19	20	16	23	29	107
6	辽宁	90	79	75	69	61	374
7	吉林	53	54	42	46	42	237
8	黑龙江	37	44	24	46	39	190
9	上海	153	159	164	158	157	791
10	江苏	220	257	234	213	252	1 176
11	浙江	79	86	102	92	95	454
12	安徽	58	72	47	51	58	286
13	福建	49	72	45	61	66	293
14	江西	42	30	32	56	51	211
15	山东	97	113	131	114	125	580
16	河南	60	54	54	47	55	270
17	湖北	126	136	137	137	126	662
18	湖南	56	60	68	70	87	341
19	广东	158	145	212	208	210	933
20	广西	26	29	31	25	41	152
21	海南	11	12	7	15	13	58
22	重庆	43	40	34	33	51	201
23	四川	69	74	75	67	68	353
24	贵州	21	18	16	18	30	103

序号	地区	2017年	2018年	2019年	2020年	2021年	合计
25	云南	44	43	61	48	49	245
26	西藏	4	1	1	2	4	12
27	陕西	99	128	114	102	150	593
28	甘肃	85	79	79	79	58	380
29	青海	13	5	4	7	10	39
30	宁夏	9	7	7	6	12	41
31	新疆	43	32	23	19	24	141
	合计	2 288	2 408	2 375	2 318	2 491	11 880

数据来源：letpub 网站国家自然科学基金数据库。

3. 省部级基金项目快速增长

通过对 2017—2021 年教育部人文社会科学基金项目、省哲学社会科学基金项目、省自然科学基金项目、省软科学项目、省公益技术应用项目、省重点研发项目等不同省部级科研基金项目进行统计，结果如表 4-3 所示。2017—2021 年，浙江省不同渠道的"双碳"领域的省部级科研项目共立项 557 项。从立项结构来看，省自然科学基金是"双碳"领域研究的主力，5 年共立项 225 项，占比高达 40.4%，其次为省重点研发项目，5 年共立项 143 项，占比达 25.7%。"双碳"领域的哲学社会科学立项偏少，教育部人文社会科学基金项目、省哲学社会科学基金项目、省软科学项目仅有 20 项、50 项和 29 项，三项之和仅占立项总数的 17.8%。2021 年"双碳"领域的省部级基金项目比 2017 年增长 28%，远高于国家级基金增长速度。其中省哲学社会科学基金项目、省自然科学基金项目、省重点研发项目立项数增速最快，比 2017 年增长 50%以上，增速分别达 50%、52%和 58%。而省软科学项目小幅度增长 13%，达到 9 项，而教育部人文社会科学基金项目立项数与 2017 年基本持平，但比 2020 年有大幅度的增长，增速达 400%。从省部级立项来看，各类省部级基金立项数均有不同幅度的增长，说明由于国家明确宣誓"双碳"目标，省级行政单位、企事业单位对于"双碳"领域无论是宏观发展战略研究还是低碳技术研发技术应用方面的知识需求，均有不同幅度的增长。

表 4-3　2017—2021 年浙江省"双碳"领域各类省级项目立项数　　单位：项

年份	教育部人文社会科学基金项目	省哲学社会科学基金项目	省自然科学基金项目	省公益技术应用项目	省软科学项目	省重点研发项目	合计
2017	5	8	33	20	8	24	98
2018	6	9	42	22	3	26	108
2019	3	11	38	24	3	35	114
2020	1	10	62	13	6	20	112
2021	5	12	50	11	9	38	125
总计	20	50	225	90	29	143	557

数据来源：教育部人文社会科学基金、浙江省社会科学联合会、浙江省科技厅、浙江省自然科学基金网站历年立项清单统计。

（二）省部级以上科研项目的内容综述

1. 国家社会科学基金项目

2021年浙江省"双碳"领域国家社会科学基金项目共立项5项，立项清单见表4-4。其中重点项目2项，占比高达40%，一般项目2项，青年项目1项。2021年国家社会科学基金项目主题涉及国民经济能源综合依赖度、制造业绿色创新、绿色技术创新区际扩散、家庭农场绿色生产行为、能源治理体系变革的国际参与等领域，选题更加多元。从研究视角来看，既有研究家庭农场生产行为与企业技术创新的微观视角，又有研究国民经济综合能源依赖度、能源治理体系国际参与的宏观视角。研究内容不仅有"双碳"对象密切相关的能源、制造业等传统重点领域，也有家庭农场等新兴发展领域。研究领域不仅涵盖绿色发展、技术创新等传统领域，也辐射技术创新、供应链、国际合作等；涉及的学科既有经济学、管理学，也有政治学。因此，与2020年相比，2021年浙江省"双碳"领域国家社会科学基金项目研究内容紧跟国家战略发展步伐，选题方向更加多元化，学科融合发展趋势更为明显。随着国家"双碳"目标进一步明确，学术界更加致力于研究国家关注的重点难点问题，聚焦社会关心的热门领域积极展开工作。

表4-4 2021年浙江省"双碳"领域国家社会科学基金项目立项清单

序号	课题名称	项目类别	负责人	承担单位
1	"双循环"新格局下国民经济能源综合依赖度的测算、评价与解耦对策研究	重点项目	张崇辉	浙江工商大学
2	供应链驱动制造业企业绿色创新的作用机理与风险防控研究	重点项目	朱朝晖	浙江工商大学
3	新时代中国参与全球能源治理体系变革研究	一般项目	周云亨	浙江大学
4	绿色技术创新区际扩散测度及其对制造业转型升级的影响研究	一般项目	颜青	浙江经贸职业技术学院
5	基于多元制度逻辑的家庭农场绿色生产行为演化机理与管理优化研究	青年项目	刘强	浙江农林大学

数据来源：全国哲学社会科学工作办公室网站。

2. 国家自然科学基金项目

2021年浙江省"双碳"领域国家自然科学基金项目共立项97项，分别为重大研究计划、重点项目、联合基金项目、面上项目、青年科学基金项目、国家重大科研仪器研制项目、国际（地区）合作与交流项目等各个类别，分布在数理科学部、化学科学部、生命科学部、地球科学部、工程与材料科学部、信息科学部、管理科学部、医学科学部等不同的学部（表4-5）。

表 4-5 2021 年浙江省"双碳"领域国家自然科学基金项目分布情况

类别	数理科学部	化学科学部	生命科学部	地球科学部	工程与材料科学部	信息科学部	管理科学部	医学科学部	合计
重大研究计划	0	0	0	0	1	0	0	0	1
重点项目	0	0	0	0	0	0	1	0	1
国家杰出青年科学基金	0	0	0	0	0	0	0	0	0
优秀青年基金项目	0	0	0	0	0	0	0	0	0
联合基金项目	0	0	0	0	0	1	0	0	1
面上项目	3	10	9	9	4	1	1	3	40
青年科学基金项目	2	14	8	12	11	0	0	5	52
国家重大科研仪器研制项目	0	0	0	0	1	0	0	0	1
国际（地区）合作与交流项目	0	0	0	0	0	1	0	0	1
合计	5	24	17	21	17	2	3	8	97

数据来源：letpub 网站国家自然科学基金数据库统计。

重大研究计划：立项 1 项。2021 年度重大研究计划为浙江工业大学温慧敏主持的"金属功能基元序构的新型有序多孔材料及突破气体分离 trade-off 的新机制研究"。

国家重大科研仪器研制项目：立项 1 项。2021 年度国家重大科研仪器研制项目为浙江大学朱斌主持的"模拟深海岩土介质气体运移及诱发灾变的实验装置"。

联合基金项目：立项 1 项。2021 年度联合基金项目为杭州电子科技大学曾平良主持的"基于广义碳轨迹的区域能源互联网自律协调规划与优化运行基础理论与关键技术"。

重点项目：立项 1 项。2021 年度国家自科基金重点项目为浙江大学石敏俊主持的管理科学部的"温室气体减排、空气污染治理的健康效益评估和协同政策设计"。

面上项目：共 40 项，占比近四成，分布在 8 个学部，其中化学科学部、地球科学部、生命科学部是"双碳"领域国家自然科学基金面上项目立项的主力军。这批面上项目多数为各个科学领域与"双碳"紧密相关的碳排放、氧化亚氮等温室气体排放的机制、机理研究。比如，浙江大学罗忠奎主持的生命科学部面上项目"土壤剖面有机碳对气候变化的响应及其机制研究"、浙江农林大学姜培坤主持的地球科学部面上项目"硅氮耦合对毛竹林土壤氧化亚氮排放的影响及其微生物学机制"以及浙江工商大学陈宇峰主持的管理科学部面上项目"能源技术进步偏向与内生环境治理：理论机制与政策取向"等。也有个别研究关注的是材料的性能和影响的研究。例如，浙江农林大学金德春主持的生命科学部面上项目"基于绿色蜡基复合体系的竹材永久定型与防霉防腐性能调控及其影响机制"，浙江大学杨启炜主持的化学科学部"富 sp3 碳柱层型金属-有机框架材料的设计合成与 C8 芳烃异构体分离性能"。

青年科学基金项目：共 52 项，所占比重最大，分布在 8 个学部，其中化学科学部、地球科学部、工程与材料科学部立项数均在 10 项以上，说明浙江省"双碳"领域的研究队伍在上述三个学部的发展潜力巨大。2021 年度浙江省"双碳"国家自然科学基金项目主要聚焦人类活动造成的环境影响和效应。比如，浙江大学方雪坤主持的化学科学部青年科学基金项目"基于2022杭州亚运会研究短期减排措施对VOCs排放及臭氧生成的响应关系"、浙江理工大学韩雅文主持的地球科学部青年科学基金项目"基于投入产出网络的能源-稀土足迹耦合关系及其对碳排放的影响研究"、浙江农林大学任远主持的生命科学部青年科学基金项目"城市绿地生物源挥发性有机化合物排放的大气环境效应研究"、浙江工商大学赵雯璐主持的地球科学部的青年科学基金项目"土地利用变化对典型河口-海湾持久性有机污染物气/水交换与水平输移的影响研究"等。也有研究关注如何通过电网设计、灾害风险预警等措施消除气候变化带来的消极影响。比如，浙江大学杨永恒主持的工程与材料科学部青年科学基金项目"适应高比例新能源电网的组网逆变器特性表征、设计和运行方法研究"以及西湖大学易路主持的地球科学部青年科学基金项目"气候变化背景下极端降雨对流域洪水的影响分析与风险预估"等。

国际（地区）合作与交流项目：立项1项。2021年度国际（地区）合作与交流项目为浙江大学龚斌磊主持的管理科学部项目"中国农业绿色转型与高质量发展的路径与战略研究"。

2021年浙江省"双碳"领域国家自然科学基金项目具体立项情况见表4-6。

表4-6　2021年浙江省"双碳"领域国家自然科学基金项目立项清单

序号	课题名称	项目类别	金额/万元	负责人	承担单位
1	金属功能基元序构的新型有序多孔材料及突破气体分离trade-off的新机制研究	重大研究计划	65	温慧敏	浙江工业大学
2	模拟深海岩土介质气体运移及诱发灾变的实验装置	国家重大科研仪器研制项目	662	朱斌	浙江大学
3	基于广义碳轨迹的区域能源互联网自律协调规划与优化运行基础理论与关键技术	联合基金项目	260	曾平良	杭州电子科技大学
4	温室气体减排、空气污染治理的健康效益评估和协同政策设计	重点项目	202	石敏俊	浙江大学
5	中国农业绿色转型与高质量发展的路径与战略研究	国际（地区）合作与交流项目	200	龚斌磊	浙江大学
6	碳纳米结构/高分子纳米复合材料力学性能增强的内在物理机制及调控	面上项目	61	占海飞	浙江大学
7	钱塘江河口对长江入海泥沙总量与输运格局变化的响应机制与演变趋势	面上项目	61	胡鹏	浙江大学
8	工程化光能酶催化的非天然碳-碳键加成反应及其机制研究	面上项目	60	徐鉴	浙江工业大学
9	咪唑鎓离子耦合的金属碳硼烷及其多核卡宾配合物：合成和应用研究	面上项目	60	效旭琼	杭州师范大学
10	高效碳基金属单原子电极的构建及其电化学还原CO_2制备甲酸的机理研究	面上项目	60	雷乐成	浙江大学

序号	课题名称	项目类别	金额/万元	负责人	承担单位
11	碳-14 示踪法研究土壤/水-植物系统中聚苯乙烯微塑料的迁移转化及机制	面上项目	60	汪海燕	浙江大学
12	磁性碳点和低共熔溶剂结合的磁性固液相萃取及在食品安全分析中的应用	面上项目	60	李祖光	浙江工业大学
13	富 sp3 碳柱层型金属-有机框架材料的设计合成与 C8 芳烃异构体分离性能	面上项目	60	杨启炜	浙江大学
14	铜基合金高选择性电催化二氧化碳制多碳燃料机制的原位表面增强拉曼光谱研究	面上项目	60	梁培	中国计量大学
15	高性能、低盐浓度水系电解液提高锌负极电化学性能研究	面上项目	60	潘慧霖	浙江大学
16	低铂负载燃料电池中氧气局部传质阻力作用的微纳尺度研究	面上项目	60	和庆钢	浙江大学
17	利用质谱技术研究重金属诱导的核酸甲基化修饰变化及其机制	面上项目	60	郭成	浙江大学
18	西太平洋苏达海山壳幔电性结构及其构造意义	面上项目	60	秦林江	自然资源部第二海洋研究所
19	竹杉混交林温室气体排放和碳汇功能对毛竹扩张调控的动态响应	面上项目	58	白尚斌	浙江农林大学
20	利用新型烟雾箱系统研究生物质燃烧排放在真实大气条件下的演化	面上项目	58	刘丹彤	浙江大学
21	干旱驱动下毛竹水力传输障碍及碳饥饿研究	面上项目	58	曹永慧	中国林业科学研究院亚热带林业研究所
22	土壤剖面有机碳对气候变化的响应及其机制研究	面上项目	58	罗忠奎	浙江大学
23	北极季节性融冰及河流冲淡水影响下的海洋碳汇遥感估算	面上项目	58	白雁	自然资源部第二海洋研究所
24	孟加拉湾最小含氧带浮游动物组成及其对中层碳迁移的影响	面上项目	58	杜萍	自然资源部第二海洋研究所
25	基于碳负载金属硼氢化物储氢体系的吸放氢热力学与动力学双调控机制	面上项目	58	肖学章	浙江大学
26	蔬菜钵苗低损伤率和高立苗率植苗机理及植苗机构研究	面上项目	58	叶秉良	浙江理工大学
27	超高清 micro-LED 显示用窄带红光纳米晶的绿色合成与结构导向发光研究	面上项目	58	潘跃晓	温州大学
28	基于绿色蜡基复合体系的竹材永久定型与防霉防腐性能调控及其影响机制	面上项目	58	金春德	浙江农林大学
29	高比例新能源的可调度分布式异构协同	面上项目	58	项基	浙江大学
30	"黑盒子"新能源直流配电系统失稳问题的"预警-诊断-防御"一体化应急防护机制建立及其失稳监测、辨识定位和失稳防御关键技术研究	面上项目	58	张欣	浙江大学

序号	课题名称	项目类别	金额/万元	负责人	承担单位
31	未来气候情景下 LUCC 时空模拟及其对亚热带森林碳循环的影响机制研究	面上项目	58	杜华强	浙江农林大学
32	闽楠种群生态适应性基因组学基础与未来气候下的种质保育	面上项目	58	童再康	浙江农林大学
33	荒漠蜥蜴产卵地选择行为和胚胎发育策略对温度变化的局域适应及其分子机制	面上项目	58	李树然	温州大学
34	玫瑰孢链霉菌基因组甲基化修饰调控达托霉素生物合成的分子机制	面上项目	58	李永泉	浙江大学
35	基于精度目标的气体静压精密装配体公差设计理论与方法研究	面上项目	58	曹衍龙	浙江大学
36	强人类活动胁迫下平原河网地区水系连通变化的灾害效应与减灾机制研究	面上项目	57	邓晓军	浙江财经大学
37	过去 200 年青藏高原东南缘不同海拔植被组成和植物多样性变化研究	面上项目	57	李凯	浙江师范大学
38	长三角区域新烟碱农药非点源排放与迁移转化规律研究	面上项目	56	陈源琛	浙江工业大学
39	硅氮耦合对毛竹林土壤氧化亚氮排放的影响及其微生物学机制	面上项目	56	姜培坤	浙江农林大学
40	林冠有机-无机氮沉降对毛竹林土壤有机碳组分的影响机制	面上项目	56	张小川	浙江农林大学
41	mprF 突变介导 MRSA 对 β-内酰胺类抗生素敏感性变化机制研究	面上项目	54	季淑娟	浙江大学
42	基于人体增龄过程中 DNA 甲基化动态变化的个体化衰老评价研究	面上项目	54	刘足云	浙江大学
43	具有低聚合收缩和生态防龋双功能的埃洛石纳米管@SCH-79797 改性复合树脂的研究	面上项目	52	潘乙怀	温州医科大学
44	张量低秩逼近问题的理论与算法	面上项目	50	胡胜龙	杭州电子科技大学
45	能源技术进步偏向与内生环境治理：理论机制与政策取向	面上项目	48	陈宇峰	浙江工商大学
46	基于投入产出网络的能源-稀土足迹耦合关系及其对碳排放的影响研究	青年科学基金项目	30	韩雅文	浙江理工大学
47	基于 2022 杭州亚运会研究短期减排措施对 VOCs 排放及臭氧生成的响应关系	青年科学基金项目	30	方雪坤	浙江大学
48	城市绿地生物源挥发性有机化合物排放的大气环境效应研究	青年科学基金项目	30	任远	浙江农林大学
49	典型大气棕色碳的化学组分解析及其毒性效应研究	青年科学基金项目	30	唐珊珊	国科大杭州高等研究院
50	不同 LED 光质调控微藻单细胞碳分配机制研究	青年科学基金项目	30	楚秉泉	浙江科技学院
51	毛竹林植硅体碳封存气候梯度格局及其驱动机制	青年科学基金项目	30	黄程鹏	浙江农林大学

序号	课题名称	项目类别	金额/万元	负责人	承担单位
52	基于双模质谱成像的黑碳颗粒分析方法及其生物应用	青年科学基金项目	30	林悦	国科大杭州高等研究院
53	微塑料积累对旱地红壤有机碳矿化和转化的影响机制	青年科学基金项目	30	肖谋良	宁波大学
54	毛竹根际沉积碳降解对氮沉降响应的微生物机制	青年科学基金项目	30	施曼	浙江农林大学
55	绿肥对红壤生土有机碳周转的影响及其微生物机理研究	青年科学基金项目	30	徐静	浙江省农业科学院
56	基于根系碳氮代谢平衡的小麦渍害适应机制及调控研究	青年科学基金项目	30	高敬文	浙江省农业科学院
57	基于低碳指标的混凝土结构可持续性设计与评价方法研究	青年科学基金项目	30	张孝存	宁波大学
58	土壤病毒对不同肥力旱地红壤有机碳矿化和转化的调控机制	青年科学基金项目	30	王双	宁波大学
59	中性介质高性能氧还原合成过氧化氢碳基催化电极研究	青年科学基金项目	30	徐雯雯	中国科学院宁波材料技术与工程研究所
60	蚯蚓活动对毛竹林土壤 CO_2 释放和有机碳稳定性的影响机制	青年科学基金项目	30	唐荣贵	浙江农林大学
61	等离子协同镍单原子催化重整焦油制氢的抗积碳烧结机制	青年科学基金项目	30	叶志平	浙江工业大学
62	补偿配位对 Co_2C 暴露晶面调控机制及烯烃碳数分布规律研究	青年科学基金项目	30	李正甲	浙江工业大学
63	基于过渡金属和路易斯酸协同催化的碳氧键活化及其反应机理研究	青年科学基金项目	30	张雷	国科大杭州高等研究院
64	基于单颗粒分析的大气一次棕碳颗粒物的来源识别与老化机制研究	青年科学基金项目	30	刘磊	浙江大学
65	跨尺度表面设计提高碳基热界面材料传热性能及界面传热机理研究	青年科学基金项目	30	代文	中国科学院宁波材料技术与工程研究所
66	原子级金属复合缺陷碳纳米材料的结构设计及电催化氧还原性能研究	青年科学基金项目	30	汪鑫	浙江工业大学
67	伊朗黄土高原磁学参数与有机碳同位素记录的晚第四纪气候变化	青年科学基金项目	30	王强	浙江师范大学
68	面向二电子氧还原反应的碳基 Al/Ga 单原子电催化剂的设计与性能研究	青年科学基金项目	30	杨其浩	中国科学院宁波材料技术与工程研究所
69	CO_2 电还原制多碳醇：石墨炔基催化剂设计策略及 CO 增强偶联机制探究	青年科学基金项目	30	杨发	浙江师范大学
70	外膜囊泡介导耐碳青霉烯炎克雷伯菌 blaKPC-2 基因在肠道菌群中的扩散传播及机制研究	青年科学基金项目	30	叶建中	温州医科大学

序号	课题名称	项目类别	金额/万元	负责人	承担单位
71	管式一体化"碳-铜"电极的设计制备及其高效还原CO_2制C^{2+}化合物的协同机制研究	青年科学基金项目	30	宋利	嘉兴学院
72	低强度光照加重青光眼视网膜神经节细胞损伤及其机制研究	青年科学基金项目	30	赵媛	浙江大学
73	水位变化环境下低填方桩承式路堤承载特性与荷载传递机理研究	青年科学基金项目	30	王康宇	浙江工业大学
74	低样本学习下的浮式风机混合模型试验及尺度效应问题的研究	青年科学基金项目	30	姜雪	浙江海洋大学
75	低表面粗糙度及高粘附力Ag-NW透明电极的制备及应用	青年科学基金项目	30	葛勇杰	温州大学
76	机采茶鲜叶气固两相流建模及低损气力筛分机理研究	青年科学基金项目	30	王荣扬	浙江理工大学
77	低载量亚纳米铂簇催化剂的构筑及其催化CO优先氧化性能研究	青年科学基金项目	30	孙秀成	浙江工业大学
78	单分散厚壳层InP核壳量子点的绿色合成及核壳界面优化	青年科学基金项目	30	冀波涛	西湖大学
79	基于最小能源消耗准则的自适应结构拓扑优化研究	青年科学基金项目	30	王雅峰	浙江大学
80	漂浮式风波流集成能源装备多物理场耦合机理研究	青年科学基金项目	30	杨阳	宁波大学
81	适应高比例新能源电网的组网逆变器特性表征、设计和运行方法研究	青年科学基金项目	30	杨永恒	浙江大学
82	气候变化背景下极端降雨对流域洪水的影响分析与风险预估	青年科学基金项目	30	易路	西湖大学
83	气候变异和人类活动共同作用下黄河流域陆地水储量时空演变及归因	青年科学基金项目	30	谢京凯	浙江大学
84	基于时间序列遥感影像的潮滩变化高时频智能监测方法研究	青年科学基金项目	30	曹雯婷	自然资源部第二海洋研究所
85	低温胁迫下桃果实多酚氧化酶定位与构象变化研究	青年科学基金项目	30	姜舒	宁波大学
86	北太平洋副热带逆流区涡动能年际变化新特征的机制研究	青年科学基金项目	30	郭永青	浙江海洋大学
87	肠道Blautia菌与海马GABA递质变化的相关性及其在AD发病中的作用研究	青年科学基金项目	30	刘萍	浙江大学
88	肠道菌群调控脑代谢及结构功能变化参与生长激素缺乏相关认知损伤的机制研究	青年科学基金项目	30	卢毅	温州医科大学
89	土地利用变化对典型河口-海湾持久性有机污染物气/水交换与水平输移的影响研究	青年科学基金项目	30	赵雯璐	浙江工商大学
90	利用海底地震仪远震接收函数研究苏达海山区地壳结构	青年科学基金项目	30	刘亚楠	自然资源部第二海洋研究所
91	干血斑全血样本中新冠中和抗体快速光生物传感检测的研究	青年科学基金项目	30	卞素敏	西湖大学

序号	课题名称	项目类别	金额/万元	负责人	承担单位
92	自旋轨道角动量耦合费米气体中的拓扑性质研究	青年科学基金项目	30	陈科技	浙江理工大学
93	饱和颗粒材料中气体运移模式及致裂机理的颗粒尺度研究	青年科学基金项目	30	郭冠龙	西湖大学
94	基于GPU加速LBM的微通道气体发生器中气泡输运机理的研究	青年科学基金项目	30	陈柔	中国计量大学
95	氢燃料电池气体扩散层非均质特征耦合机制及传输特性调控机理研究	青年科学基金项目	30	肖柳胜	宁波大学
96	miR156调控气体信号分子H_2S产生诱导番茄气孔关闭的分子机理	青年科学基金项目	30	方慧慧	浙江农林大学
97	高分子多孔印迹微球高效吸附分离污泥堆肥恶臭气体中氨气及调控机制	青年科学基金项目	30	韩张亮	浙江工业大学

3. 省部级科研项目的内容综述

2021年，浙江省"双碳"领域的省部级基金项目共有125项，比2021年增加13项，增长11.6%。对2021年浙江省各省部级项目进行统计，结果如表4-7所示。结果表明，2021年浙江省"双碳"领域的省部级项目分布广泛、类型齐全。各类省部级项目均有立项，分布在教育部人文社会科学基金项目、省哲学社会科学基金项目、省自然科学基金项目、省公益技术应用项目、省软科学项目以及省重点研发项目。而且项目类型横跨杰青、重大、重点、一般、青年各种类型。其中，获得省杰青项目2项、省级重大项目41项、重点项目8项、一般项目43项、青年项目31项。

表4-7 2021年浙江省"双碳"领域省部级科研项目立项分布情况 单位：项

级别	教育部人文社会科学基金项目	省哲学社会科学基金项目	省自然科学基金项目	省公益技术应用项目	省软科学项目	省重点研发项目	合计
杰青	0	0	2	0	0	0	2
重大	0	1	2	0	0	38	41
重点	0	3	4	0	0	0	8
一般	2	5	17	11	8	0	43
青年	3	3	25	0	0	0	31
总计	5	12	50	11	9	38	125

数据来源：教育部人文社会科学基金、浙江省社会科学联合会、浙江省科技厅、浙江省自然科学基金网站2021年立项清单统计。

教育部人文社会科学基金项目。2021年共立项5项，比2020年增加4项。其中规划基金项目2项，规划青年项目3项。浙江省2021年无"双碳"领域重大重点项目立项。具体立项清单参见表4-8。从研究内容来看，规划基金项目主要关注长江经济带城市群等特定区域绿色发展能力与碳减排路径、农户绿色生产行为、企业的碳排放权交易的减排路径等。基金项目主要涉及学科集中在经济学和管理学，说明这两个学科在哲学社会科学领域与碳达峰碳中行动联系最为紧密。从研究视角来看，既有区域经济学的宏观视角，也有农户、企业的微观视角。从研究方法来看，既有基于现实数据的实证研究，也有基于科学方法的模拟推演，可为"双碳"行动提供区域、企业与农户规制的经验依据。

表4-8　2021年浙江省教育部人文社科基金"双碳"领域立项清单

序号	课题名称	项目类别	负责人	承担单位
1	国家高新区政策对城市群绿色发展的影响及其作用机制研究	规划基金项目	郑秀田	杭州师范大学
2	长江经济带城市群绿色转型能力的体系构建、驱动机制及提升策略研究	规划基金项目	翁异静	浙江科技学院
3	信息不对称下产业链异质契约约束对农户绿色安全优质生产的影响研究	青年基金项目	朱哲毅	浙江农林大学
4	碳排放权交易、投资效率与企业减排路径研究	青年基金项目	周畅	浙江财经大学
5	国家整体"碳中和"视域下跨省区联合减排的路径与方法研究	青年基金项目	苗阳	浙江工业大学

数据来源：教育部人文社会科学基金网站2021年立项清单统计。

省哲学社会科学规划项目。2021年共立项12项，比2020年增加2项。其中重大项目1项，重点项目3项，一般项目5项，青年项目3项。具体立项清单参见表4-9。从立项项目类型来看，重大、重点、一般、青年四个类型中均有"双碳"领域项目的立项，说明浙江省哲学社会科学领域各个层次的研究力量分布较为均衡。从立项项目内容来看，2021年随着国家和浙江省的"双碳"行动的推进，"双碳"背景下的发展战略、能源安全、绿色技术创新、环境规制政策、产业政策、城乡低碳评价等选题成为2021年浙江省哲学社会科学规划项目的一个研究热点。重大、重点项目既有"顶天"的发展战略宏观研究，比如浙江农林大学沈满洪主持的重大项目"浙江率先实现碳达峰碳中和路径对策研究"，也有聚焦于特定区域关键领域的中观研究，比如浙江工商大学陈宇峰主持的重点项目"碳达峰碳中和背景下长三角地区能源安全保障研究"，还有关注于典型县域特定主题解剖麻雀式的"立地"的案例研究，比如浙江农林大学鲁可荣和鲁先锋关于遂昌、龙游绿色发展促进共同富裕的案例研究。一般项目聚焦于长三角城市群绿色技术创新、可持续发展跨区域协同治理，浙北地区绿色村镇建设的评价以及新能源汽车产业政策、环境规制等特定政策的绿色发展效应。青年项目则关注农产品绿色贸易、农业绿色发展、区域能源效率等主题。

表4-9　2021年浙江省哲学社会科学基金"双碳"领域立项清单

序号	课题名称	项目类别	负责人	承担单位
1	浙江率先实现碳达峰碳中和路径对策研究	重大	沈满洪	浙江农林大学
2	碳达峰碳中和背景下长三角地区能源安全保障研究	重点	陈宇峰	浙江工商大学
3	共同富裕的绿色发展探索与实践——浙江遂昌案例	重点	鲁可荣	浙江农林大学

序号	课题名称	项目类别	负责人	承担单位
4	共同富裕的绿色发展探索与实践——浙江龙游案例	重点	鲁先锋	浙江农林大学
5	长三角地区应对气候变化与城市可持续转型的跨区域协同治理模式	一般	余 露	浙江大学
6	长三角城市群企业绿色创新的路径与演化研究——基于双元技术学习视角	一般	朱朝晖	浙江工商大学
7	环境规制对绿色创新影响的时空演变规律	一般	徐元朔	浙江大学
8	高质量发展视阈下新能源汽车产业政策效应测度及协同路径研究	一般	周银香	浙江财经大学
9	浙北地区绿色村镇建设的"灰色-AHP"评价模型建立及实证分析	一般	张德勇	浙江树人学院
10	绿色偏向性创新路径下非关税措施对农产品出口竞争力的倒逼效应研究	青年	徐志远	浙江理工大学
11	中间投入减排视角下浙江省农业低碳发展策略研究	青年	甄 伟	浙江财经大学
12	高质量发展视域下我国区域能源效率的测算与评价	青年	金欢欢	浙江工商大学杭州商学院

数据来源：浙江省社会科学联合会网站2021年立项清单统计。

省自然科学基金项目。2021年共立项50项，具体如表4-10所示。其中杰青项目2项，重大项目2项，重点项目4项。2021年省自然科学重大、重点、杰青项目的突出热点是与"双碳"相关的材料科学、生命科学、管理科学领域，主要涉及低碳烯烃制备催化剂、绿色化工制造、气候变化对生物遗传性状影响、绿色创新发展战略等。一般项目17项。一般项目主要关注"双碳"背景下的湿地碳排放、稻田碳储、树木碳储量、流域径流变化、绿色低碳材料研发、绿色化工、碳排放权交易、基础设施连通性评价等选题。这些项目均是"双碳"战略背景下对生态系统碳汇能力建设、流域变化、新材料研发、基础设施建设等领域的深化与细化。青年基金项目25项。主要涉及"双碳"相关的碳储量反演、国土空间整治、住宅低碳改造、储能、冶金、绿色化工、高分子材料、合金材料等研究领域。

表4-10 2021年浙江省自然科学基金"双碳"领域立项清单

序号	课题名称	项目类别	负责人	承担单位
1	基于氧化脱氢过程的低碳烯烃制备催化剂研究	杰青	姚思宇	浙江大学
2	气候变化背景下中国近海日本鳀群体表观遗传组学研究	杰青	韩志强	浙江海洋大学
3	大环芳烃纳米客在室温为液体的碳氢化合物的精准分离中的应用	重大	黄飞鹤	浙江大学
4	面向绿色石化与石油及先进制造领域的生物基界面分离新材料及其生物数字制造过程的化工基础	重大	贠军贤	浙江工业大学
5	基于碳载过渡金属掺杂氮化物的耐低温柔性锌空电池	重点	刘文贤	浙江工业大学
6	基于空间创新合作网络的长三角城市群绿色创新区域一体化研究	重点	曾菊英	浙江财经大学
7	高比能长寿命富磷化物@碳纳米复合储钠负极材料的设计合成及构效关系研究	重点	俞术雷	温州大学

序号	课题名称	项目类别	负责人	承担单位
8	用于温室气体检测的 2.7 μm 可调谐超快光纤激光光源材料与器件的研究	重点	田颖	中国计量大学
9	双功能有机膦催化及协同催化促进的硫碳键重组构建手性亚砜	一般	肖霄	浙江工业大学
10	基于界面电子转移探讨碳基材料的微观结构与电化学儿茶酚传感性能的关系	一般	张雯	杭州电子科技大学
11	不同功能型树种的越冬非结构性碳储存年际变化	一般	王晓雨	浙江农林大学
12	长期不同施肥措施对浙东地区稻田土壤有机碳组分和团聚体稳定性的影响及其机制	一般	李飞	台州学院
13	杭州湾典型盐沼湿地海底地下水碳排放过程研究	一般	陈小刚	西湖大学
14	靶向碳酸酐酶IX促进低氧肿瘤转胞吞渗透的新型纳米药物递送系统	一般	徐龙	宁波大学
15	n 型酰亚胺类共轭微孔聚合物-碳纳米管复合材料的原位制备及储能机制研究	一般	戴玉玉	浙江工业大学
16	阻燃&抗融滴一体化碳基阻燃剂的构建及其在 PET 中的构效关系研究	一般	杨雅茹	嘉兴学院
17	面向大批量定制的产品低碳设计方法研究	一般	王棋	浙大宁波理工学院
18	氮掺杂导电碳化硅陶瓷放电等离子烧结机理及组织性能调控研究	一般	李华鑫	浙江工业大学
19	杂原子掺杂碳纳米管生物质高能燃料稳定性设计及燃烧性能调控研究	一般	励孝杰	宁波大学
20	氢燃料电池碳纳米纤维气体扩散电极的有序化构筑及强化传质机制	一般	张钦国	浙江大学
21	海产品加工废弃物热解耦合原位活化制取高性能超级电容碳电极材料的研究	一般	李允超	浙江大学
22	碳化硅器件芯片封装耦合老化失效机理研究	一般	罗皓泽	浙江大学
23	圩区蓝绿基础设施连通性评价方法研究——以长三角生态绿色一体化发展示范区为例	一般	谢雨婷	浙江大学
24	气候变化和人类活动下瓯江流域径流响应及成分研究	一般	宣伟栋	浙江水利水电学院
25	不同价格周期下天然气期货与碳排放交易对天然气现货套期保值效果分析	一般	马铁群	浙江财经大学
26	双功能碳基高熵贵金属合金的制备及在电催化全水分解中的应用	青年	许伟	宁波大学
27	光/碘离子/廉价金属协同促进的芳基氯的碳-碳偶联反应研究	青年	刘妙昌	温州大学
28	基于有机硫鎓盐的碳-碳键构筑及药物活性分子的合成研究	青年	王慧飞	宁波大学
29	面向 PP/PE 废塑料低温分解制低碳烯烃的沸石分子筛催化材料研究	青年	徐少丹	杭州电子科技大学
30	富碳型 SiAlCN 陶瓷先驱体的合成及其动态流变行为与陶瓷化机理研究	青年	莫高明	中国科学院宁波材料技术与工程研究所
31	封装催化剂的制备及其对低碳烯烃合成影响的研究	青年	吕鹏	浙江科技学院

序号	课题名称	项目类别	负责人	承担单位
32	双金属硫化物/氮硫共掺杂碳材料活化过硫酸盐降解双酚类污染物研究	青年	孙萍	嘉兴学院
33	北半球植被物候和碳吸收遥感反演及其时空异质性驱动机制分析	青年	徐小军	浙江农林大学
34	CNF/Fe_3O_4超疏水磁性气凝胶的绿色构建及增强机理研究	青年	黄景达	浙江农林大学
35	竹基介孔碳@Si材料制备及作为锂离子电池负极材料研究	青年	赵正平	浙江工业大学
36	基于碳氧平衡约束的长三角地区国土空间治理研究	青年	徐飞	浙江财经大学
37	钠离子电池中等离子体表面重构调控硬碳固体电解质界面的研究	青年	陈泰强	中国计量大学
38	MOFs衍生碳耦合过渡金属硫族化合物阵列的构筑及其钠离子混合电容器性能研究	青年	杨叶锋	浙江理工大学
39	基于绿色材料纤维素纳米晶实现全有机分布反馈激光器及其特性研究	青年	石玥	宁波大学
40	碳纳米管高温组装制备高效过渡金属氧化物催化剂及在塑料降解、转化中的研究	青年	史月琴	杭州电子科技大学
41	氰基预环化效应调控制备柔性碳纳米纤维与储能性能优化	青年	胡毅	浙江理工大学
42	碳纤维材料多尺度微结构表面机械密封水介质下润滑密封的试验及数值模拟研究	青年	毋少峰	杭州电子科技大学
43	基于碳化硅NMOS的模拟集成电路芯片技术的研究	青年	王珏	浙大城市学院
44	基于全生命周期碳减排的长三角地区既有住区改造综合环境评价研究	青年	罗晓予	浙江大学
45	非金属掺杂石墨氮化碳活化过硫酸盐去除水中抗生素与抗性基因机制研究	青年	甘慧慧	宁波大学
46	面向碳效优化的钢铁烧结混合建模	青年	陈晓霞	宁波大学
47	胞外碳酸酐酶1介导的NLRP3炎症小体激活在脑出血后继发性损伤中的作用及机制研究	青年	王明	浙江大学
48	Sirt3介导AIF去乙酰化调控一碳代谢重编程促进非小细胞肺癌进展的研究	青年	刘瑜	温州医科大学
49	基于惰性碳-氢键官能团化的含氟精细化学品的绿色合成	青年	王治明	台州学院
50	绿色工业化学、生态与环境基础研究领域现状及发展战略研究	青年	刘勇	浙江师范大学

数据来源：浙江省自然科学基金网站2021年立项清单统计。

省软科学项目。2021年共立项9项，具体如表4-11所示。其中重点项目1项，为浙江师范大学李一鸣主持的重点项目"浙江省新能源产业技术创新路径研究——以氢能产业为例"。一般项目8项，从选题方向来看，既有中国对"一带一路"沿线的绿色投资效率、省域层面绿色创新绩效评价、典型湾区的绿色发展评价等宏观层面选题，也有时尚产业的可持续发展、农产品出口的绿色转型等中观产业选题，还有水产养殖户、企业绿色制造等生产行为的微观研究。从研究内容来看，涉及"双碳"投资、生产、贸易、技术等环节的绿色发展水平评价、技术创新、政策干预、路径优化等内容。

表 4-11 2021 年浙江省软科学项目"双碳"领域立项清单

序号	课题名称	项目类别	负责人	承担单位
1	浙江省新能源产业技术创新路径研究——以氢能产业为例	重点	李一鸣	浙江师范大学
2	推进浙江经济绿色转型的技术进步机制与政策研究	一般	吕品	浙江理工大学
3	循数治理视域下企业绿色制造范式重构和路径优化研究：理论与浙江实践	一般	李鸽翎	浙江工业大学
4	非关税措施、绿色偏向性技术创新与浙江农产品出口竞争力：机制与策略研究	一般	徐志远	浙江理工大学经济管理学院
5	绿色发展政策干预下水产养殖户亲环境行为变化及其引导机制研究：以浙江省为例	一般	陈琦	宁波大学
6	生态文明视域下浙江典型湾区绿色发展评价研究——以三门湾为例	一般	刘力	浙江树人大学
7	浙江省绿色创新效率与生态福利绩效协同发展研究	一般	韩瑾	宁波大学
8	中国对"一带一路"沿线绿色投资效率研究	一般	彭红英	浙江师范大学
9	绿色与数字化的浙江省时尚产业可持续发展路径研究	一般	刘丽娴	浙江理工大学

数据来源：浙江省科技厅网站 2021 年软科学项目立项清单统计。

省重点研发项目。2021 年共立项 38 项，具体如表 4-12 所示。其中择优委托项目 5 项，竞争性项目 33 项。承担的主体既包括浙江大学及浙江理工大学等部省属重点高校，也有中国科学院宁波材料技术与工程研究所、浙江省农业科学院等科研院所，还有浙江圣达生物药业股份有限公司、火星人厨具股份有限公司、杭摩新材料集团股份有限公司等高新技术企业。研发的领域涵盖新材料、环境保护、生物医药、先进制造、信息科技、现代农业等多个领域。新材料领域主要涉及高强高模碳纤维国产化、高性能聚酯纤维高效绿色制备关键技术、新型生物基材料及改性应用技术、高品质功能纤维与制品研发、高性能催化剂开发、高性能有色金属及合金材料、热固性高分子材料的高效绿色资源化技术、新能源汽车关键材料、先进分离膜及功能材料等方面。环境保护领域主要涉及可持续发展先进适宜技术、大宗固体废物绿色处置技术与装备、环境保护与资源综合利用关键技术与装备等。先进制造领域主要包括汽车先进制造及专用装备、智能成套专用装备等方面。信息技术领域包括健康食品制造关键技术及冷链活性感知包装技术、特色机械装备"智能一代"技术研究、安全生产区块链关键技术研究等。现代农业领域有主要粮油作物高效绿色定额制施肥技术研究、稻瘟病菌致病蛋白元件与病害绿色防控靶标筛选、26 县绿色技术应用等。

表 4-12 2021 年浙江省重点研发项目"双碳"领域立项清单

序号	课题名称	项目类别	负责人	承担单位
1	高强高模碳纤维国产化攻关及应用研究	择优委托	张永刚	中国科学院宁波材料技术与工程研究所
2	高性能聚酯纤维高效绿色制备关键技术及产业化	择优委托	陈文兴	浙江理工大学
3	健康食品绿色制造及冷链活性感知包装技术	择优委托	叶兴乾	浙江大学

序号	课题名称	项目类别	负责人	承担单位
4	稻瘟病菌致病蛋白元件与病害绿色防控靶标筛选	择优委托	刘小红	浙江省农业科学院
5	重大维生素产品（D-生物素）全生物合成技术和绿色制造示范	择优委托	周斌	浙江圣达生物药业股份有限公司
6	基于智能绿色厨具开发的Mcook物联网平台研发及示范应用	竞争性项目	廖信	火星人厨具股份有限公司
7	酚醛树脂生物质改性关键技术及绿色产业化示范工程	竞争性项目	周大鹏	杭摩新材料集团股份有限公司
8	高效阻燃/抗紫外绿色涤纶功能纺织品研发及产业化	竞争性项目	蔡芳	浙江彩蝶实业股份有限公司
9	氟喹诺酮类药物关键中间体2,4-二氯-5-氟苯乙酮绿色合成工艺研究及产业化	竞争性项目	沈振陆	浙江吉泰新材料股份有限公司
10	高性能SCR脱硝催化剂关键原材料TMADaOH绿色生产工艺开发及产业化	竞争性项目	吴尖平	肯特催化材料股份有限公司
11	UV光稳定剂绿色合成工艺及催化剂开发	竞争性项目	郑红朝	利安隆科润（浙江）新材料有限公司
12	绿色高性能药芯银钎料国产化关键制备技术及应用开发	竞争性项目	金李梅	杭州华光焊接新材料股份有限公司
13	废弃聚氨酯材料的高效降解与绿色利用示范	竞争性项目	张小军	赛诺（浙江）聚氨酯新材料有限公司
14	能源安全生产区块链关键技术研究及应用平台研制	竞争性项目	陈铁明	浙江工业大学
15	面向新能源汽车的高效低噪无油涡旋空压机研发及应用	竞争性项目	黄建军	浙江省机电设计研究院有限公司
16	新能源汽车用WCBS线控制动成套装备研发及产业化	竞争性项目	江飞舟	浙江金麦特自动化系统有限公司
17	基于CVT技术的新能源汽车高效自动变速器关键技术研究及应用	竞争性项目	任华林	浙江万里扬股份有限公司
18	千吨级碳纤维智能成套专用装备研发及国产化应用	竞争性项目	傅建根	浙江精功科技股份有限公司
19	面向水资源高效开发利用的复合膜材料设计及产业化	竞争性项目	郑宏林	杭州水处理技术研究开发中心有限公司
20	高比能固态锂离子电池关键材料及电池制造技术开发	竞争性项目	陈建	浙江南都电源动力股份有限公司
21	高比容量硅碳基负极材料研发与产业化	竞争性项目	王连邦	湖州杉杉新能源科技有限公司
22	高安全长寿命动力电池用镍钴锰铝四元正极关键材料研发	竞争性项目	闵盛焕	华友新能源科技（衢州）有限公司
23	茶园关键生产环节智能化作业装备研发与应用示范	竞争性项目	彭天文	浙江周立实业有限公司
24	天台乌药全资源化利用关键技术研究及系列产品开发	竞争性项目	何国庆	浙江红石梁集团天台山乌药有限公司
25	油茶鲜果后熟及脱蒲干燥工厂化处理关键技术研究与装备研制	竞争性项目	王德华	青田县瓯青机械有限公司
26	高性能医用包装纸绿色制造关键技术研究及产业化	竞争性项目	张诚	仙鹤股份有限公司

序号	课题名称	项目类别	负责人	承担单位
27	山茶油绿色加工技术及高值化产品研制与示范	竞争性项目	周飞	浙江山茶润生物科技有限公司
28	猕猴桃物流保鲜及品质控制关键技术研究与示范	竞争性项目	郑贞栋	浙江冒个泡电子商务有限公司
29	仙居鸡绿色替抗与优质、高效生产关键技术研究与集成推广	竞争性项目	叶轩	浙江省仙居种鸡场
30	主要粮油作物高效绿色定额制施肥技术研究	竞争性项目	虞轶俊	浙江省耕地质量与肥料管理总站
31	长三角绿色生态城区规划建设关键技术研究与示范	竞争性项目	葛坚	湖州市发展规划研究院
32	基于生态源头的化工产业智能绿色生产关键技术研发与示范	竞争性项目	李坚军	浙江荣凯科技发展有限公司
33	大宗建筑固废绿色改性制备高性能海工再生混凝土材料关键技术研发及应用示范	竞争性项目	杨飞	浙江宇博新材料有限公司
34	医药化工行业典型固体危废热解处置技术与装备研究及应用示范	竞争性项目	车磊	浙江宜可欧环保科技有限公司
35	催化重整的制药污泥无害化与资源化处置技术与装备的研发	竞争性项目	吴韬	宁波诺丁汉大学
36	涂装油漆废渣减量化、资源化耦合技术及示范	竞争性项目	陈建荣	浙江师范大学
37	基于大宗有机固废绿色处置的高效热/电/气联产联供关键技术研究及产业化	竞争性项目	李廉明	嘉兴新嘉爱斯热电有限公司
38	绿色生态植物基聚氨酯发泡材料关键制备技术及产业化	竞争性项目	丘国豪	浙江高裕家居科技股份有限公司

数据来源：浙江省科技厅网站2021年省重点研发项目立项清单统计。

省公益应用技术推广项目。2021年共立项11项，具体如表4-13所示。比2020年减少2项。主要涉及新能源汽车装饰材料、电池材料、电子元器件、绿色焊接、碳氢燃料、农药残留物检验检测等方面。

表4-13 2021年浙江省公益应用技术推广项目"双碳"领域立项清单

序号	课题名称	负责人	承担单位
1	碳纳米管限域PtM（M=Fe, Co, Ni）合金催化剂的应力调控在中高温质子交换膜燃料电池中的应用研究	杨泽惠	中国地质大学（武汉），浙江研究院
2	新能源汽车装饰材料用无卤阻燃PC/ABS合金	郭正虹	浙大宁波理工学院
3	基于聚酰胺改性聚碳酸亚丙酯（PPC）及其应用研究	郝超伟	杭州师范大学
4	新能源汽车电控制动助力器性能检测技术研究及产业化	胡晓峰	中国计量大学
5	基于自蔓延互连和绿色复合焊料的功率模块封装工艺及可靠性研究	陈光	浙江机电职业技术学院
6	基于碳流调控提升草莓果实色泽和香味品质的复合微肥菌剂开发与应用	段文凯	台州科技职业学院
7	面向大形变柔性电子器件基于FDM3D打印碳纳米管/石墨烯高柔性线材的制备研究	花蕾	同济大学浙江学院

序号	课题名称	负责人	承担单位
8	携带酸敏感型碳化铁的M1型巨噬细胞纳米囊泡构建及其增强前列腺癌免疫检查点疗法效果的研究	闻立平	浙江中医药大学
9	多元素复合纳米颗粒改性碳氢燃料的制备及其催化裂解性能研究	高慧	北京航空航天大学，宁波创新研究院
10	食物中肌醇磷酸酯类的绿色甲酯化和同时定量分析研究	蒋可志	杭州师范大学
11	基于碳量子点荧光内滤效应的适配体传感器检测农药残留的方法	陆筑凤	嘉兴学院

数据来源：浙江省科技厅网站2021年省公益应用技术推广项目立项清单统计。

（三）省部级以上科研项目的机构分析

国家基金立项机构分布。2021年"双碳"领域国家社会科学基金项目、国家自然科学基金项目分布情况见表4-14、表4-15。从国家社会科学基金项目来看，立项最多的学校是浙江工商大学共有2个重点项目，其他3项承担单位分别是浙江大学、浙江农林大学和浙江经贸职业技术学院。2021年浙江省高校科研机构无国家社会科学基金重大项目立项。从国家自然科学基金项目来看，2021年"双碳"领域前三名的机构分别为浙江大学、浙江农林大学、浙江工业大学，获批立项分别为26项、11项、9项，约占立项总数的一半；其余19家单位也有这一领域的相关项目立项。

表4-14 2021年国家社会科学基金"双碳"领域的浙江省立项机构统计

机构名称	重大项目	重点项目	一般项目	青年项目	后期资助	专项项目	合计
浙江大学	0	0	1	0	0	0	1
浙江工商大学	0	2	0	0	0	0	2
浙江农林大学	0	0	0	1	0	0	1
浙江经贸职业技术学院	0	0	1	0	0	0	1
合计	0	2	2	1	0	0	5

表4-15 2021年国家自然科学基金"双碳"领域的浙江省立项机构统计

机构名称	重大计划	重点项目	国家杰青	国家优青	联合基金	面上项目	青年项目	重大仪器	国际合作	合计
浙江大学	0	1	0	0	0	17	7	0	1	26
浙江农林大学	0	0	0	0	0	6	5	0	0	11
浙江工业大学	0	0	0	0	0	3	6	0	0	9
宁波大学	0	0	0	0	0	0	6	0	0	6
第二海洋研究所	0	0	0	0	0	0	5	0	0	5
浙江理工大学	0	0	0	0	0	1	3	0	0	4
西湖大学	0	0	0	0	0	0	4	0	0	4
温州大学	0	0	0	0	0	2	1	0	0	3
浙江师范大学	0	0	0	0	0	1	2	0	0	3
温州医科大学	0	0	0	0	0	1	2	0	0	3

机构名称	重大计划	重点项目	国家杰青	国家优青	联合基金	面上项目	青年项目	重大仪器	国际合作	合计
国科大杭州高究院	0	0	0	0	0	0	3	0	0	3
中国科学院宁波材料技术与工程研究所	0	0	0	0	0	0	3	0	0	3
杭州电子科技大学	0	0	0	0	1	1	0	0	0	2
浙江工商大学	0	0	0	0	0	1	1	0	0	2
中国计量大学	0	0	0	0	0	1	1	0	0	2
浙江省农业科学院	0	0	0	0	0	0	2	0	0	2
浙江海洋大学	0	0	0	0	0	0	2	0	0	2
杭州师范大学	0	0	0	0	0	1	0	0	0	1
中国林业科学研究院亚热带林业研究所	0	0	0	0	0	1	0	0	0	1
浙江财经大学	0	0	0	0	0	1	0	0	0	1
浙江科技学院	0	0	0	0	0	1	0	0	0	1
嘉兴学院	0	0	0	0	0	0	1	0	0	1
合计	0	1	0	0	1	40	52	0	1	95

省部级项目机构分布情况。对 2021 年浙江省"双碳"领域的各类省级项目立项机构进行了统计，结果如表 4-16 所示。2021 年浙江省"双碳"领域的 125 项省部级项目由 63 家高校、科研院所、企业承担，其中高校承担 89 项、企业承担 31 项、科研院所承担 5 项。从立项数量来看，浙江大学共立项 11 项，居立项机构前列，宁波大学、浙江工业大学、浙江理工大学、浙江农林大学、浙江财经大学居第二梯队，省级立项为 5 项以上，立项数分别为 6~9 项。杭州电子科技大学等 12 家单位均有 2 项以上省级立项，另有 11 家高校各有 1 项立项。从省级项目立项来看，参与"双碳"领域相关研究的高校、科研院所、企业的范围进一步扩大，高校是省部级纵向项目承担的主体，有 31 家企业成为重点研发项目的承担单位是这一领域科研立项的一个亮点。

表 4-16　2021 年浙江省"双碳"领域的各类省级项目立项机构统计

机构名称	教育部人文社科	省哲学社科项目	省自然科学基金	省公益应用技术推广项目	省软科学研究项目	省重点研发项目	合计
浙江大学	0	2	8	0	0	1	11
宁波大学	0	0	7	0	2	0	9
浙江工业大学	1	0	6	0	1	1	9
浙江农林大学	1	3	3	0	0	0	7
浙江理工大学	0	1	2	0	3	1	7
浙江财经大学	1	2	3	0	0	0	6
杭州电子科技大学	0	0	4	0	0	0	4
浙江师范大学	0	0	1	0	2	1	4
杭州师范大学	1	0	0	2	0	0	3
中国计量大学	0	0	2	1	0	0	3
嘉兴学院	0	0	2	1	0	0	3

机构名称	教育部人文社科	省哲学社科项目	省自然科学基金	省公益应用技术推广项目	省软科学研究项目	省重点研发项目	合计
浙江工商大学	0	2	0	0	0	0	2
台州学院	0	0	2	0	0	0	2
温州大学	0	0	2	0	0	0	2
浙江树人学院	0	1	0	0	1	0	2
浙大宁波理工学院	0	0	1	1	0	0	2
中国科学院宁波材料技术与工程研究所	0	0	1	0	0	1	2
浙江科技学院	1	0	0	0	0	1	2
其他高校	0	1	5	4	0	1	11
其他科研院所	0	0	0	2	0	1	3
企业	0	0	0	0	0	31	31
合计	5	12	50	11	9	35	125

数据来源：教育部人文社会科学基金、浙江省社会科学联合会、浙江省科技厅、浙江省自然科学基金网站2021年立项清单统计。

二、浙江省碳达峰碳中和领域科研项目立项的主要特征

（一）科研立项快速增长

省部级以上科研项目均实现了较快速度的增长。从国家社会科学基金项目来看，2021年浙江省国家社会科学基金项目立项数为5项，立项数比2017年（4项）增长25%。从国家自然科学基金项目的增长速度来看，2021年浙江省"双碳"领域国家自然科学基金项目立项数为95项，立项数比2017年增长24%，增速远高于全国平均水平。各类省部级基金立项数均有不同幅度的增长。省哲学社会科学基金项目、省自然科学基金项目、省重点研发项目立项数增速最快，比2017年增长50%以上，增速分别达50%、52%和58%。而省软科学项目小幅度增长13%，达到9项，而教育部人文社会科学基金项目立项数与2017年基本持平，但比2020年有大幅度的增长，增速达400%。各类省部级以上科研项目立项数快速增长，说明随着国家提出"双碳"目标，政产学研各类机构对于无论是发展战略宏观战略研究还是低碳技术研发技术应用方面"双碳"领域的科研创新的需求，均有不同幅度的增长，同时也说明浙江省在这一领域的研究力量不断加强，科研创新的发展潜力较大。

（二）研究领域不断丰富

省部级以上科研项目的研究领域不断丰富。研究不仅有"双碳"重大发展战略研究，也有"双碳"相关的新材料、生物医药、先进制造、信息科技、现代农业等多个领域的低

碳科技技术创新。在哲学社会科学领域，既有区域"双碳"时间表路线图相关的"顶天"的发展战略宏观研究，比如浙江农林大学沈满洪主持的重大项目"浙江率先实现碳达峰碳中和路径对策研究"，也有"双碳"相关的特定领域发展战略，比如浙江大学石敏俊主持的国家自然科学基金管理科学部重点项目的"温室气体减排、空气污染治理的健康效益评估和协同政策设计"，浙江大学龚斌磊主持的国家自然科学基金管理科学部国际（地区）合作与交流项目"中国农业绿色转型与高质量发展的路径与战略研究"，浙江工商大学陈宇峰主持的浙江省哲学社会科学重点项目"碳达峰碳中和背景下长三角地区能源安全保障研究"，还有关注于典型县域特定主题解剖麻雀式的"立地"的案例研究，比如浙江农林大学鲁可荣和鲁先锋关于遂昌、龙游绿色发展促进共同富裕的案例研究。在自然科学领域，涉及新材料、环境保护、生物医药、先进制造、信息科技、现代农业等多个领域。比如新材料领域主要涉及绿色低碳材料制备相关的催化材料、制备技术与制备装置。环境保护领域主要涉及可持续发展先进适宜技术、大宗固体废物绿色处置技术与装备、环境保护与资源综合利用关键技术与装备等。先进制造领域主要包括绿色制造及专用装备、智能成套专用装备等。信息技术领域包括低碳识别技术、特色机械装备"智能一代"技术研究、安全生产区块链关键技术研究等。现代农业领域主要有高效绿色定额制施肥技术研究、病虫害的绿色防控靶标筛选、绿色技术应用在特定区域的推广应用等。

（三）多学科共同参与局面逐步形成

省部级以上科研项目的多学科参与局面逐步形成。从哲学社会科学基金项目来看，申报的学科虽然以经济学、管理学、统计学等学科为主，但政治学、社会学、国际问题等学科也有项目立项。从自然科学基金项目来看，虽然以与"双碳"紧密相关的地球科学、工程与材料科学、化学科学、管理科学等学科为主，但数理科学、生命科学、信息科学、医学科学也有不少项目立项。这说明随着"双碳"行动的推进，全社会绿色低碳转型不仅需要哲学社会科学相关的宏观指引，也需要自然科学在低碳绿色相关的科学研究成果和工程技术创新的支撑，多学科参与的宏观战略研究、基础科学研究、应用技术研究是"双碳"行动取得实效的根本保证。

三、浙江省碳达峰碳中和领域科研项目立项的主要问题

（一）关键领域资助力度不足

一是获批国家级项目数量偏少。从国家社会科学基金项目立项数量来看，2017—2021年，浙江省"双碳"领域共有38项立项，虽然在全国排名第三，但离北京（57项）、江苏（50项）尚有较大的差距。从国家自然科学基金项目立项数量来看，2017—2021年，浙江省"双碳"领域共有454项立项，立项数量仅有北京的1/4，不仅远远落后于江苏、广东、

上海等经济发达省市，也落后于湖北、陕西、山东等省份，与浙江省经济社会发展水平极不相称。

二是重大、重点项目立项不足。在国家社会科学基金项目方面，2021年浙江省"双碳"领域无国家社会科学基金重大项目立项，但全国来看，共有9项，比2020年3项增长200%。9项重大项目分属江苏2项、福建2项、河南2项以及上海、陕西、新疆各1项。在国家自然科学基金项目方面，资助额度在200万元以上的重大、重点项目浙江省共立项4项，仅为北京的1/9，不到江苏、山东的1/2。

三是人才项目立项数极少。在哲学社会科学领域，国家社会科学基金无相关立项类型。省哲学社会科学基金虽有人才项目，但2021年无"双碳"领域项目。在自然科学领域，2021年无国家杰青优青立项，且过去五年浙江省获得国家杰青、优青共6项，不及北京的1/9，也少于湖北和江苏的8项。一方面要加大"双碳"领域标志性的国家级重大、重点项目培育，另一方面，加大"双碳"领域的高层次人才的资助力度，尤其是要加大哲学社会科学领域高层次人才的资助和培养力度。

（二）科研力量区域分布不均

各梯队的科研力量分布不均。从国家基金、省部级项目立项情况来看，"双碳"领域的研究力量大致可以分为三个梯队，第一梯队为浙江大学，是这一领域区域科技创新的中心。第二梯队为浙江农林大学、浙江工业大学，这两家机构分别在农林领域和工业领域的减排增汇各有特色。第三梯队为其他高校、科研院所和企业。前两个梯队占省部级以上科研立项数的一半以上，而且主要分布在省属高校，地方院校在"双碳"领域研究力量相对单薄，对于各地级市的"双碳"行动技术支撑和智力支撑较薄弱。虽然随着"双碳"领域研究的深化，第三梯队的整体研究实力将会有一定的提升，但是在短期内，"双碳"科研领域以浙江大学为中心，浙江农林大学、浙江农业大学为两翼特色发展的区域分布格局不会发生大的变化。

因此，为了积极稳妥推进浙江省"双碳"事业，必须继续发挥浙江大学在"双碳"相关领域的原始创新作用，引领浙江省在这一领域的科技创新风潮，同时浙江农林大学、浙江工业大学则将结合各自学校的办学特点，在农林减排增汇、工业能源减排和负碳技术相关的领域实现特色发展。还要建好建强浙江省生态文明智库联盟、低碳技术创新联盟等合作载体，加强高校研究机构之间的技术交流，同时也要加强浙江大学、浙江农林大学、浙江工业大学服务地方的能力，提高"双碳"的技术供给能力。

（三）跨机构协同攻关有待加强

"双碳"行动涉及经济社会生态环境方方面面，亟须自然科学、社会科学、人文学科等多学科、政企产学研等多主体协作。但"双碳"领域跨机构协同、联合攻关的能力有待提升：

一是企业间的技术合作太少，企业间几乎没有技术联盟。没有足够的企业进行技术合作，所以技术不能共享，不容易实现规模经济，很难通过人才和技术互补发挥协同作用，限制了企业的竞争力和技能的提高。

二是企业与研究院所、大学之间的联系、合作与交流不畅。由于部门分割，企业的技术引进、创新，科研机构和大学缺乏参与；同时科研机构和大学承担的国家科研任务，缺少企业参与，低碳技术应用转化能力不足。

三是科学研究机构和大学之间的合作和交流不足。这种分割使得各部门之间、各部门与地方之间、科研机构、大学与地方之间以及军事和民用研究机构与大学之间的研究合作和人员交流难以进行，导致大量重复研究，资源不能充分共享，力量不能有效集成，致使"双碳"科技创新效率低下，难以取得标志性成果的突破。

因此，一方面要设计高校、科研院所、企业多方参与的低碳科技研发项目，另一方面要充分发挥浙江省生态文明智库联盟等相关合作组织的中介作用，带动企业、高校等"双碳"研究力量成长。

第五章

浙江省碳达峰碳中和领域的研究成果

高层次学术论文专著是"双碳"领域科技进展的重要体现。本章对浙江省学者在SSCI、SCI、CSSCI、浙大一级等高层次的期刊论文、学术专著发表数量，根据不同主题词的变化状况进行统计分析，对浙江省"双碳"这一领域研究发展状况进行分析，进一步展示浙江省"双碳"这一领域发展概貌，详细评价当前浙江省"双碳"领域的学术研究进展状况。研究表明，随着"双碳"行动的开展，浙江学者在"双碳"领域取得的研究成果数量急剧上升、研究领域不断丰富、支撑学科不断拓展、影响力持续上升。但同时也存在研究力量区域分布不均、高显示度成果有待培育、区域研究高地尚未形成等问题。

一、浙江省碳达峰碳中和领域研究成果的比较分析

（一）研究成果的数量分析

为了能较好地表征浙江省"双碳"这一领域研究的客观水平，本章检索统计工作不仅关注论文和专著数量变化，更关注论文和专著质量变化。故本章检索的论文统计源既涵盖了国内期刊，又考虑了国际科学技术论文索引情况（SCI 和 SSCI）。检索范围限定在以下4个方面：①中文核心期刊；②CSSCI 期刊论文；③SCI 期刊论文；④SSCI 期刊论文。本报告通过这四种类型的检索，不仅对浙江省"双碳"研究的演进脉络、发展态势、学科研究热点领域变化等进行了分析，也对浙江省"双碳"研究成果的国际影响力或国际状况进行了评估，详细检索结果分别见图 5-1 和表 5-1～表 5-7。

论文数量大幅度增长。表 5-1～表 5-5 为已统计收录的浙江省学者发表的相关学术论文情况。2021 年浙江省学者在"双碳"及其相关领域[①]发表高质量论文共 112 篇，比 2020

---

① 通过对"绿色""碳达峰""碳中和""生态""温室气体""碳排放""碳循环"等关键词进行检索。

年的 79 篇增长 41.8%，说明这一领域的研究成果有了大幅度增长。2020—2021 年，CSSCI 论文从 27 篇上升到 43 篇，增长速度为 59.3%，浙大一级期刊从 12 篇增长到 20 篇，增长速度为 66.7%。SCI、SSCI 论文从 40 篇增长到 49 篇，增长速度为 22.5%。从增长速度来看，SCI 和 SSCI 论文增长速度略低于国内论文增长速度。CSSCI 期刊增长速度高于浙大一级期刊的增长速度。两个增速的不同也说明，"双碳"领域国际学术界的关注度要明显低于国内关注度，高层次论文的增长速度低于较低层次期刊论文的增长速度，高水平的科研成果有待进一步凝练。

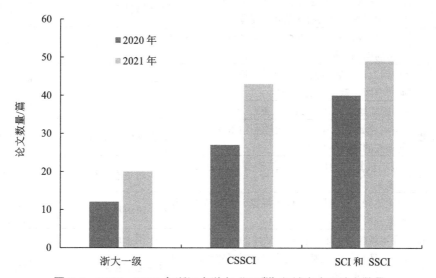

图 5-1　2020—2021 年浙江省学者"双碳"领域高水平论文数量

表 5-1、表 5-2 为 2020—2021 年浙江省学者发表的在浙大一级期刊"双碳"相关领域的论文。从期刊来看，2021 年，浙江省学者在《中国人口·资源与环境》发表"双碳"领域浙大一级论文的最多，共有 6 篇，其次为《环境科学学报》《生态学报》《应用生态学报》《中国土地科学》各有 2 篇，《地理学报》《地理研究》《环境科学》《自然资源学报》《中国电机工程学报》《浙江大学学报（人文社会科学版）》各有 1 篇论文。与此不同的是，2020 年"双碳"领域浙江省学者发文最多的浙大一级期刊为《生态学报》，其次为《中国人口·资源与环境》《自然资源学报》共有 2 篇论文；《经济地理》《环境科学》《地理科学》各有 1 篇。从期刊来看，2021 年浙江省学者发表论文的浙大一级期刊更多，说明学术界对浙江省学者在"双碳"领域的学术成果关注度在增长。

表 5-1　2021 年浙江省学者"双碳"领域浙大一级期刊论文目录

序号	作者	文章名称	期刊来源	单位
1	沈满洪	《论碳市场建设》	《中国人口·资源与环境》	浙江农林大学
2	方恺	《博台线作为中国区域发展均衡线的佐证分析——以城市温室气体排放为例》	《地理学报》	浙江大学

序号	作者	文章名称	期刊来源	单位
3	王建明	《消费者对绿色消费监管政策的选择偏好和政策组合效果模拟》	《中国人口·资源与环境》	浙江财经大学
4	王建明	《个性化广告推荐类型对在线绿色购买决策过程的影响》	《中国人口·资源与环境》	浙江财经大学
5	巩 固	《生态环境损害赔偿合目的性的制度保障》	《中国人口·资源与环境》	浙江大学
6	王金南	《生态产品第四产业发展评价指标体系的设计及应用》	《中国人口·资源与环境》	浙江大学
7	梁佳辉	《太湖流域上游南苕溪水系夏秋季水体溶存二氧化碳和甲烷浓度特征及影响因素》	《环境科学》	浙江农林大学
8	方 恺	《初始排放权分配对各省区碳交易策略及其减排成本的影响分析》	《环境科学学报》	浙江大学
9	姜 磊	《中国二氧化硫污染治理分析：基于卫星观测数据和空间计量模型的实证》	《环境科学学报》	浙江财经大学
10	赵 宁	《中国陆地生态系统碳源/汇整合分析》	《生态学报》	浙江师范大学
11	徐维祥	《黄河流域地级城市土地集约利用效率与生态福利绩效的耦合性分析》	《自然资源学报》	浙江工业大学
12	石 薇	《基于核算目的的生态系统服务估价方法研究进展》	《应用生态学报》	浙江财经大学
13	邱 玥	《"碳达峰、碳中和"目标下混氢天然气技术应用前景分析》	《中国电机工程学报》	国网浙江省电力有限公司
14	徐志雄	《环境规制对土地绿色利用效率的影响》	《中国土地科学》	浙江工业大学
15	周 强	《城市环境与绿色基础设施建设对城市经济高质量发展的影响机制》	《生态学报》	浙江理工大学
16	黄 韬	《商业银行绿色信贷的实现路径及其法律掣肘》	《浙江大学学报（人文社会科学版）》	浙江大学
17	周美玲	《绿色空间与经济发展典型要素时空匹配性研究——以浙江省为例》	《中国土地科学》	宁波大学
18	叶 红	《面向低碳城市建设的建筑运行能耗驱动机理研究进展》	《应用生态学报》	中国科学院城市环境研究所
19	陈 琦	《中国海洋生态保护制度的演进逻辑、互补需求及改革路径》	《中国人口·资源与环境》	宁波大学
20	田 鹏	《东海海岸带县域城市生态效率评价及影响因素》	《地理研究》	宁波大学

表 5-2 2020 年浙江省学者"双碳"领域浙大一级期刊论文目录

序号	作者	文章名称	期刊来源	单位
1	沈满洪	《跨界流域生态补偿的"新安江模式"及可持续制度安排》	《中国人口·资源与环境》	宁波大学
2	龙 飞	《面向森林碳汇供给的企业减排路径选择机理与政策模拟》	《生态学报》	浙江农林大学
3	胡求光	《开发区产业集聚的环境效应：加剧污染还是促进治理？》	《中国人口·资源与环境》	宁波大学
4	候 勃	《中国大都市区碳排放时空异质性探测与影响因素——以上海市为例》	《经济地理》	浙江大学

序号	作者	文章名称	期刊来源	单位
5	方恺	《"一带一路"沿线地区 NO_2 浓度时空变化特征及其驱动因素》	《生态学报》	浙江大学
6	寿飞云	《基于生态系统服务供求评价的空间分异特征与生态格局划分——以长三角城市群为例》	《生态学报》	浙江大学
7	巩杰	《近 30 年来中美生态系统服务研究热点对比分析——基于文献计量研究》	《生态学报》	兰州大学
8	廖中举	《基于 Web of Science 分析的生态创新研究进展》	《生态学报》	浙江理工大学
9	肖武	《西部生态脆弱区矿山不同开采强度下生态系统服务时空变化——以神府矿区为例》	《自然资源学报》	浙江大学
10	蒋自然	《长江经济带交通碳排放测度及其效率格局（1985—2016 年）》	《环境科学》	浙江师范大学
11	胡求光	《中国区域生态效率的时空演变及空间互动特征》	《自然资源学报》	宁波大学
12	高超	《东北地区大气污染物源排放时空特征：基于国内外清单的对比分析》	《地理科学》	宁波大学

表 5-3、表 5-4 为 2020—2021 年浙江省学者发表在 CSSCI 期刊上"双碳"相关领域的论文。从发表期刊来看，2021 年浙江省学者共在全国 34 种 CSSCI 期刊上发表"双碳"领域的论文共有 43 篇，其中最多的是《科技管理研究》，共 4 篇，其次为《资源科学》《环境保护》《湖北大学学报（哲学社会科学版）》《治理研究》《浙江工商大学学报》《中南林业科技大学学报》《西安交通大学学报（社会科学版）》各有 2 篇发表，《林业科学》等 25 种杂志各有 1 篇论文。从浙江省学者在 CSSCI 期刊发表的论文来看，浙江省学者发表在 CSSCI 杂志种类从 2020 年的 25 种上升到 2021 年的 33 种，期刊更为多元化，说明 CSSCI 各类期刊也相继开始关注浙江省学者在这一领域的有关研究成果。

表 5-3　2021 年浙江省学者"双碳"领域 CSSCI 期刊论文目录

序号	作者	文章名称	期刊来源	单位
1	吕一铮	《工业园区环境污染第三方治理发展实践新趋势》	《中国环境管理》	浙江清华长三角研究院
2	崔顺姬	《全球气候治理：中国的黄金机遇》	《国际展望》	浙江大学
3	马永喜	《碳减排约束下区域农业生产投入及其环境效应——基于价格内生局部均衡模型的模拟》	《湖南农业大学学报（社会科学版）》	浙江理工大学
4	肖汉杰	《低碳环境友好技术政产学研金协同创新演化博弈研究》	《运筹与管理》	湖州师范学院
5	杜立民	《生态创新对长三角地区生态经济的影响》	《资源科学》	浙江大学
6	吴伟光	《中国试点碳市场有效性的决定因素》	《资源科学》	浙江农林大学
7	周爱飞	《"碳达峰、碳中和"双约束下生态资源富集地区的发展路径探寻——以浙江省丽水市为分析个案》	《环境保护》	浙江省丽水市委党校
8	周畅	《碳交易与企业品牌价值提升效应——基于项目制与市场制碳交易的检验》	《财务研究》	浙江财经大学

序号	作者	文章名称	期刊来源	单位
9	赵骏	《我国碳排放权交易规则体系的构建与完善——基于国际法治与国内法治互动的视野》	《湖北大学学报（哲学社会科学版）》	浙江大学
10	沈满洪	《生态文明视角下的共同富裕观》	《治理研究》	浙江农林大学
11	方恺	《浙江争创应对气候变化"重要窗口"的机遇与路径》	《浙江工商大学学报》	浙江大学
12	沈满洪	《建设"人与自然和谐共生的现代化"的"重要窗口"》	《浙江工商大学学报》	浙江农林大学
13	石敏俊	《"碳达峰碳中和"：挑战与对策》	《河北经贸大学学报》	浙江大学
14	方建春	《财政分权、能源价格波动与碳排放效率》	《重庆社会科学》	浙江工业大学
15	刘建和	《贸易战背景下碳市场与能源市场溢出效应研究》	《工业技术经济》	浙江财经大学
16	翁异静	《浙江省新型城镇化和绿色经济效率协调度研究——基于"两山理论"视角》	《华东经济管理》	浙江科技学院
17	方恺	《气候治理与可持续发展目标深度融合研究》	《治理研究》	浙江大学
18	王双	《中国与绿色"一带一路"清洁能源国际合作：角色定位与路径优化》	《国际关系研究》	杭州电子科技大学
19	王建明	《"两山"转化机制的企业逻辑和整合框架——基于浙江企业绿色管理的多案例研究》	《财经论丛》	浙江财经大学
20	张颂心	《科技进步、绿色全要素生产率与农业碳排放关系分析——基于泛长三角26个城市面板数据》	《科技管理研究》	浙江工业大学
21	蒲龙	《生态工业园区促进城市经济增长了吗？——基于双重差分法的经验证据》	《产业经济研究》	浙江财经大学
22	刘梅娟	《基于碳素价值流视角的造纸企业碳绩效评价研究》	《大连理工大学学报（社会科学版）》	浙江农林大学
23	赵骏	《我国碳排放权交易规则体系的构建与完善——基于国际法治与国内法治互动的视野》	《湖北大学学报（哲学社会科学版）》	浙江大学
24	蒋曼曼	《基于产品替代的利他型低碳供应链协调研究》	《科技管理研究》	浙江财经大学
25	宓宏	《制冷剂回收再生的碳排放评估及经济性分析》	《制冷学报》	浙江衢州联州致冷剂有限公司
26	罗俊杰	《信息披露、激励约束与旅游碳排放监管——基于贝叶斯法则的博弈分析》	《中南林业科技大学学报》	浙江万里学院
27	吴伟光	《基于实物期权的碳汇造林项目碳汇价值评估模型及应用》	《中南林业科技大学学报》	浙江农林大学
28	徐维祥	《我国绿色创新效率与生态福利绩效的区域差异比较》	《统计与决策》	浙江工业大学
29	王建明	《在线绿色互动如何影响共享型绿色消费行为？——自然联结性的调节作用》	《南京工业大学学报（社会科学版）》	浙江财经大学
30	徐士元	《长江经济带工业绿色全要素生产率动态演变及影响机理研究》	《中国地质大学学报（社会科学版）》	浙江海洋大学
31	徐士元	《创新质量对高技术产业绿色创新效率影响的异质性——基于产业集聚的门槛效应》	《科技管理研究》	浙江海洋大学

序号	作者	文章名称	期刊来源	单位
32	宓泽锋	《长三角绿色技术创新网络结构特征与优化策略》	《长江流域资源与环境》	浙江工业大学
33	俞洪良	《基于SEM的EPC模式下绿色建筑项目风险链研究》	《科技管理研究》	浙江大学
34	杨柳勇	《绿色信贷政策对企业绿色创新的影响》	《科学学研究》	浙江大学
35	方 恺	《基于生态效率的城市绿色高质量发展评价研究》	《西安交通大学学报（社会科学版）》	浙江大学
36	龚 娟	《绿色技术进步缓解雾霾污染了吗》	《湘潭大学学报（哲学社会科学版）》	浙江大学
37	卢 锐	《同时考虑博弈支付与有限市场容量的绿色建筑与传统建筑共生研究》	《中国管理科学》	杭州师范大学
38	臧云特	《绿色技术创新、环境规制与绿色金融的耦合协调机制研究》	《科学管理研究》	中国人民银行杭州中心支行
39	张姣玉	《循环经济实践进展及推进建议》	《环境保护》	杭州电子科技大学
40	朱 强	《碳中和目标下夜市鸡排碳足迹分析》	《干旱区资源与环境》	湖州师范学院
41	张凌燕	《碳风险管理会"差异促进"企业竞争优势吗？》	《西安交通大学学报（社会科学版）》	衢州市柯城区水利局
42	罗建利	《农业生产效率的碳排放效应：空间溢出与门槛特征》	《北京航空航天大学学报（社会科学版）》	温州大学
43	朱爱琴	《外生激励和价值认同对农户持续参与森林碳汇项目意愿的影响》	《林业科学》	浙江农林大学

表5-4　2020年浙江省学者"双碳"领域CSSCI期刊论文目录

序号	作者	文章名称	期刊来源	单位
1	傅琳琳	《乡村振兴背景下浙江省绿色农业发展评价研究——基于农业资源综合利用的视角》	《中国农业资源与区划》	浙江省农业科学院农村发展研究所
2	陈玲芳	《"两山"理论的县域绿色发展实践》	《人民论坛》	中共浙江省海盐县委
3	刘 磊	《战略选择与阶段特征：中国工业化绿色转型的渐进之路》	《经济体制改革》	中共浙江省委党校经济学教研部
4	刘 强	《〈绿色信贷指引〉实施对重污染企业创新绩效的影响研究》	《科研管理》	浙江大学
5	童依霜	《生态产品价值实现的"一村万树"绿色期权模式》	《中国环境管理》	浙江大学
6	巩 固	《〈民法典〉物权编绿色制度解读：规范再造与理论新识》	《法学杂志》	浙江大学
7	覃 予	《环境规制、融资约束与重污染企业绿色化投资路径选择》	《财经论丛》	浙江理工大学
8	童志锋	《以绿色发展推动贫困治理——以浙江省安吉县为例》	《学习与探索》	浙江财经大学
9	缪文清	《碳交易及补贴机制下供应链差别定价研究》	《技术经济》	上海财经大学
10	朱朝晖	《契约监管与重污染企业投资效率——基于〈绿色信贷指引〉的准自然实验》	《华东经济管理》	浙江工商大学

序号	作者	文章名称	期刊来源	单位
11	邵鹏	《揭开算法面纱：关于构建媒介生态绿色家园的探讨》	《中国出版》	浙江工业大学
12	刘斯敖	《三大城市群绿色全要素生产率增长与区域差异分析》	《社会科学战线》	浙江科技学院
13	俞立平	《环境规制对工业绿色发展的影响及调节效应——来自差异化环境规制工具视角的解释》	《科技管理研究》	浙江工商大学
14	颜青	《环境规制工具对绿色技术进步的差异性影响》	《科技管理研究》	浙江经贸职业技术学院
15	李国煜	《碳排放约束下的福建省城镇建设用地利用效率动态变化与影响因素》	《中国土地科学》	浙江大学
16	张泽野	《中国省域碳排放核算准则与实证检验》	《统计与决策》	浙江大学
17	周光迅	《习近平绿色发展理念的重大时代价值》	《自然辩证法研究》	浙江树人大学
18	钱志权	《全球价值链分工地位对于碳排放水平的影响》	《资源科学》	浙江农林大学
19	陈建军	《长三角生态绿色一体化发展示范区产业发展研究》	《南通大学学报（社会科学版）》	浙江大学
20	沈满洪	《习近平海洋生态文明建设重要论述及实践研究》	《社会科学辑刊》	宁波大学
21	蒋海青	《基于碳排放的开放选址-路径问题及算法》	《系统工程理论与实践》	浙江工业大学
22	汪燕	《中国省域间碳排放责任共担与碳减排合作》	《浙江社会科学》	浙江工商大学
23	施益军	《基于综合效益最大化的绿色雨洪基础设施选址研究——以加拿大魁北克市博波尔区为例》	《国际城市规划》	浙江农林大学
24	沈满洪	《破解资源环境刚性约束 创新"两山"转化渠道》	《中国环境管理》	浙江农林大学
25	张文松	《海洋生态环境损害：政府索赔权的法理审视与规范构造》	《中国地质大学学报（社会科学版）》	宁波大学
26	钭晓东	《国家环境义务溯源及其规范证成》	《苏州大学学报（哲学社会科学版）》	宁波大学
27	钟昌标	《低碳试点政策的绿色创新效应评估——基于中国上市公司数据的实证研究》	《科技进步与对策》	宁波大学

表 5-5、表 5-6 为 2020—2021 年浙江省学者发表在 SSCI 和 SCI 期刊上"双碳"相关领域的论文。从发表期刊来看，2021 年浙江省学者共在 23 种 SSCI 和 SCI 期刊上发表"双碳"领域的论文共 49 篇。其中，发表最多的期刊是 *Journal of Cleaner Production* 和 *Environmental Science and Pollution Research International*，各发表 6 篇；其次为 *Ecological Indicators* 和 *Journal of Environmental Management*，分别发表 5 篇和 4 篇；在 *Sustainable Production and Consumption* 和 *Resources* 上也各有 3 篇发表；其余 *International Journal of Environmental Research and Public Health* 等 17 种杂志也各有 1~2 篇论文发表。从浙江省学者在 SSCI 和 SCI 期刊上发表的论文来看，浙江省学者 2020 年发表的 SSCI 和 SCI 期刊有 25 种，2021 年发表的 SSCI 和 SCI 期刊有 23 种，基本持平；发表论文总量从 40 篇增加至 49 篇，说明浙江省学者对这一领域的有关研究逐渐深化，成果不断展现，国际影响力逐年增加。

表 5-5　2021 年浙江省学者"双碳"领域 SSCI 和 SCI 期刊论文目录

序号	第一作者	文章名称	期刊来源
1	Jing X	Research on the spatial and temporal differences of China's provincial carbon emissions and ecological compensation based on land carbon budget accounting	International Journal of Environmental Research and Public Health
2	Feng C	The contribution of ocean-based solutions to carbon reduction in China	The Science of the Total Environment
3	Anser M K	Progress in nuclear energy with carbon pricing to achieve environmental sustainability agenda: on the edge of one's seat	Environmental Science and Pollution Research International
4	Ahmed N	Combined role of industrialization and urbanization in determining carbon neutrality: empirical story of Pakistan	Environmental Science and Pollution Research International
5	Chandio A A	Towards long-term sustainable environment: does agriculture and renewable energy consumption matter?	Environmental Science and Pollution Research International
6	Liang C	Assessing e-commerce impacts on China's CO_2 emissions: testing the CKC hypothesis	Environmental Science and Pollution Research International
7	Rehman A	An asymmetrical analysis to explore the dynamic impacts of CO_2 emission to renewable energy, expenditures, foreign direct investment, and trade in Pakistan	Environmental Science and Pollution Research International
8	Anser M K	The role of information and communication technologies in mitigating carbon emissions: evidence from panel quantile regression	Environmental Science and Pollution Research International
9	Latief R	Carbon emissions in the SAARC countries with causal effects of FDI, economic growth and other economic factors: Evidence from dynamic simultaneous equation models	International Journal of Environmental Research and Public Health
10	Yang T L	Carbon dioxide emissions and Chinese OFDI: From the perspective of carbon neutrality targets and environmental management of home country	Journal of Environmental Management
11	Gao C C	Decoupling of provincial energy-related CO_2 emissions from economic growth in China and its convergence from 1995 to 2017	Journal of Cleaner Production
12	Zhen W	The formation and transmission of upstream and downstream sectoral carbon emission responsibilities: Evidence from China	Sustainable Production and Consumption
13	Munir Ahmad	Estimating dynamic interactive linkages among urban agglomeration, economic performance, carbon emissions, and health expenditures across developmental disparities	Sustainable Production and Consumption
14	Zhen W	Reducing disparities between carbon emissions and economic benefits in Guangdong's exports: A supply chain perspective	Journal of Cleaner Production

序号	第一作者	文章名称	期刊来源
15	Han J W	Can market-oriented reform inhibit carbon dioxide emissions in China? A new perspective from factor market distortion	Sustainable Production and Consumption
16	Pan X Y	Research on the heterogeneous impact of carbon emission reduction policy on R&D investment intensity: From the perspective of enterprise's ownership structure	Journal of Cleaner Production
17	Fang K	How can national ETS affect carbon emissions and abatement costs? Evidence from the dual goals proposed by China's NDCs	Resources
18	Luo W	Life cycle carbon cost of buildings under carbon trading and carbon tax system in China	Sustainable Cities and Society
19	Li M H	Role of trade openness, export diversification, and renewable electricity output in realizing carbon neutrality dream of China	Journal of Environmental Management
20	Feng C C	The contribution of ocean-based solutions to carbon reduction in China	Science of The Total Environment
21	Qi X X	The transformation and driving factors of multi-linkage embodied carbon emission in the Yangtze River Economic Belt	Ecological Indicators
22	Jing X	Towards environmental Sustainability: Devolving the influence of carbon dioxide emission to population growth, climate change, Forestry, livestock and crops production in Pakistan	Ecological Indicators
23	Feng C	Carbon cap-and-trade schemes in closed-loop supply chains: Why firms do not comply?	Transportation Research Part E: Logistics and Transportation Review
24	Anser M K	China's CO_2 emissions reduction potential: A novel inverse DEA model with frontier changes and comparable value	Energy Strategy Reviews
25	Ahmed N	Does exports diversification and environmental innovation achieve carbon neutrality target of OECD economies?	Journal of Environmental Management
26	Chandio A A	Effects of stream ecosystem metabolisms on CO_2 emissions in two headwater catchments, Southeastern China	Ecological Indicators
27	Liang C	Identification of on-road vehicle CO_2 emission pattern in China: A study based on a high-resolution emission inventory	Resources
28	Rehman A	Measuring green total factor productivity of China's agricultural sector: A three-stage SBM-DEA model with non-point source pollution and CO_2 emissions	Journal of Cleaner Production
29	Anser M K	Phycocapture of CO_2 as an option to reduce greenhouse gases in cities: Carbon sinks in urban spaces	Journal of CO_2 Utilization
30	Latief R	The impact of urban scale on carbon metabolism: a case study of Hangzhou, China	Journal of Cleaner Production
31	Yang T L	What causes spatial carbon inequality? Evidence from China's Yangtze River economic Belt	Ecological Indicators
32	Gao C C	Green innovation effect of emission trading policy on pilot areas and neighboring areas: An analysis based on the spatial econometric model	Energy Policy

序号	第一作者	文章名称	期刊来源
33	Zhen W	Socio-economic drivers of rising CO_2 emissions at the sectoral and sub-regional levels in the Yangtze River Economic Belt	Journal of Environmental Management
34	Ahmad M	Field-based measurements of major air pollutant emissions from typical porcelain kiln in China	Environmental Pollution
35	Zhen W	Heterogeneous links among urban concentration, non-renewable energy use intensity, economic development, and environmental emissions across regional development levels	Science of The Total Environment
36	Han J W	Numerical simulation of interannual variation in transboundary contributions from Chinese emissions to $PM_{2.5}$ mass burden in South Korea	Atmospheric Environment
37	Chen S Q	Reshaping urban infrastructure for a carbon-neutral and sustainable future	Resources
38	Yang G F	Identifying the greenhouses by Google Earth Engine to promote the reuse of fragmented land in urban fringe	Sustainable Cities and Society
39	Cai Y J	Environmental impacts of livestock excreta under increasing livestock production and management considerations: Implications for developing countries	Current Opinion in Environmental Science & Health
40	Wang Y F	A primer on forest carbon policy and economics under the Paris Agreement: Part I	Forest Policy and Economics
41	Yu Lu	Evaluation of the Implementation Effect of the Ecological Compensation Policy in the Poyang Lake River Basin Based on Difference-in-Difference Method	Sustainability
42	Wang F T	Temporal-Spatial Evolution and Driving Factors of the Green Total Factor Productivity of China's Central Plains Urban Agglomeration	Frontiers In Environmental Sciences
43	Ao G Y	The Influence of Nontimber Forest Products Development on the Economic–Ecological Coordination: Evidence from Lin'an District, Zhejiang Province, China	Sustainability
44	He Z X	The impact of motivation, intention, and contextual factors on green purchasing behavior: New energy vehicles as an example	Business Strategy And The Environment
45	Yan X	The impact of risk-taking level on green technology innovation: Evidence from energy-intensive listed companies in China	Journal Of Cleaner Production
46	Tian Z H	Political incentives, Party Congress, and pollution cycle: empirical evidence from China	Environment and Development Economics
47	Chen R	Where has carbon footprint research gone	Ecological Indicators
48	Zhang Y	Wood trade responses to ecological rehabilitation program: evidence from China's new logging ban in natural forests	Forest Policy and Economics
49	Busch J	A global review of ecological fiscal transfers	Nature Sustainability

表 5-6 2020 年浙江省学者"双碳"领域 SSCI 和 SCI 期刊论文目录

序号	第一作者	文章名称	期刊来源
1	Zheng J	Promoting sustainable level of resources and efficiency from traditional manufacturing industry via quantification of carbon benefit: A model considering product feature design and case	Sustainable Energy Technologies and Assessments
2	Li J	Electric vehicle routing problem with battery swapping considering energy consumption and carbon emissions	Sustainability
3	Tang C	Optimal operation of multi-vector energy storage systems with fuel cell cars for cost reduction	IET Smart Grid
4	Li H F	Multimodal transport path optimization model and algorithm considering carbon emission multitask	The Journal of Supercomputing
5	Yang Y L	Consumers' intention and cognition for low-carbon behavior: A case study of Hangzhou in China	Energies
6	Xie B C	Assessment of energy and emission performance of a green scientific research building in Beijing, China	Energy & Buildings
7	Gao B	Microplastic addition alters the microbial community structure and stimulates soil carbon dioxide emissions in vegetable-growing soil	Environmental Toxicology and Chemistry
8	Hashmi S H	Asymmetric nexus between urban agglomerations and environmental pollution in top ten urban agglomerated countries using quantile methods	Environmental Science and Pollution Research International
9	Yao X Y	Does financial structure affect CO_2 emissions? Evidence from G20 countries	Finance Research Letters
10	Luo W	Life cycle carbon cost of buildings under carbon trading and carbon tax system in China	Sustainable Cities and Society
11	Wang Z L	A low-carbon-orient product design schemes MCDM method hybridizing interval hesitant fuzzy set entropy theory and coupling network analysis	Soft Computing: A Fusion of Foundations, Methodologies and Applications
12	Alam M S	The impacts of R&D investment and stock markets on clean-energy consumption and CO_2 emissions in OECD economies	International Journal of Finance & Economics
13	Sun Y	Spatiotemporal variations of city-level carbon emissions in China during 2000–2017 using nighttime light data	Remote Sensing
14	Yang X	Intuitionistic fuzzy hierarchical multi-criteria decision making for evaluating performances of low-carbon tourism scenic spots	International Journal of Environmental Research and Public Health
15	Pan W Y	Synthetic evaluation of China's regional low-carbon economy challenges by driver-pressure-state-impact-response model	International Journal of Environmental Research and Public Health
16	Sun Y	Low-carbon financial risk factor correlation in the belt and road PPP project	Finance Research Letters

序号	第一作者	文章名称	期刊来源
17	Hao P F	Agriculture organic wastes fermentation CO_2 enrichment in greenhouse and the fermentation residues improve growth, yield and fruit quality in tomato	Journal of Cleaner Production
18	Muhammad A G	China's pathway towards solar energy utilization: transition to a low-carbon economy	International Journal of Environmental Research and Public Health
19	He Z H	Evidence of carbon uptake associated with vegetation greening trends in eastern China	Remote Sensing
20	Luo X Y	Evaluation model and strategy for selecting carbon reduction technology for campus buildings in primary and middle schools in the Yangtze River Delta Region, China	Sustainability
21	Shi J X	A new environment-aware scheduling method for remanufacturing system with non-dedicated reprocessing lines using improved flower pollination algorithm	Journal of Manufacturing Systems
22	Liu H B	Analyzing the Criteria of Efficient Carbon Capture and Separation Technologies for Sustainable Clean Energy Usage	Energies
23	Kong A	Study on the Carbon Emissions in the Whole Construction Process of Prefabricated Floor Slab	Applied Sciences
24	Xia C Y	Spatial-temporal distribution of carbon emissions by daily travel and its response to urban form: A case study of Hangzhou, China	Journal of Cleaner Production
25	Zhu X Q	Analysis on spatial pattern and driving factors of carbon emission in urban–rural fringe mixed-use communities: Cases study in East Asia	Sustainability
26	Zhang Y F	The effect of emission trading policy on carbon emission reduction: Evidence from an integrated study of pilot regions in China	Journal of Cleaner Production
27	Ahmad M	Estimating dynamic interactive linkages among urban agglomeration, economic performance, carbon emissions, and health expenditures across developmental disparities	Sustainable Production and Consumption
28	Cai Y J	Disturbance effects on soil carbon and greenhouse gas emissions in forest ecosystems	Forests
29	Hu G H	The effect of import product diversification on carbon emissions: New evidence for sustainable economic policies	Economic Analysis and Policy
30	Liu X M	Relationship between economic growth and CO_2 emissions: does governance matter?	Environmental Science and Pollution Research International
31	Huang S P	An empirical study on how climate and environmental issues awareness affects low carbon use behaviour	Ecological Chemistry and Engineering S
32	Chandio A A	Dynamic relationship among agriculture-energy-forestry and carbon dioxide (CO_2) emissions: empirical evidence from China	Environmental Science and Pollution Research International
33	Baylis K	Agricultural market liberalization and household food security in rural China	American Journal of Agricultural Economics

序号	第一作者	文章名称	期刊来源
34	Wang J G	Effect of green consumption value on consumption intention in a pro-environmental setting: the mediating role of approach and avoidance motivation	Sage Open
35	Wang K L	Investigating the spatiotemporal differences and influencing factors of green water use efficiency of Yangtze River Economic Belt in China	PLoS One
36	Zhang Y F	The effect of emission trading policy on carbon emission reduction: Evidence from an integrated study of pilot regions in China	Journal of Cleaner production
37	Chen S	The effect of environmental policy tools on regional green innovation: Evidence from China	Journal of Cleaner production
38	Li Y	Calculation and Evaluation of Carbon Footprint in Mulberry Production: A Case of Haining in China	International Journal of Environmental Research and Public Health
39	Chen R	Is farmers' agricultural production a carbon sink or source? - Variable system boundary and household survey data	Journal of Cleaner Production
40	Wu S	Sectoral changing patterns of China's green GDP considering climate change: An investigation based on the economic input-output life cycle assessment mode	Journal of Cleaner Production

表 5-7、表 5-8 为已统计收录的浙江省学者关于生态文明建设相关研究的专著整理。2021 年，由浙江省学者出版的"双碳"领域相关专著共 13 部，比 2020 年增长 1 部。总体来看，相关专著数量有所上升。其中成果最多的单位是湖州师范学院，2020 年和 2021 年共出版 10 部相关专著。其次为浙江工业大学，2020 年和 2021 年共出版 4 部相关专著，浙江大学 2020 年和 2021 年也各有 3 部相关专著出版。宁波大学、浙江理工大学、浙江财经大学、丽水学院等 5 家高校各有 1~2 部专著出版。浙江省学者和高校在浙江省生态文明建设以及"双碳"领域的有关研究成果不断涌现。

表 5-7 2021 年浙江省学者"双碳"领域相关专著统计目录

序号	作者	书名	出版时间	出版社	所属单位
1	金佩华	《"绿水青山就是金山银山"理念与实践教程》	2021 年 4 月	中共中央党校出版社	湖州师范学院
2	"两山"理念研究院	《"绿水青山就是金山银山"理念安吉发展报告（2005—2020）》	2021 年 6 月	中国社会科学出版社	湖州师范学院
3	王景新	《经略山区：中华民族伟大复兴的重要战略选择》	2021 年 8 月	中国社会科学出版社	湖州师范学院
4	杨建初	《碳达峰、碳中和知识解读》	2021 年 9 月	中信出版社	湖州师范学院
5	曹永峰	《生态文明先行示范区建设"湖州模式"研究》	2021 年 8 月	中国社会科学出版社	湖州师范学院

序号	作者	书名	出版时间	出版社	所属单位
6	李学功	《2020 湖州发展要报暨市校合作软科学项目成果报告》	2021年9月	黑龙江人民出版社	湖州师范学院
7	冯 圆	《企业集群变迁中的环境成本管理研究》	2021年1月	南京大学出版社	浙江理工大学
8	沈璐敏	《偏向性政策、资源配置与企业高质量发展》	2021年1月	浙江大学出版社	浙江理工大学
9	李 军	《好氧颗粒污泥污水处理技术研究与应用》	2021年1月	科学出版社	浙江工业大学
10	周洁红等	《气候变化约束下农业高质量生产转型研究》	2021年3月	科学出版社	浙江大学
11	赵 江	《新时代企业战略转型与绿色创新管理研究》	2021年6月	经济管理出版社	浙江财经大学
12	兰菊萍	《生态农业食品安全与生态文明的联动发展》	2021年6月	中国农业出版社	丽水学院
13	陈真亮	《"健康中国"战略的环境法回应研究》	2021年8月	法律出版社	浙江农林大学

表5-8　2020年浙江省学者"双碳"领域相关专著统计目录

序号	作者	书名	出版时间	出版社	工作单位
1	张孝德、余连祥	《新时代乡村生态文明十讲——从美丽乡村到美丽中国》	2020年7月	红旗出版社	湖州师范学院
2	曹永峰等	《湖州市"三农"发展报告2019》	2020年12月	中国社会科学出版社	湖州师范学院
3	陈 帅	《气候变化与中国农业——粮食生产、经济影响及未来预测》	2020年1月	中国社会科学出版社	浙江大学
4	李加林等	《中国东海可持续发展研究报告——海岸带与海湾资源演化卷》	2020年5月	海洋出版社	宁波大学
5	贾卫列	《生态文明：愿景、理念与路径》	2020年2月	厦门大学出版社	湖州师范学院
6	黄小军	《生态文明与云南绿色发展的实践》	2020年10月	云南人民出版社	湖州师范学院
7	孔凡斌等	《70年来中国林业政策变迁与政策绩效评价：1949—2019年》	2020年7月	中国农业出版社	浙江农林大学
8	李 军等	《探索美丽乡村人居环境建设之路——浙江经验之基础设施建设与管理》	2020年9月	中国建筑工业出版社	浙江工业大学
9	沈满洪等	《中国海洋环境治理研究》	2020年11月	中国财政经济出版社	宁波大学
10	龚斌磊	Shale Energy Revolution	2020年11月	Springer Nature	浙江大学
11	张翼飞	《全球跨境水事件与解决方案研究》	2020年12月	格致出版社 上海人民出版社	浙江工业大学
12	沈满洪等	《资源与环境经济学（第三版）》	2020年12月	中国环境出版集团	浙江农林大学

(二) 研究成果的内容分析

"双碳"是2021年浙江省学者关注的研究热点。通过检索不同关键词领域的论文数量的变化，可以表征研究热点的发展与变化，同时也可大致反映这一领域"双碳"政策实践的需求变化。对2020年至2021年浙江省学者在"双碳"领域所发表的浙大一级期刊以及CSSCI期刊收录论文进行关键词搜索，结果如表5-9所示。从表中可以看出，2020年这一领域的论文以"绿色""生态"等关键词居多，但从2020年下半年开始，"碳排放""碳汇"等方向的研究逐步增多，这与习近平主席在第七十五届联合国大会一般性辩论上的讲话中提出"双碳"这一目标时间高度吻合。到了2021年"碳排放""碳交易"成为浙江省学者研究的热点方向。对2020年及2021年浙江省学者发表的"双碳"相关领域的浙大一级期刊以及CSSCI期刊收录论文进行检索发现，2021年共有27篇论文与"碳"相关，而2020年仅有10篇，增长了170%。这一结果表明，随着中国明确提出2030年前"碳达峰"与2060年前"碳中和"目标后，浙江省学者对这一领域给予了高度关注，"碳达峰""碳中和"成为了2021年的一个研究焦点。与国内略有不同的是，2021年浙江省学者发表在SCI和SSCI期刊的论文总量为49篇，比2020年同期增长22.5%，虽然增长速度也较快，但增速明显低于国内。这表明，一方面学术界对"双碳"的研究兴趣呈现了"国内热，国际温"的状态，另一方面也说明浙江省学者在"双碳"领域的研究成果的国际影响力有待进一步提升。对于专著的关键词分析表明，2020年"双碳"领域的有关学术专著研究关注生态文明建设领域比较宽泛的研究，到2021年之后，研究更为聚焦，更加注重对于特定区域、特定模式的研究与分析。

表5-9 2020—2021年浙江省学者"双碳"领域不同关键词的浙大一级及CSSCI期刊论文数量

单位：篇

年份	碳汇	生态	环境	碳排放	绿色	碳交易	碳达峰碳中和
2020	1	9	7	8	13	1	0
2021	4	9	9	11	18	7	5

(三) 研究成果的机构分析

对2020年和2021年浙大一级期刊和CSSCI论文发表研究机构进行对比分析发现，高校是浙江省"双碳"领域内的主要研究力量，社会力量例如银行、国有企业、机关单位等均有所参与，但参与程度不足。浙江大学在"双碳"领域发表论文最多，2020年和2021年均有10篇以上论文，其中2020年发表浙大一级期刊和CSSCI论文共10篇，2021年发表浙大一级期刊和CSSCI论文共16篇。排名第二的是浙江农林大学，其2020年发表浙大一级期刊和CSSCI论文共4篇，2021年这一数据增长到8篇。宁波大学与浙江财经大学排名第三，宁波大学2021年发表浙大一级期刊和CSSCI论文共3篇，2020年发表8篇；浙江财经大学2020年发表浙大一级期刊和CSSCI论文共1篇，2021年发表共10篇。其余省内高校对于"双碳"领域均有所研究，均有2~4篇研究论文发表；个别银行、机关单位、国有企业在浙江省"双碳"领域均有1~2篇研究论文发表。

对2020年和2021年各高校学术专著出版情况统计可以发现，省内各机构在"双碳"领域出版学术专著的高校共有8家。其中，湖州师范学院"双碳"领域的专著出版居各校之首，有10部专著出版。浙江大学、浙江农林大学、浙江工业大学有3部出版，居于第二方阵。宁波大学和浙江理工大学各有2部专著出版，浙江财经大学和丽水学院各有1部专著出版。学术专著的出版情况一方面反映了各高校"双碳"领域的学术科研力量，另一方面也可能是各高校偏重于学术论文奖励、轻视学术专著奖励的科研激励制度的导向所导致的。随着"双碳"行动的深入开展，这一领域系统性、全面知识生产变得更加迫切。

二、浙江省碳达峰碳中和领域研究成果的主要特征

2021年，浙江省"双碳"研究领域稳步推进，在研究成果数量、研究领域、研究成果支撑学科以及研究领域影响力等方面均呈现良好态势。

（一）研究成果数量急剧上升

2021年生态文明建设的突出主题是"双碳"，与2020年相比，2021年浙江省"双碳"领域的研究成果数量明显上升。2021年浙江省学者在"双碳"及其相关领域发表高质量论文共112篇，比2020年的79篇增长41.8%，说明这一领域的研究成果有了大幅度增长。2020—2021年，CSSCI论文从27篇上升到43篇，增长为59.3%；浙大一级期刊从12篇增长到17篇，增长为41.7%；SCI、SSCI论文从40篇增长到49篇，增长为22.5%；相关专著数量从11部上升到14部。研究成果数量急剧上升，表明2021年浙江省学者对于"双碳"国家战略的关注度在显著上升，有力地支撑了浙江省"双碳"行动和生态文明建设。

（二）研究领域不断丰富

2021年，浙江省学者在"碳排放""碳汇""碳交易"等"双碳"主要领域开展研究，研究内容不断深入，研究成果领域不断丰富。"碳排放""碳汇"研究是"双碳"领域的焦点问题，且已逐渐形成鲜明的特色和体系。在"碳排放""碳汇"研究中，低碳、碳减排、温室气体、碳源碳汇等仍然是主要关键词。2021年，学者们在农业与农村、企业与城市、相关法律等不同侧面对碳排放进行了广泛研究。学者们既从企业生产的角度审视碳排放，也从陆地生态系统视角审视碳源，同时还从不同能源的碳排放效率等视角研究如何减少碳

排放。节能减排、生态经济、绿色发展仍然是学者们研究的重点。研究涉及相关区域的经济制度、经济活动、企业贸易、城市建设等问题。在"碳交易""碳市场"研究领域，学者们不仅继续深入探索碳排放权交易制度和碳市场的完善建立，也从其他试点开展碳交易、建立碳市场的省份吸取经验，研究在浙江省内实行的可行性等问题，以期对浙江省"双碳"领域提出相关建议和政策。

（三）支撑学科不断拓展

"双碳"领域的研究成果支撑学科不断拓展，2021年发表的浙江省"双碳"研究成果中，出现了若干个焦点名词，包括"绿色""低碳""循环"等。在与绿色金融，碳交易相关的法律领域、与低碳发展、绿色发展相关的能源应用，技术发展以及环境保护领域等跨学科领域成果越来越多，学科成果也大量涌现。例如，国网浙江省电力有限公司邱玥撰写的《"碳达峰、碳中和"目标下混氢天然气技术应用前景分析》推动了清洁能源的开发利用；浙江大学方恺所撰写的《初始排放权分配对各省区碳交易策略及其减排成本的影响分析》引起了对碳排放权交易分配的思考；浙江大学黄韬所撰写的《商业银行绿色信贷的实现路径及其法律掣肘》从法律层面思考绿色信贷在商业银行实行的路径等，相关研究成果领域不断丰富，相关研究成果支撑学科不断拓展（图5-2、图5-3）。

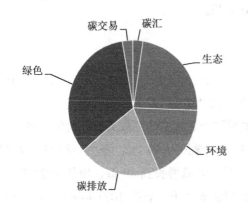

图5-2　2020年期刊关键词占比

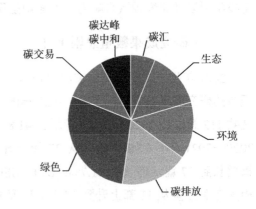

图5-3　2021年期刊关键词占比

（四）影响力持续上升

与2020年相比，2021年浙江省"双碳"领域的研究机构数量明显增加，同时研究机构的影响力与知名度也有显著提升。随着浙江省内学者以及研究机构与国内外知名机构开展合作交流、共同研究，2021年发表论文的研究单位新增了杭州电子科技大学、温州大学、杭州师范大学、浙江海洋大学、湖州师范学院、浙江万里学院等6所高校，中国科学院城市环境研究所、浙江清华长三角研究院等科研机构，以及中国人民银行杭州中心支行、衢州市柯城区水利局、浙江省丽水市委党校、浙江衢州联州致冷剂有限公司等机关企事业单位。这也从一个侧面表明"双碳"研究领域已经引起全国、全社会的重视，随着"双碳"研究的深入，更多的机构将投入到这一领域的研究之中。

三、浙江省碳达峰碳中和领域研究成果的主要问题

相对于全国范围内相关研究成果，浙江省"双碳"领域的研究成果还存在诸多问题，突出体现在以下几个方面。

（一）研究力量区域分布不均

从学者所属机构来看，高等院校及科研院所吸纳了"量大质尖"的研究团组。浙江大学、浙江财经大学、浙江农林大学、宁波大学等高校和机构在这两年间贡献了大部分的研究成果，这说明大量的研究团队集中于以上大型学术机构，导致科研力量失衡的局面。浙江省区域内 CSSCI 和浙大一级期刊论文，其中浙江大学发表的文章有 26 篇，比发文量第二的浙江农林大学多 14 篇，是浙江省"双碳"的重要研究力量。从学者分布地域来看，省会及省域副中心城市群集聚了更多的优秀学者，省会杭州市坐拥超七成的科研机构，这些科研机构又拥有大量的研究人员，杭州市的省重点建设高校、研究院数量所占比例较大，而"双碳"领域的研究成果多出于高校和研究院，以至于浙江省对于"双碳"的研究力量主要分布于省会杭州市，浙江省其他地市研究力量较少。由此可见，在地理位置方面，浙江省对于"双碳"的研究力量分布不均。

（二）高显示度成果有待培育

自 2020 年 9 月我国明确提出 2030 年前"碳达峰"与 2060 年前"碳中和"目标后，浙江省给予了高度关注，"碳达峰""碳中和"成了 2021 年浙江省内研究的焦点。所以，从 2020 年下半年开始，"碳排放""碳汇"等方向的研究逐步增多；2021 年，"碳排放""碳交易""碳市场"等方向的研究进一步增多，总体上属于研究热点方向。从某领域 SCI 和 SSCI 论文发表数量变化可大概看出该领域研究的国际水平。就已发表的论文和研究成果而言，虽然有一部分论文研究成果较为显著，但总体而言，浙江省"双碳"的研究还较少，论文数量也远小于国内浙大一级期刊和 CCSCI 期刊论文数量，说明浙江省"双碳"对研究成果的影响力还有所不足，高显示度成果有待培育。

（三）区域研究高地尚未形成

"双碳"领域由于国际国内呼声愈高而越来越得到各界学者的重视，浙江省学者对于"双碳"领域的研究也开始多了起来。自 2020 年 9 月中国明确提出 2030 年前"碳达峰"与 2060 年前"碳中和"目标后，浙江省内学者给予了高度关注。但由于"碳达峰""碳中和"成了 2021 年浙江省内学者研究的焦点的时间还较短，而科学研究周期较长，因此，

就2020年和2021年浙江省"双碳"领域的研究成果而言，虽然有像浙江大学、浙江农林大学、浙江财经大学等高校和机构在这两年间贡献了大部分的研究成果，让"双碳"领域的研究取得了快速发展。总体而言，"双碳"的研究成果数量与"双碳"行动巨大的社会需求相比，研究成果的数量和质量都有待进一步提高，研究成果的国际影响力也有待进一步提升，区域研究高地尚未形成。

第六章

浙江省碳达峰碳中和领域成果的社会影响

科研成果的社会影响主要体现在省部级以上科研成果、研究成果批示采纳、研究成果的宣传推广等方面。本章选取浙江省学者 2020—2021 年"双碳"领域的在省部级以上科研成果、研究成果批示采纳、研究成果的宣传推广等方面进行比较分析，通过这一期间"双碳"领域的社会影响力描述性统计分析，并与上海、山东等先进省市的比较分析，概括浙江省"双碳"科研领域的相关研究成果的发展水平及发展趋势。研究表明，随着"双碳"行动的开展，浙江省在"双碳"领域研究成果走在全国前列、研究成果彰显浙江特色、研究成果支撑政府决策，但也存在研究成果有待系统集成、决策咨询亟须靶向精准、研究成果的国际影响有待提升等问题。

一、浙江省碳达峰碳中和领域研究成果的社会影响分析

（一）科研成果获奖情况

2021 年浙江省在"双碳"领域多项科研成果获得了省部级以上科研成果奖。获得浙江省第二十一届哲学社会科学优秀成果应用对策研究与科普优秀成果奖一等奖 2 项，二等奖 4 项；获得浙江省第二十一届哲学社会科学优秀成果应用对策研究与科普优秀成果奖青年奖 2 项；获得浙江省第二十一届哲学社会科学优秀成果基础理论研究优秀成果奖一等奖 2 项，二等奖 2 项；获得浙江省第二十一届哲学社会科学优秀成果马克思主义理论研究类优秀成果奖二等奖 1 项，总计 13 项奖项。其中，沈满洪等的《绿水青山的价值实现》、王晓蓬等的《中国纺织产业节能减排制度绩效评价研究》获得浙江省第二十一届哲学社会科学优秀成果应用对策研究与科普优秀成果奖一等奖；李加林等的《中国东海可持续发展研究报告：海岸带与海湾资源环境演化卷》、钭晓东的论文《论新时代中国环境法学研究的转型》获得浙江省第二十一届哲学社会科学优秀成果基础理论研究优秀成果奖一等奖；

郭默的《排放权有偿使用定价：方法与效应》和陈帅的《气候变化与中国农业：粮食生产的经济影响及未来预测》获得浙江省第二十一届哲学社会科学优秀成果应用对策研究与科普优秀成果奖青年奖。

从形式上看，2021年浙江省在"双碳"领域研究成果包含有论文、著作、研究报告等不同形式，成果的呈现多样，其中，著作类的研究成果获奖数量最多（表6-1、图6-1）。

表6-1　2021年浙江省"双碳"领域研究成果获奖情况

成果名称	形式	奖项	作者	工作单位
《绿水青山的价值实现》	著作	浙江省第二十一届哲学社会科学优秀成果应用对策研究与科普优秀成果奖一等奖	沈满洪、谢慧明、李一、程永毅、于冰等	浙江农林大学、宁波大学
《中国纺织产业节能减排制度绩效评价研究》	著作	浙江省第二十一届哲学社会科学优秀成果应用对策研究与科普优秀成果奖一等奖	王晓蓬、李一、朱旭光、王来力、杨永亮等	浙江理工大学、宁波大学
《海洋环境跨区域治理研究》（修订版）	著作	浙江省第二十一届哲学社会科学优秀成果应用对策研究与科普优秀成果奖二等奖	全永波、叶芳	浙江海洋大学
《浙江省2050深度减排路径研究》	研究报告	浙江省第二十一届哲学社会科学优秀成果应用对策研究与科普优秀成果奖二等奖	周华富、吴红梅、何恒、陈丽君、吴君宏	省发展规划研究院
《绿色"一带一路"建设重大问题及其对策研究》	研究报告	浙江省第二十一届哲学社会科学优秀成果应用对策研究与科普优秀成果奖二等奖	孟东军、叶晗、张杭君、骆凡、敖晶	浙江大学、浙江科技学院、杭州师范大学
《全球跨境水冲突与解决方案》	著作	浙江省第二十一届哲学社会科学优秀成果应用对策研究与科普优秀成果奖二等奖	张翼飞	浙江工业大学
《气候变化与中国农业：粮食生产的、经济影响及未来预测》	著作	浙江省第二十一届哲学社会科学优秀成果奖应用对策研究与科普优秀成果奖青年奖	陈帅	浙江大学
《排放权有偿使用定价：方法与效应》	著作	浙江省第二十一届哲学社会科学优秀成果应用对策研究与科普优秀成果奖青年奖	郭默	浙江财经大学
《中国东海可持续发展研究报告：海岸带与海湾资源环境演化卷》	著作	浙江省第二十一届哲学社会科学优秀成果基础理论研究优秀成果奖一等奖	李加林、龚虹波、姜忆湄、叶梦姚	宁波大学
《论新时代中国环境法学研究的转型》	论文	浙江省第二十一届哲学社会科学优秀成果基础理论研究优秀成果奖一等奖	钭晓东	宁波大学
《绿色消费的情感——行为模型：混合研究方法》	著作	浙江省第二十一届哲学社会科学优秀成果基础理论研究优秀成果奖二等奖	王建明、吴龙昌	浙江财经大学

成果名称	形式	奖项	作者	工作单位
《语料库与媒体话语的理论、方法与实践：中英美主流报刊中的低碳话语研究》	著作	浙江省第二十一届哲学社会科学优秀成果基础理论研究优秀成果奖二等奖	钱毓芳、叶蒙获	浙江工商大学、浙江传媒学院
《全球生态贫困治理与"中国方案"》	论文	浙江省第二十一届哲学社会科学优秀成果马克思主义理论研究类优秀成果奖二等奖	韩跃民	浙江财经大学

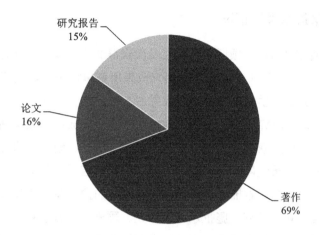

图 6-1　2021 年浙江省"双碳"领域研究成果获奖类型分布

从时间序列上看，相较于 2020 年浙江省在"双碳"领域研究成果获奖情况，2021 年有了很大提升，增长速度迅猛（图 6-2）。2020 年，浙江省在"双碳"领域研究成果获得教育部第八届人文社科优秀成果奖二等奖 2 项（表 6-2）。可见，浙江省对于碳达峰碳中和领域的重视程度的提高，并且学者对于碳达峰碳中和研究的愈发深入，获奖成果的数量和质量也有了明显的提升。

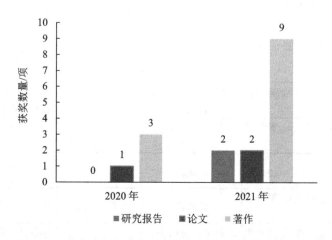

图 6-2　2020—2021 年不同类型研究成果获奖数量变化情况

表 6-2　2020 年浙江省"双碳"领域研究成果获奖情况

成果名称	形式	奖项	作者	工作单位
《城市内河生态修复意愿价值评估实证研究》	著作	教育部第八届高等学校人文科学研究优秀成果奖二等奖	张翼飞	浙江工业大学
《中国工业节水战略研究》	著作	教育部第八届高等学校科学研究优秀成果奖二等奖	沈满洪、谢慧明、程永毅、张兵兵、李太龙	浙江农林大学等

（二）研究成果批示采纳情况

2021 年度浙江省在"双碳"领域研究成果多次获得浙江省委、省政府领导及相关领导的批示，共获各项批示 28 项（表 6-3）。从研究成果所属单位来看，浙江农林大学获批示的研究成果占 9 件，浙江大学获批示的研究成果占 7 件，宁波大学占 5 件。从研究成果的作者来看，有 9 件获批示研究成果为沈满洪教授团队的研究成果，如沈满洪的《关于浙江省碳市场建设的对策建议》获省委书记袁家军、省长郑栅洁、副省长徐文光批示，沈满洪的《关于浙江省率先实现碳达峰和碳中和的对策建议》获省委书记袁家军批示，钱志权、沈满洪、吴伟光的《关于浙江省推进设区市协同碳达峰的预测及对策建议》获省委书记袁家军，省委常委、常务副省长陈金彪批示，吴伟光、顾光同、钱志权、敖贵艳、祁慧博、沈满洪等的《关于浙江省率先实现碳中和的时点测算和重点突破》获省委书记袁家军、副省长卢山批示。总体上，浙江省在"双碳"领域研究成果获批示数量是较多的，研究成果获得浙江省委、省政府领导的重视程度较高。

表 6-3　2021 年浙江省"双碳"领域研究成果批示情况

成果名称	作者	所属单位	批示领导
《关于浙江省推进设区市协同碳达峰的预测及对策建议》	钱志权、沈满洪、吴伟光	浙江农林大学	省委书记袁家军，省委常委、常务副省长陈金彪
《生态文明建设助推共同富裕的思路与对策》	沈满洪	浙江农林大学	省委书记袁家军
《关于浙江省率先实现碳中和的时点测算和重点突破》	吴伟光、顾光同、钱志权、敖贵艳、祁慧博、沈满洪等	浙江农林大学	省委书记袁家军、副省长卢山
《推进浙江省率先实现碳达峰碳中和制度创新的建议》	谢慧明、沈满洪、曾东城	浙江农林大学	省委书记袁家军、省长郑栅洁、常务副省长陈金彪
《关于浙江省率先实现碳达峰预测及方案选择》	钱志权、吴伟光、顾光同、沈满洪	浙江农林大学	省委书记袁家军、常务副省长陈金彪、副省长徐文光
《关于浙江省碳市场建设的对策建议》	沈满洪	浙江农林大学	省委书记袁家军、省长郑栅洁、副省长徐文光
《关于浙江省率先实现碳达峰和碳中和的对策建议》	沈满洪	浙江农林大学	省委书记袁家军
《加快推进浙江省林业碳汇发展率先实现碳中和的政策建议》	沈月琴、吴伟光、杨虹、许骞骞	浙江农林大学	省委书记袁家军、常务副省长陈金彪

成果名称	作者	所属单位	批示领导
《完善钱塘江源头区域生态保护修复一体化补偿机制的政策建议》	沈月琴、朱臻、宁可、杨虹、潘瑞、齐正顺、杨梦鸽	浙江农林大学	省长郑栅洁
《乡村人居环境改善要建立"四位一体"治理体系——浙江"千万工程"的启示》	黄祖辉	浙江大学	农业部部长唐仁健
《新形势下拓宽"绿水青山就是金山银山"转化路径,打造全面乡村振兴湖州样本的对策研究》	姚红健	市农业农村局	湖州市市长王纲
《台风"烟花"致河南多地降强降水,危险废物环境安全受到威胁》	钭晓东等	宁波大学	生态环境部副部长邱启文
《升级"环保码",推进"环保智管服",赋能生态"数智化"改革》	钭晓东等	宁波大学	省长郑栅洁
《"共同富裕"目标引领下推进生产生活方式绿色转型的法治建议》	钭晓东等	宁波大学	省委书记袁家军
《第四轮新安江流域跨界生态补偿问题策解》	谢慧明	宁波大学	副省长徐文光
《全国首个跨省流域生态补偿试点的运行问题与对策建议》	谢慧明、沈满洪、曾东城	宁波大学	中国民主同盟中央委员会
《进一步完善杭州市生态文明制度的对策建议》	沈满洪、程永毅、杨永亮	浙江理工大学	杭州市委原书记周江勇
《长江经济带全面开展 GEP 核算的建议》	崔淑芬、刘克勤	丽水学院	全国政协
《构建深圳"1+3"GEP 核算制度体系》	欧阳志云团队	丽水学院	深圳市人民政府
《以生态产品价值实现,推动山区 26 县跨越式高质量发展的对策建议》	谢林森、朱显岳	丽水学院	省委书记袁家军
《乡村人居环境改善要建立"四位一体"治理体系——浙江"千万工程"的启示》	黄祖辉、胡伟斌	浙江大学	中农办主任、农业农村部部长唐仁健
《以信任激发绿色产品市场活力以绿色消费引领碳达峰》	周洁红	浙江大学	省委、省办
《澜沧江下游区域生态安全面临的挑战及对策建议》	谢贵平	浙江大学	中央网信办
《关于出席美国气候峰会开拓新时代生态外交新空间的建议》	孟东军等	浙江大学	省委办公厅
《关于提升我国城市湿地生态碳汇能力 加快实现碳中和目标的对策建议》	孟东军等	浙江大学	省委办公厅
《加快生态修复打造"三江绿楔"对策建议研究》	张杭军、孟东军、陈礼珍、蔡峻	浙江大学	省委常委、杭州市委主要领导
《发展生态银行促进浙江生态资源价值充分实现》	周膺、吴晶	浙江之江经济发展战略研究院等	省政府领导
《长三角一体化示范区生态协同治理的困境与建议》	陈晨	中共嘉善县委党校	省政府领导

相较于 2020 年，浙江省在"双碳"领域研究成果获批示数量呈现出上升的趋势。2020 年浙江省在"双碳"领域研究成果获批示数量为 12 件（表 6-4）。2021 年的 28 件批示数量相较于 2020 年的数量增长了 1.3 倍，这体现了浙江省"双碳"领域的研究受到省委、省政府领导等相关领导的重视程度也越来越高，也反映研究成果质量和水平有较大提升。

表 6-4 2020 年浙江省"双碳"领域研究成果批示情况

成果名称	作者	所属单位	批示领导
《进一步深化"绿水青山就是金山银山"理念研究的对策建议》	沈满洪	浙江农林大学	省委书记袁家军、省长郑栅洁、省政协主席葛慧君、常务副省长冯飞、副省长陈奕君和成岳冲
《进一步完善工商资本"上山入林"的政策建议》	朱臻、沈月琴、宁可、李博伟	浙江农林大学	国家林业和草原局副局长刘东生
《深化"两山"理念认识，打造"两山"转化窗口》	黄祖辉	浙江大学	省委书记袁家军
《"无废城市"建设中加强社会源废物专门处置的对策建议》	钭晓东等	宁波大学	省委书记袁家军
《建立健全我国生态文化体系的思路与对策》	胡剑锋	浙江理工大学	生态环境部部长黄润秋
《"两山"转化的丽水探索——浙江丽水市生态产品价值实现机制研究》	朱显岳、周宏芸、刘克勤等	丽水学院	国务院发展研究中心资源与环境政策研究所
《推进长三角生态绿色一体化发展示范区建设的建议》	潘毅刚、郭亚欣、赵小锋	省发展规划研究院区域高质量发展战略研究中心	省委领导
《深化浙江生态产品价值实现机制试点的建议》	谭荣	浙江大学	省委领导
《新阶段深化"两山"理念认识，打造"两山"转化窗口的建议》	黄祖辉	浙江大学、湖州师范学院	省政府领导
《基于环境容量的杭州湾水污染总量控制制度建设的对策建议》	顾骅珊	嘉兴学院	省政府领导
《浙江省湾区经济带城市环境空气质量达标和碳排放达峰协同"双达"的对策建议》	沈杨、唐伟	宁波职业技术学院、杭州市环境保护科学研究院	省委领导
《金融支持浙江（丽水）生态产品价值实现机制试点建设的启示与建议》	林赛燕、陈荣达、徐峰、张硕楠、陈荣达、徐峰、张硕楠	中共浙江省委党校、浙江财经大学、丽水市金融工作办公室	省委、省政府领导

（三）研究成果宣传推广情况

2021 年浙江省"双碳"领域研究成果宣传推广力度较大。2021 年"双碳"领域研究成果宣传推广主要集中在浙江省社会科学界联合会、《光明日报》、《浙江日报》等官方报纸杂志以及浙江卫视等媒体和浙江省生态文明智库联盟相关单位的官方网站和公众号上。2021年"双碳"领域研究成果宣传推广46余篇,涉及近20家媒体的宣传推广,其中电视台节目采访8篇,报纸杂志17篇,公众号等媒体21篇(图6-3)。

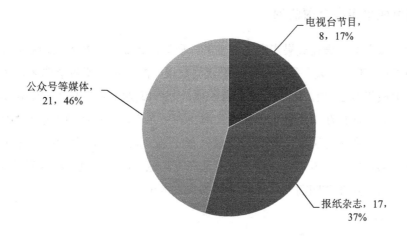

图6-3　2021年浙江省"双碳"领域研究成果宣传推广情况

从时间序列上看,2021年浙江省在"双碳"领域研究成果宣传推广的力度远大于2020年。据不完全统计,2020年浙江省在"双碳"领域研究成果宣传推广25篇,2021年的46篇远高于2020年的数量。同时,从类型上看,报纸杂志和公众号媒体的宣传推广力度呈现大量上升,电视台节目的宣传推广数量基本保持不变(图6-4)。可见,对于"双碳"领域的宣传推广越来越受到重视,侧面反映该领域做出的成绩逐年增加,"双碳"研究的重要性愈发突出。

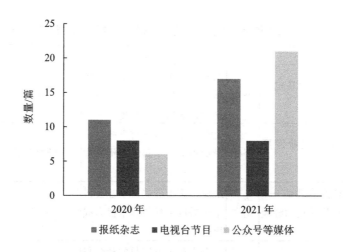

图6-4　2020—2021年浙江省"双碳"领域研究成果宣传推广对比

二、浙江省碳达峰碳中和研究成果社会影响的特征

（一）研究成果走在全国前列

浙江省"双碳"领域研究成果走在全国前列，研究成果获奖数量名列前茅。相较于上海市和山东省2021年"双碳"领域研究成果获奖数量，浙江省远超两个地区。2021年，浙江省获奖研究成果有13项，而山东省只有5项，上海市仅仅只有4项（图6-5）。同时，浙江省在该领域研究成果获奖质量也远高于上海市和山东省，上海市和山东省的优秀成果奖主要集中于二等奖和三等奖，一等奖的数量只有1项（表6-5），而浙江省的获奖的13项中一等奖占4项，二等奖占7项，整体质量上高于其他地区。可见，浙江省的研究成果从数量和质量上看，走在全国前列，处于全国的领先地位。

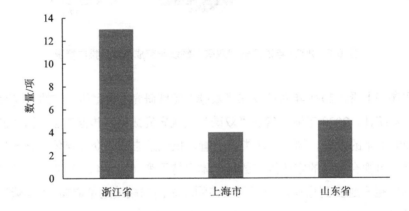

图6-5　2021年浙江省、上海市、山东省"双碳"领域研究成果获奖数量对比

表6-5　2021年上海市和山东省"双碳"领域研究成果获奖情况

成果名称	形式	奖项	作者	工作单位
《我国生态文明建设的科学基础与路径选择》	著作	上海市第十五届哲学社会科学优秀成果党的创新理论研究优秀成果奖二等奖	曾刚等	华东师范大学
《气候变化背景下低碳农业发展研究》	著作	上海市第十五届哲学社会科学优秀成果学科学术优秀成果奖一等奖	顾海英等	上海交通大学
《政府空气污染治理效应评估——来自中国"低碳城市"建设的经验研究》	论文	上海市第十五届哲学社会科学优秀成果学科学术优秀成果奖二等奖	宋弘等	复旦大学
《中国的城市化推进与雾霾治理》	论文	上海市第十五届哲学社会科学优秀成果学科学术优秀成果奖二等奖	邵帅等	华东理工大学

成果名称	形式	奖项	作者	工作单位
《碳交易效率与企业减排决策研究》	论文	山东省第三十五届社会科学优秀成果奖二等奖	周鹏、闻雯、王梅	中国石油大学（华东）
《中国海洋生态经济系统协调发展研究》	论文	山东省第三十五届社会科学优秀成果奖二等奖	高乐华	中国海洋大学
《中国省域生态文明建设对碳排放强度的影响》	论文	山东省第三十五届社会科学优秀成果奖三等奖	刘凯、吴怡、陶雅萌、王成新	山东师范大学
《粤港澳大湾区制造业绿色竞争力指数测度与时空格局演化特征分析》	论文	山东省第三十五届社会科学优秀成果奖三等奖	张峰、宋晓娜、董会忠	山东理工大学
《清洁能源外交：全球态势与中国路径》	论文	山东省第三十五届社会科学优秀成果奖三等奖	李昕蕾	山东大学

（二）研究成果彰显浙江特色

浙江省2021年"双碳"领域研究成果彰显了浙江特色，研究成果聚焦于浙江省的实际情况，针对性地研究浙江省"双碳"领域。2021年浙江省"双碳"领域的获奖类研究成果将近15%聚焦于浙江省当地特色，而上海市和山东省2021年的研究成果主要集中于全国性研究，没有针对本省（市）的"双碳"领域研究成果，并且获得浙江省委、省政府等领导批示的28项中有13项聚焦于浙江本省的研究，占比高达46.4%，2020年的批示中聚焦本省的研究成果也具有较高的占比。浙江省是全国率先制定"双碳"科技创新相关行动方案的地区，浙江省委科技强省建设领导小组印发的《浙江省碳达峰碳中和科技创新行动方案》（省科领〔2021〕1号）中提出明确"双碳"科技创新的目标。因而，浙江省"双碳"领域研究成果对于本省的针对性较强，彰显浙江省"双碳"的决心和特色。

（三）研究成果支撑政府决策

浙江省"双碳"领域的研究成果很大程度上支持了政府决策。2021年浙江省在"双碳"领域研究成果批示采纳数量具有28项，其远超其他领域，同时，相较于2020年的批示数量占比有了较大的增长，对政府决策的支持力度和获得政府决策采纳的重视程度有了显著的提升。"双碳"领域的研究成果积极为政府决策支持服务，完善政府决策信息和提供智力支持，推动决策科学化和民主化，辅助政府提高决策水平和社会治理能力。这也让浙江省做好"双碳"工作有了更好的理论和数据支持，为政府的"双碳"决策工作提供助力。

三、浙江省碳达峰碳中和研究成果社会影响的主要问题

（一）研究成果有待系统集成

浙江省"双碳"领域研究成果整体上处于研究方向较为分散、集成度较低的现状，涉

及的行业、资源类型、研究类型、成果展示形式等多方面发展，较为混乱，有待系统集成。从涉及行业来看，制造业、工业、农业等均有涉猎，但已进行的研究并无高度集中于某一行业的情况。从资源类型来看，当前较为集中对水力资源的研究，核电、光伏、风电等新能源领域尚有较大的研究空间。从成果展示形式来看，包含著作、论文、研究报告等形式，较为零散，每个形式的研究成果也较为独立，没有系统性的整合和关联性。

"双碳"领域研究的起步较晚，领域新颖性较高是研究成果缺乏集成性的原因之一。我国的"双碳"目标在 2021 年才刚刚提出，这对于研究人员是一个全新的研究领域，学者的研究成果从不同角度出发、采用不同方法、研究不同的对象，处于一个探索阶段，因而研究成果的集成度不高。

（二）决策咨询亟须靶向精准

浙江省"双碳"领域研究成果决策咨询亟须靶向精准。从 2021 年"双碳"领域研究成果获批示的情况来看，大多数研究成果主要侧重于从全省的角度出发进行研究，没有精准到某个特定地区或者是某个具体行业等具象目标。2021 年"双碳"领域获批示研究成果题目中超过 1/3 含有"关于浙江省"、"推进浙江省"等相关字眼。

在未来的研究中，研究人员和学者应该注重决策咨询的靶向精准。从政策制定者的视角出发，从决策咨询对信息的需求、运用价值、实施有效性、决策咨询与学术研究的差异性等相关方面进行改进，让决策咨询报告成果更高质量，具有科学性、针对性、可操作性、可实践性。

（三）研究成果的国际影响力有待增强

浙江省在"双碳"领域研究成果的国际影响力依然较为薄弱，有待进一步加强。从研究内容来看，研究主要集中在对国内、各省（区、市）进行相关区域性研究，缺乏国外"双碳"相关领域的研究和国际视野性的研究成果。从研究成果的获奖情况来看，研究成果主要集中于国内的荣誉，研究成果获得国际荣誉的数量匮乏。从研究成果的宣传推广来看，研究成果的推广主要集中于国内的各大网站、社交媒体和报纸杂志，研究成果受到国际、海外媒体关注报道的力度薄弱。综上分析，浙江省"双碳"领域研究成果的国际影响力有待加强。

第三篇

实践篇

本篇从行业、区域、微观主体三个方面总结了浙江省"双碳"实践。

通过对浙江省能源、工业、交通、建筑、农业等的分析表明,浙江省"双碳"工作各行业均已行动起来,并采取了一系列实质性举措,但仍有改进的余地。

通过对设区市、县(市、区)、乡镇、社区各个不同层级区域的分析表明,浙江省"双碳"工作各地区均已行动起来,并采取了各具特色的碳减排和增碳汇的举措,但区域不平衡问题突出。

通过对园区、企业、公共机构、居民等不同微观主体的分析表明,浙江省"双碳"工作已经成为微观主体的价值取向,但是尚未真正做到内化于心并外化于行。

总体上看,浙江省"双碳"工作从碳减排角度看处于"强度减排"的阶段,总量仍在上升;从增碳汇角度看似乎风生水起,贡献度依然有限。按照"两个先行"的目标,浙江省在"双碳"工作中仍需明确时间表和路线图,并加大政策和工作力度。

第七章

浙江省行业碳达峰碳中和的实践

党的二十大报告提出,"积极稳妥推进碳达峰碳中和"。能源、工业、建筑、交通、农业等是碳减排的主力军。浙江省实现"两个先行"就要率先实现碳达峰碳中和。总结浙江省各行业碳达峰碳中和的实践和经验,找出存在的短板及根源,不仅有利于继续推动浙江各行业的"双碳"工作,也为全国其他地区各行业"双碳"工作提供一定的参考。本章总结了浙江省各行业碳达峰碳中和的具体做法、实践成效及存在的问题,提出了推动各行业"双碳"工作的对策建议。

一、浙江省能源行业碳达峰碳中和的实践

(一)能源行业碳达峰碳中和的具体做法

1. 推进能源市场化改革,激发能源市场活力

能源领域市场化改革对"双碳"目标的实现至关重要,[①] 浙江省积极推进能源市场化改革。一是推进电力体制改革,促进电力行业健康发展。电力行业是最主要的碳源之一,[②] 浙江省采用"集中式"的市场模式,省内中长期交易采用合约管理市场风险,配合现货交易采用全电量集中竞价。于2022年5月成立浙江省电力交易中心,全面启动市场交易。二是深化天然气体制改革,促进天然气配售公平竞争。以天然气上下游企业直接交易、管输和销售业务分离为突破口,逐步实现管网设施公平开放,打破"统购统销"的传统模式,保障天然气配售公平竞争。三是推动用能权市场化交易,充分发挥市场在资源配置中的决

[①] 武汉大学国家发展战略研究院课题组. 中国实施绿色低碳转型和实现碳中和目标的路径选择[J]. 中国软科学, 2022 (10): 1-12.

[②] 柴瑞瑞, 李纲. 可再生清洁能源与传统能源清洁利用:发电企业能源结构转型的演化博弈模型[J]. 系统工程理论与实践, 2022 (1): 184-197.

定性作用。全面推进用能权有偿使用国家试点和交易市场建设，建立了较为完善的用能权制度体系、监管体系、技术体系、配套政策和交易系统，在省内多地已开展交易。四是实施"区域能评+区块能耗标准"改革，全面提升固定资产投资项目节能审查效率。在能源"双控"目标可落实的区域内，全面分析区域用能现状，提出一个时期本区域能源消费强度、用能总量等控制目标，明确与本区域产业规划相适应的节能措施和能效标准。

2. 优化能源结构，积极发展可再生清洁能源

浙江省积极把握能源结构调整的重要机遇，发展可再生清洁能源。一是实施煤炭消费减量替代行动。严控涉煤项目准入，加强煤炭经营和使用监管，鼓励使用洁净煤和高热值煤，同时加大低效火电、热电机组改造关停力度，深化燃煤锅炉淘汰改造。二是积极发展可再生能源。积极发展光伏、核电、风能等可再生能源项目，不断提高发电效率，降低发电成本。大力发展百万家庭屋顶光伏工程，规模增长迅速，技术进步迅猛，产业链不断完善，孕育出多家龙头光伏企业。三是提升清洁能源利用水平。坚持以气定改，稳步推进"油改气""煤改气"，有序推进天然气利用，提高清洁能源利用水平。加强油品质量监督检查，实施车用汽柴油国Ⅵ标准，并开展乙醇汽油应用试点。

3. 加快数字化转型，助力能源高效利用

浙江省积极推动能源行业的数字化转型，利用数字技术，构筑更高效、更清洁、更经济、更安全的现代能源体系。一是加快数字技术与能源领域的融合。开展能源领域数字化改革，引领能源领域深层次系统性重塑，提高运行协同水平。宁波市奉化区搭建智慧光伏数字化管理平台和光伏结算托收平台，为上下游产业链提供一站式服务，实现分布式光伏电站集中运管。二是依托数字技术，提升能源领域服务能级。着力建设运营省级能源大数据中心，实现电、气、水等全品类用能数据采集和在线分析，动态预警用能趋势，服务企业用能诊断和能效对标。并构建规范化能效公共服务，通过"线上精准推送+线下主动服务"，推动客户开展能效改造，以数字化方式高效支撑业务推广。三是强化数字技术应用，管理效率大大提升。大力推进能源管理与数字技术深度融合，以能源数字化改革为牵引，建立能源资源配置和管理机制，大大提升管理效率。浙江省能源集团建造了国内首家包含风电、光伏、水电的新能源远程集控调度中心，建成了集团智慧能源调度平台和客户管理平台，实现对能源运输智能化调度和能源销售客户的统一管理。

4. 强化能源绿色技术创新，促进能源领域绿色转型

基于对能源绿色转型的迫切需求，浙江省大力推动能源领域绿色技术创新。一是积极开展储能新技术研发，助力电力系统高质量发展。重点支持集中式较大规模（容量不低于5万kW）和分布式平台聚合（容量不低于1万kW）新型储能项目建设，开展储氢、熔盐储能及其他创新储能核心技术的研究和示范应用。2021年6月，浙江省建成全国第一个规模化应用储能项目——浙江省东福山新能源储能项目，提升新能源消纳能力。二是研发创新取得新突破，助力节能降碳新项目顺利开工。2020年，二氧化碳捕集与资源化利用关键技术和装备取得了重大突破。2022年基于该技术，浙江省首个煤电二氧化碳捕集与矿化利

用示范项目——浙能兰溪 CO_2 捕集与矿化利用加成示范项目正式开工。三是智能电网技术越发成熟,助力实施高弹性电网建设。数字化打造镜像弹性电网,在电网输送侧,实施传输通道动态增容,实时计算供电水平,改变刚性的输电限额,增强了电网弹性。

(二)能源行业碳达峰碳中和的实践成效

1. 能源市场化改革走在前列

浙江省积极推进能源市场化改革,发挥市场对资源配置的决定性作用,取得了明显成效。一是电力现货市场建设全面推进。2020 年 7 月,浙江省电力现货市场第一次实现整月结算试运行。此外,还研发出了电力市场全业务一体化支撑平台、现货市场一体化出清技术以及电力结算技术,全面推进电力现货市场建设。但浙江省尚处于电力市场建设初期,市场的运营模式、交易机制和实施路径尚不清晰。二是天然气体制改革稳步推进。2020 年年底,浙江省天然气交易市场有限公司正式运营,成为浙江省首个、全国第五个天然气交易平台。三是用能权交易市场全国领先。浙江省积极推进用能权有偿使用和交易试点,2021 年浙江省全年共产生 12 笔交易,总量为 337 794 t 标煤,平均每单约 28 150 t,单笔交易量从 1 862 t 至 78 548 t 不等。用能权交易完成项目数、交易规模领跑全国,但能源价格市场化形成机制和能源运行分析和动态监测机制尚未建立,仍具有较大的发展空间。

2. 能源消费结构逐步优化

随着"双碳"目标的提出以及产业结构的转型升级,浙江省能源消费结构不断优化,清洁低碳能源转型步伐逐步加快。图 7-1 反映的是 2010—2020 年浙江省能源消费结构趋势。① 可以看出,煤炭消费占比整体呈下降趋势,尤其是 2016 年以后,煤炭消费占比显著下降,这说明能源消费结构逐渐优化。

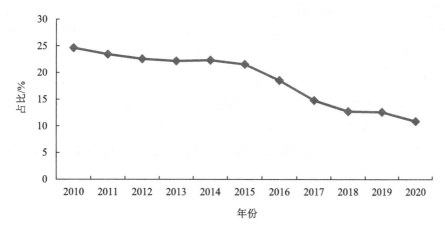

图 7-1 2010—2020 年浙江省能源消费中煤炭占比趋势图

数据来源:《中国统计年鉴》《中国能源统计年鉴》《浙江统计年鉴》(2010—2020 年)。

---

① 钟晓青,吴浩梅,纪秀江,等. 广州市能源消费与 GDP 及能源结构关系的实证研究[J]. 中国人口·资源与环境,2007(1):135-138.

图7-2是2010—2020年浙江省能源消费结构低碳化水平指数。① 可以看出，2015年以前，能源消费结构低碳化水平增长较慢；2016年以后，能源消费结构低碳化水平呈明显上升趋势。这表明在"十三五"时期，浙江省能源消费的碳排放量呈逐年降低趋势，低碳化水平呈逐年提高趋势，能源消费结构逐步优化。尽管浙江省能源消费结构逐步优化，但煤炭的占比仍然较大，特别是省内电力供应结构，煤炭的发电量近半，因此，浙江省面临的能源消费结构调整任务仍十分艰巨。

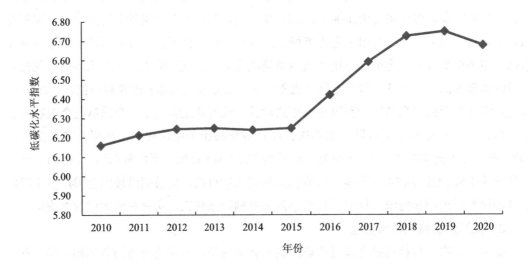

图7-2 2010—2020年浙江省能源消费结构低碳化水平指数趋势

数据来源：经作者测算所得。

3. 能源利用效率整体上呈上升趋势

浙江省稳步推进能源结构优化，在能源领域采取数字化改革、市场化改革，使得能源利用效率逐步提高。图7-3是2010—2020年浙江省全要素能源效率趋势图，使用全要素能源效率衡量。② 总体来看，浙江省能源效率呈上升趋势。图7-4反映的是2010—2020年全国及部分省份万元GDP能源消耗水平，可以看出，浙江省万元GDP能耗水平呈持续下降趋势，能源利用效率稳步提高，节能降耗成效明显。但相较于上海、广东、江苏等地区，浙江仍存在一定的差距，比如2020年江苏省单位GDP能耗为0.34 t标煤，能效水平位列全国第一。

---

① 唐笑飞，鲁春霞，安凯. 中国省域尺度低碳经济发展综合水平评价[J]. 资源科学，2011（4）：612-619.
② 魏楚，沈满洪. 能源效率及影响因素：基于DEA的实证分析[J]. 管理世界，2007（8）：66-76.

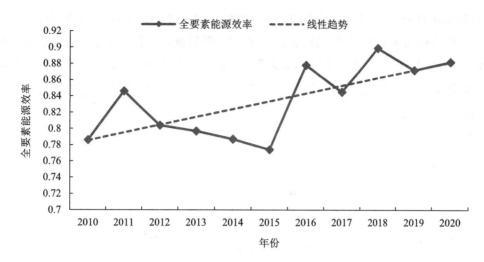

图 7-3　2010—2020 年浙江省全要素能源效率趋势图

数据来源：经作者测算所得。

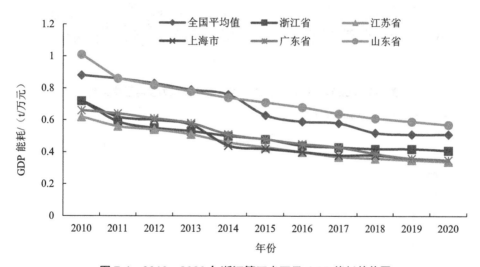

图 7-4　2010—2020 年浙江等五省万元 GDP 能耗趋势图

数据来源：《中国统计年鉴》《中国能源统计年鉴》。

4. 可再生能源产业取得长足发展

在"双碳"目标以及巨大需求的推动下，浙江省风电、光伏等新能源产业取得长足发展，建立了完整且具竞争力的产业链。在风电方面，浙江省在整机、齿轮箱、变流器、铸件、电缆等行业均有一批龙头骨干企业。如图 7-5 所示，2020 年 3 月—2022 年 8 月，浙江省月度风力发电量累计达到 80.40 亿 kW·h，月均发电量为 3.65 亿 kW·h，月均同比增长率为 37.09%。在光伏发电方面，浙江省是全国第二大光伏组件制造省份，年产量在 4 000 万 kW 左右，且拥有光伏辅材企业 120 余家，位居全国第一。如图 7-6 所示，2015 年全省光伏装机容量 164 万 kW，比上年增长约 2.3 倍，2021 年达到 1 842 万 kW。整体来看，浙江省能源行业碳达峰碳中和取得了明显成效，但现有能源设施水平和供应能力还无法充分满足人民群众日益增长的优质能源需求，部分区域、部分时段的电力、天然气等供应保障压力较大，能源与生态环境保护、经济高质量发展的要求还不完全匹配，在能源领域仍面临较大压力。

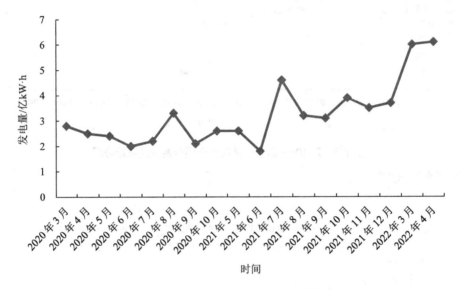

图 7-5　2020 年 3 月—2022 年 4 月浙江省风力发电量趋势图

数据来源：国网浙江省电力公司（2020—2022 年）。

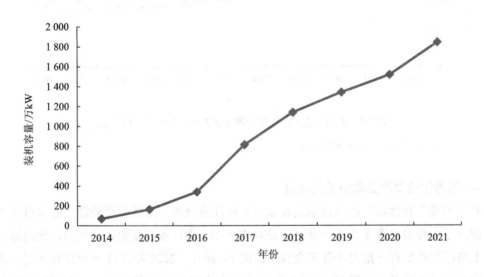

图 7-6　2014—2021 年浙江省光伏装机容量趋势图

数据来源：国网浙江省电力公司（2014—2021 年）。

（三）能源行业碳达峰碳中和的对策建议

1. 持续推动能源结构转型，构建绿色低碳能源体系

浙江省以煤炭为主的能源结构尚未改变，可再生能源发展仍面临诸多困难，天然气管网、家庭屋顶光伏等清洁能源项目和集中供热推进缓慢。据此，本报告提出以下对策：一是全面推进减煤降碳。严控新增耗煤项目，新、改、扩建项目实施煤炭减量替代；持续实施煤改气工程，加大用煤结构调整力度；按照优先用于保障发电的原则，压减非电领域煤炭消费量，推动钢铁、建材等行业节煤限煤，推广节煤技术应用。二是完善能源制度。优化能耗"双控"考核制度，建立健全能耗"双控"与重点发展规划、年度投资计划以及产业扶持政策等协同机制。健全重点领域、重点行业能效目标体系和能效技术标准，研究制定用能预算管理制度，推行重点领域用能预算管理。三是严控高耗能、高排放项目。引导产业全面绿色转型，鼓励企业生产流程去煤化技术改造，积极推进电能等清洁能源替代，坚决遏制地方"两高"项目盲目发展。四是加快发展清洁能源产业。积极培育节能服务业，打造一批节能服务平台和机构，大力支持清洁能源产业基地建设，如做大做强宁波、湖州储能与动力电池产业基地。

2. 持续推动能源技术创新，增强绿色低碳发展新动能

浙江省能源装备关键组件和材料仍依赖进口，能源技术创新水平亟待提升，自主研发的关键技术产业化应用尚未突破，清洁能源技术产业化推广应用面临诸多挑战。据此，本报告提出以下对策：一是强化应用基础研究。实施一批具有前瞻性、战略性国家重大前沿科技项目，聚焦化石能源绿色智能开发和清洁低碳利用、新型电力系统等重点领域，深化应用基础研究，积极谋划能源领域前沿技术布局。二是加快先进适用技术攻关和推广。集中力量开展复杂大电网安全稳定运行和控制、大容量风电、高效光伏等技术攻关，推进熔盐储能供热和发电应用，加快氢能技术研发和示范应用。三是完善能源技术创新体系。强化企业创新主体地位，坚持"产学研用"相结合，组建碳达峰碳中和相关实验室和技术创新中心，引导企业、高校、科研院所共建一批国家绿色低碳产业创新中心，鼓励高校加快新能源、储能、氢能等学科建设和人才培养。

3. 持续推动能源体制改革，激发绿色低碳转型活力

浙江省电油气运协调机制尚不健全，能源价格市场化形成机制、能源运行分析和动态监测机制尚未建立，基层能源管理力量薄弱。据此，本报告提出以下对策：一是健全多层次统一电力市场体系。建立品种完善、内部协调、衔接有序的电力市场体系，加快培育发展配售电环节独立市场主体，完善中长期市场、现货市场和辅助服务市场衔接机制，加强电力交易与碳排放权交易的统筹衔接。二是继续深化天然气体制改革。加强天然气产输技术创新以及市场政策创新，协调天然气上中下游产业链，加快天然气勘探、开发和生产中绿色环保技术研发和应用。进一步发挥监督管理职能，强化监管责任落实。三是继续完善用能权交易市场建设。及时总结试点地区经验，加快完善用能权确权、行业能效标准、定

价、资金管理等配套政策;① 加强与能耗在线监测系统等对接,强化事中事后监管;积极探索开展跨省用能权交易,扩大用能权交易范围。四是加强与资源环境权益交易机制的协同。建立多部门协同工作机制,统筹处理用能权交易与碳排放权交易、排污权交易的关系,做好不同资源环境权益交易政策之间的有效衔接。

二、浙江省工业碳达峰碳中和的实践

(一)工业碳达峰碳中和的具体做法

1. 加强绿色低碳技术攻关,加快技术推广应用

为了有序推动工业能源领域绿色低碳转型,降低工业碳排放量,浙江省狠抓绿色技术攻关,加快先进适用技术研发和推广应用。一是加强工业节能低碳技术创新攻关。围绕零碳电力技术创新、零碳非电能源技术发展等5个技术方向,积极开展"八大工程"和22项具体行动。实施千项节能降碳技术改造项目,完善省、市、县(市、区)三级节能降碳技术改造储备项目库,对节能降碳效果明显、具有示范带动作用的项目予以政策支持。二是加快工业绿色低碳技术装备推广应用。鼓励社会各界大力开展节能新技术、新产品、新装备的研发,推广应用先进能效技术和产品;建立健全绿色低碳技术推广机制,制定《浙江省节能新技术新产品新装备推荐目录》,深入推进首台(套)认定及推广工作,构建绿色化低碳化首台(套)产品大规模市场应用生态系统。

2. 实施绿色制造工程,加快绿色制造体系构建

构建绿色制造体系,是实现工业绿色低碳发展的必然选择。② 为推动工业行业碳达峰碳中和,浙江省积极推动构建绿色制造体系。一是创建绿色低碳工厂。积极打造绿色低碳工厂,及时总结推广先进经验和典型做法,鼓励企业按年度发布绿色低碳发展报告,比如康恩贝制药股份有限公司积极创建绿色低碳工厂,加强设施设备改造,优化生产工艺,推进绿色升级发展。二是建设绿色低碳工业园区。选择一批优质园区进行低碳工业园区培育创建,制定《浙江省绿色低碳工业园区建设评价导则》,设立资源能源利用绿色化、基础设施绿色化等7大项评价指标,鼓励园区建立碳排放管理制度,开展工业节能诊断。三是积极开发绿色产品。积极开展推行绿色产品的生产和设计,培育创建一批工业产品绿色设计示范企业。积极推进绿色产品评价标准和认证体系改革,增加绿色产品有效供给,引导绿色生产和消费,湖州市率先成为"绿色产品认证"试点城市。四是打造绿色供应链。制定并出台省级绿色供应链标准体系,加强供应链上下游企业间的协调与协作,建立长效绿色供应链管理模式,优先支持绿色工厂及绿色产品供应商纳入绿色供应链管理名录。

---

① 李少林,毕智雪. 用能权交易政策如何影响企业全要素生产率? [J]. 财经问题研究,2022(10):35-43.
② 李晓红,金正贤. 环境税对企业绿色技术创新的影响研究——基于A股工业企业上市公司的实证经验[J]. 经济问题,2023(1):61-69.

3. 大力发展循环经济，推动资源节约集约利用

循环经济作为实现可持续发展的最佳途径，在助力碳达峰碳中和行动中将发挥着重要作用。[①] 浙江省主要做法如下：一是大力发展循环型制造业。引导企业在生产过程中使用环境友好型原料，推广易拆解、易分类、易回收的产品设计方案，提高再生原料的替代使用比例。强化重点行业清洁生产审核，推动石化等重点行业全面实施清洁生产改造提升，加大低碳技术应用和绿色低碳产业替代，推进产业低碳转型。二是深入实施园区循环化改造。深入推进园区循环化发展，构建完善产业共生体系，促进园区废弃物循环利用，同时推动块状经济绿色转型。指导衢州高新区（化工、氟硅）、滨海工业园区（纺织、印染）等一批特色产业园区创建国家级循环化改造示范试点，助推园区在绿色发展道路上抢占先机。

（二）工业碳达峰碳中和的实践成效

1. 工业碳排放强度显著降低，碳达峰碳中和成果显著

浙江省高度重视工业绿色低碳发展，采取了一系列政策和措施，并取得了显著的成效。图 7-7 反映的是 2010—2019 年浙江省工业万元增加值碳排放趋势，可以看出，浙江省工业领域万元增加值碳排放从 2010 年的 2.19 t 下降到 2019 年的 1.31 t，年均下降 5.9%。这说明通过技术迭代升级、产业结构和能源结构调整以及实施绿色制造工程等，浙江工业碳排放强度显著下降，碳达峰碳中和成果显著。

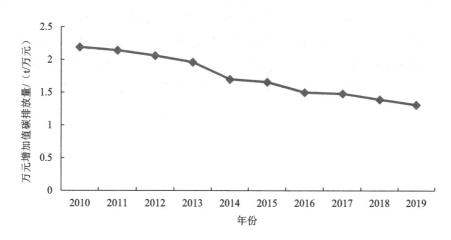

图 7-7 2010—2019 年浙江省工业领域万元增加值碳排放趋势图

数据来源：经作者测算所得。

2. 夯实企业创新主体地位，节能降碳技术取得新进展

浙江省主动抓住科技创新的"牛鼻子"，坚持企业创新主体地位，梯队培育科技企业，尤其是在节能降碳技术方面取得巨大进展。一是企业创新能力不断提升。浙江省高新技术

[①] 孟小燕，熊小平，王毅. 构建面向"双碳"目标的循环经济体系：机遇、挑战与对策[J]. 环境保护，2022，50（1）：51-54.

企业从 2012 年的 0.45 万家增至 2021 年的 2.86 万家,科技型中小企业从 0.56 万家增长到 8.66 万家。2016—2021 年,浙江省企业技术创新能力连续 6 年稳居全国第 3 位。① 二是形成良好的科技创新基础。"十三五"以来,浙江省在大气污染防治、节能减排等领域,通过省级重点研发计划共支持项目 183 项,累计投入财政科研经费 5.37 亿元,引导社会资金研发投入近 30 亿元,在能源清洁利用等方面形成了良好的科技创新基础。三是节能降碳技术的研发与推广应用取得新进展。浙江省已完成 10 省技术创新中心布局,集聚了一批以高水平专家团队为引领的高层次科研人才,形成了一批标志性技术成果。此外,"十三五"期间,累计认定浙江制造精品 1 010 项,累计开展 400 余场成果推介对接活动,促进技术推广应用。

3. 产业结构优化升级,绿色制造成果显著

浙江省以供给侧改革为主线,着力构建绿色制造体系,产业结构不断优化,转型升级成效显著。一是不断深化传统产业改造升级,加快印染、化工等行业绿色转型。2017 年以来,浙江省共有 2 660 家企业完成清洁生产审核,且以印染、化工等六大高耗能行业为重点。累计淘汰落后产能企业 6 250 家,整治提升"低散乱"企业 11 万家,腾出用能空间 506 万 t 标煤。二是产业结构逐步优化。2020 年,规上企业中,高技术、装备制造业增加值占比分别提升至 15.6%和 44.2%,比 2016 年分别提高 4.1 个百分点、5.4 个百分点;八大高耗能产业占比降至 33.2%,比 2016 年下降 0.8 个百分点。由此可见,浙江工业结构逐步优化。同时,从图 7-8 和图 7-9 可以看出,2010—2021 年,浙江省第三产业发展迅速,产业结构高级化程度总体呈上升趋势,产业结构进一步优化,其中产业结构高级化指数参考干春晖等的方法计算而来。② 三是绿色制造初见成效。截至 2021 年年底,全省共有国家级绿色工厂 213 家、绿色设计产品 322 种、绿色工业园区 14 家、绿色供应链管理企业 46 家。在第六批国家绿色制造示范名单中,浙江省成功入选国家级绿色工厂 49 家,数量居全国第一;绿色工业园区 3 个,数量居全国第二;绿色供应链管理示范企业 18 家,数量居全国第一。

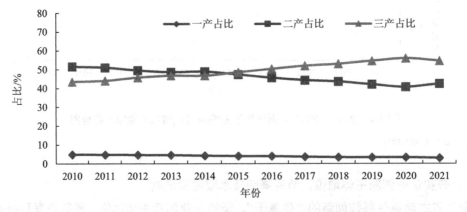

图 7-8 2010—2021 年浙江省地区产业比例趋势图

数据来源:《中国统计年鉴》、《浙江统计年鉴》(2010—2021 年).

---

① 洪恒飞,江耘. 科创领航 3699 亿投资折射浙江稳进提质信心[N]. 科技日报,2022-12-26(001).
② 干春晖,郑若谷,余典范. 中国产业结构变迁对经济增长和波动的影响[J]. 经济研究,2011(5):4-16,31.

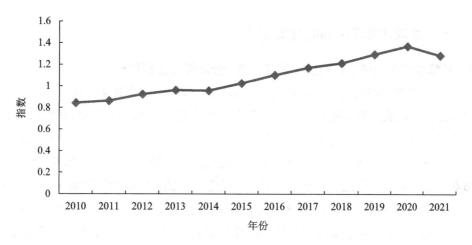

图 7-9　2010—2021 年浙江省地区结构高级化程度趋势图

数据来源：经作者测算所得。

4. 循环型产业体系初步建立，工业能源利用效率持续提高

浙江省大力发展循环型产业体系和循环型生产方式，把"减量化、再利用、资源化"的原则应用到各行业的具体生产过程中，推动能源利用效率持续提高。具体表现为：一是初步建立了以循环经济为核心的产业体系。资源循环利用水平处于全国领先，制造类产业园区基本完成循环化改造，形成了以大宗固体废物综合利用为重点的企业循环型产业链。形成了很多特色产业集群，进而发展为区域块状经济。台州市是全国最大的废旧金属拆解利用基地，已形成了从废旧电器回收拆解到加工制造的完整产业链。二是工业能源利用效率稳步提高。实施资源循环利用重大工程，工业能源利用效率持续提高。图 7-10 显示，2010—2020 年浙江省万元工业增加值能耗从 2010 年的 0.89 t 标煤下降到 2020 年的 0.72 t 标煤，年均下降 2.01%。

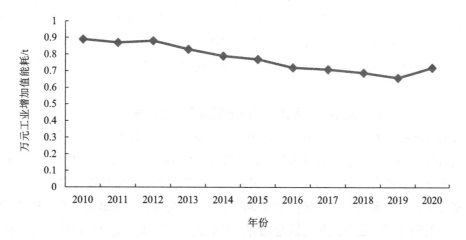

图 7-10　2010—2020 年浙江省工业万元增加值能耗趋势图

数据来源：《中国统计年鉴》、《浙江能源统计年鉴》、《浙江统计年鉴》（2010—2020 年）。

（三）工业碳达峰碳中和的对策建议

1. 持续加快工业产业结构优化调整，进一步降低工业碳排放

产业结构问题已经成为制约浙江省经济增长的"瓶颈"，尤其是重化工业占比居高不下，局部地区高污染、高耗能和"低小散"企业比重仍然较大，导致碳排放居高不下。据此，提出以下对策：一是大力推动清洁生产。对包括煤炭、金属采集冶炼、化工等污染排放严重的传统行业进行重点调整，逐步关停产能落后和污染严重的小型钢铁、水泥、化工和造纸等企业，避免产能过剩和过度污染。二是进一步加强环境政策管制。在政策和制度上鼓励发展诸如装备制造业、加工业、电气机械制造业等污染排放相对较低的行业，重点扶持高端产业、新能源和节能环保产业、生物产业以及新材料产业等，加快产业转型步伐。三是推动产业生产方式转变。对有利于实现经济和环境可持续发展的行业，以及电、热、燃气、水等对其他行业具有较强支撑的产业，要进一步向绿色低碳型、高技术型和服务型等方式转变。

2. 推动传统产业绿色低碳化改造，实现产业高质量发展

浙江省传统产业多为劳动密集型产业，产品技术含量和附加值低，同时也是能源消耗、污染物和碳排放的主要来源。因此，浙江省应积极推动传统产业改造升级[①]：一是加大传统行业共性技术供给，奠定传统产业转型升级的技术基础。编制关键共性技术目录，加强行业关键共性技术布局，开展行业前沿基础性技术的研发与储备，将应用技术作为主攻方向，坚持市场化主体运作以提高创新资源的配置效率，做好行业共性技术输出和人才培养。二是减轻企业负担，增强转型发展能力。加大对中小微企业特别是科技型中小企业的税收减免力度，减轻企业的税费负担；适当减轻企业在医疗、养老等方面的社会负担；推进政府创新管理制度改革与规范，简化审批流程，降低企业创新成本。三是加大金融对传统产业转型升级的支持力度。建立和完善中小微企业贷款风险补偿机制，引导信贷投放向中小微企业倾斜；支持小额贷款公司开展信贷资产证券化业务，促进中小微企业与社会资本有效对接；引导规范中小微企业周转资金池，为符合续贷要求、资金链紧张的小微企业提供优惠利率周转资金；建立企业数据共建共享平台，完善中小企业信用评价体系。

3. 支持低碳工业技术创新，缓解工业经济低碳不经济现象

浙江省低碳技术及产业虽取得了一定进步，但同时存在大而不强、自主创新能力较弱、技术价值链发展不均衡、创新缓慢等问题，关键技术依然缺乏。据此，提出以下对策：一是要加大专项资金和金融支持力度。加大低碳研发预算投入，金融机构设立专门支持低碳研发的资金项目。二是建立世界级的国家能源实验室。建成具备从基础研究、技术开发、试验示范以及到检测认证全过程的试验能力，对企业、高校和其他研究机构开放，解决低

---

① 魏丽华. 新发展格局下基于经济韧性的区域高质量发展问题探析——以京津冀沪苏浙皖粤8省市为例[J]. 经济体制改革，2022（6）：5-12.

碳技术创新中共性技术供给不足的问题。三是建立跨行业的技术联盟。鼓励并支持企业联合国内外高校、科研院所或金融机构等，整合跨区域、跨行业创新资源，按市场经济规则组建技术联盟，促进融合创新。

三、浙江省交通行业碳达峰碳中和的实践

（一）交通行业碳达峰碳中和的具体做法

1. 重视源头防治工作，着力精准施策

浙江省交通运输规模不断扩大，机动车保有量迅猛增长，并且以高耗能的公路运输为主，导致交通行业产生了大量的碳排放。浙江省积极从源头上整治交通行业碳排放。一是控制机动车保有量增加。全面实施汽车国六排放标准和非道路移动柴油机械国四排放标准，基本淘汰国三以下排放标准汽车，加快淘汰国四排放标准营运柴油货车。二是深入实施清洁柴油机行动。鼓励重型营运柴油货车更新替代，实施汽车排放检验与维护制度，提高了城市中公交、出租、物流等车辆新能源比率。三是着力精准施策，做实"治堵减碳"。湖州市全面实施"一点一策、一路一策"，推动中心城区10大拥堵路口、路段通行能力提高，着力推进"一校一策"，解决中心城区18所中小学接送难问题。

2. 改善交通运输结构，推广绿色低碳出行

浙江省积极优化交通运输结构，支持新能源汽车发展，强化低碳交通宣传，并倡导绿色低碳出行。一是改善交通运输结构，优先发展低碳公共交通。在城市公交、出租汽车、物流配送、机场、港口等领域加大新能源和清洁能源车辆的应用。优先发展公交、地铁等低碳公共交通体系。此外，为方便低碳出行，浙江省率先实现地级市公共自行车全覆盖，有效满足市民"最后一公里"的出行需求。二是强化交通工具技术改造，大力推广新能源汽车。为强化交通工具技术改造，加大对传统汽车企业技术改造的信贷支持力度，提升中长期贷款占比；利用浙江省产业基金，支持新能源汽车相关企业、科研院所对该领域进行创新；对新能源汽车阶段性免征车辆购置税、车船税和消费税等。三是加强低碳交通宣传，倡导绿色出行方式。倡导低碳交通和低碳出行，居民的绿色出行意识不断增强。湖州市实现"公交三个全覆盖"，即全市所有城市、农村公交车辆百分百纯电动化、统一2元一票制、全部移动支付，全市电动巡游出租车占比全省第一，每年可减少碳排放8.34万t以上。

3. 加快"数字化+交通+双碳"融合，推动交通数智化发展

浙江省积极推动交通行业的数字化转型，借助大数据优化运输组织方式，推动"数字化+交通+双碳"的融合，加快了交通数字化发展。一是加快交通数字化改革，实现能耗精细化管理。积极推动数字化能源管理平台建设，该平台是一套智慧能源综合管理系统，利用智能传感器、云计算及大数据等技术、设备，实现能耗精细化管理，避免了能源浪费，

在杭金衢高速萧山东收费站至诸暨收费站段率先投入使用。二是扩大数字化能源管理平台使用范围，推动交通数智化发展。数字化能源管理平台具有较强的兼容性，可复制性强，可大范围推广，可接入相应服务区和收费站的管理平台，以数字化的手段，对高速公路的能源应用情况实时监测、分析能耗，更好地对能源进行规划、管理、调控，提升效能。

（二）交通行业碳达峰碳中和的实践成效

1. 绿色交通工具数量明显增长

浙江省是我国新能源汽车推广运营的重点区域，在政府与企业的合力推动下，新能源电动汽车不仅有了量的增长，而且还取得了质的飞跃。如图7-11所示，2018年浙江省新能源汽车保有量近14万辆。截至2022年年底，浙江省新能源汽车保有量超132万辆，数量增加超10倍。同期，浙江省清洁能源公交车使用比例超82%，清洁能源出租车使用比例超80%。[①] 其中，杭州市、湖州市主城区实现清洁能源公交车全覆盖，且客运交通持续向绿色运输方式倾斜。根据浙江省交通运输厅数据，浙江省公路客运量从2019年年末的73 964万人，下降至2022年年底的16 654万人，同期铁路客运则从7.33%上涨至15%以上。全省公共交通机动化出行分担率由2016年34.3%上升至2020年36.7%。上述数据说明，浙江省绿色交通工具增长明显，为交通行业"双碳"目标实现奠定了坚实基础。

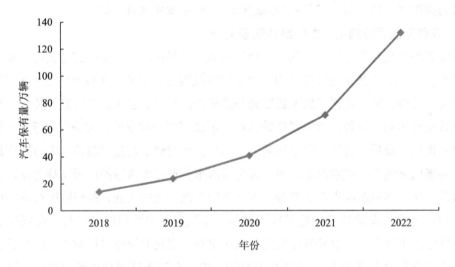

图7-11　2018—2022年浙江省新能源汽车保有量趋势图

数据来源：国网浙江省电力公司（2018—2022年）。

2. 绿色基础设施建设逐步完善

随着绿色低碳环保观念深入人心，人民群众对绿色基础设施建设需求也不断增加，浙江省在创建交通强省的道路上，其基础设施建设也逐步实现"绿色化"。一是港区、机场、

---

① 浙江省能源局. 全面贯彻落实新发展理念 以节能降碳促进高质量发展[EB/OL]. [2021-08-24] https://www.ndrc.gov.cn/xwdt/ztzl/2021qgjnxcz/dfjnsj/202108/t20210824_1294397.html.

公路服务区、交通枢纽场站等近零碳示范区创建工作取得一定成效。截至 2020 年年底，共建成 ETC 车道 2 200 条，发展 ETC 用户 1 332 万个，ETC 车道使用率 73%，居全国第四。撤销省界收费站，安装 ETC 装置，不仅提高了通行效率，还大大减少因等待和低速行驶带来的污染物排放。据交通运输部相关负责人测算，该设施每天可以节约燃油 1 100 t，减少氮氧化物排放 259 万 t、一氧化碳排放 300 t。二是在公共服务领域充换电站和充电桩的建设方面。截至 2020 年年底，公共服务领域充换电站和充电桩的建设量分别达到 2 887 座和 4 万个以上，分别完成"十三五"规划目标的 355%和 336%；自用充电桩保有量达到 23.6 万个以上，呈现爆发式增长，电动汽车日常出行的充电需求得到有效满足。浙江省城市核心区公共充电服务半径为 0.9 km，车桩比为 9∶1，充电服务半径和车桩比均居全国前列。

3. 交通碳排放量显著下降

浙江省积极推动交通业务流程整体优化和系统重塑、牵引交通高质量发展，不断推进交通的节能减排。交通作为浙江省"6+1"重点领域之一，碳排放量约占全省总量的 9%。联合国政府间气候变化专门委员会（IPCC）公布的标准化方法可用来估计运输部门的碳排放量。[①] 图 7-12 显示，2014—2019 年浙江省交通运输行业（汽油、煤油、柴油和燃料油）的碳排放有明显下降。这说明，通过采取源头管控、结构调整和数字化改革等途径，浙江省交通碳减排取得了显著成效。

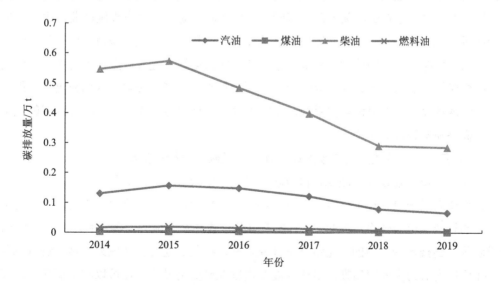

图 7-12　2014—2019 年浙江省交通行业碳排放量趋势图

数据来源：中国碳核算数据库（CEADs）（2014—2019 年）。

---

① 庄颖，夏斌. 广东省交通碳排放核算及影响因素分析[J]. 环境科学研究，2017（7）：1154-1162.

(三）交通行业碳达峰碳中和的对策建议

1. 提升交通运输装备能效，推广使用绿色低碳交通工具

浙江省交通行业发展迅猛，规模快速扩大，但仍以传统燃油汽车为主，新能源汽车保有量总体占比偏少，且对传统燃油汽车能效提升不足。据此，提出以下对策：一是降低传统燃油车油耗。加大相关技术研发力度，优化发动机效能，不断降低机动车能耗，提高燃油经济性。二是提升新能源汽车能效。在保证安全的前提下发展汽车轻量化技术，推动电动和氢能的应用。[①] 加大对新能源汽车厂商的政策支持，引导其开发低能耗、低排放的电动汽车等新型运输车辆，加快发展新能源机动车。三是推广使用绿色低碳交通工具。全省应加速发展交通低碳能源技术，推动道路、航空、水运等不同交通模式的全面深度脱碳，推广使用多种绿色低碳出行方式。

2. 持续完善绿色低碳交通基础设施，贯彻落实绿色低碳交通理念

随着浙江省"两个先行"的推进，未来的交通运输需求仍将保持稳步增长趋势。浙江省绿色基础设施建设较为完善，但由于新能源汽车还处于市场培育期，其充电设施利用率低，充电运营商投资回收困难，因此与新能源车相匹配的充电桩、充电站、天然气加气站等配套基础设施缺口仍很大，制约着新能源交通运输工具的推广与使用。针对该问题，本报告提出以下对策建议：一是发挥政府的指引作用，积极引导充电桩等设施投资。加大政策支持力度，鼓励企业瞄准新能源汽车领域，保障新能源车和充电设施产业健康发展的同时带动新能源汽车增长。二是对充电设施适度超前布局。科学统筹城市发展规划，引导公共充电站科学布局、有序建设；积极推进住宅小区充电设施建设，鼓励新建住宅小区同步配套；积极推进加油站等方便群众进出的场所增加充电功能，缓解城区内充电难问题。此外，还要盘活存量，采用市场的手段，比如用价格杠杆引导广大司机到相对空闲的充电站充电，提高充电设施利用率。

3. 完善交通行业碳交易市场建设，助力"双碳"目标的实现

浙江省碳市场建设起步较晚，自身缺乏经验，尚未真正将碳交易市场与经济社会所融合，并且缺乏系统研究和顶层设计，框架不完整。据此，本报告提出以下对策：一是加快形成交通行业碳核查体系。依托浙江省内既有碳核查体系和能耗监测体系，开展技术研发，形成以区块链技术为内核的碳足迹认证体系，并以绿色交通省创建成果为基础进行深入挖掘，抓住市场潜力大的窗口期，尽快开展交通行业碳交易试点。还可以利用浙江省碳交易市场潜力大的机遇吸引人才，建立中介服务机构，尽快实现交通碳交易的正常运转。二是加快构建跨区域交易平台。依托国内外已开展交通碳交易的优势，与国内外交通运输行业进行碳交易，建立交通行业碳交易管理体系。优化制度环境，引入人力、管理等资源，加速培育专业服务机构，利用行业转型升级的契机，构建交易框架。

[①] 周燕，潘遥. 财政补贴与税收减免——交易费用视角下的新能源汽车产业政策分析[J]. 管理世界，2019（10）：133-149.

四、浙江省建筑行业碳达峰碳中和的实践

（一）建筑行业碳达峰碳中和的具体做法

1. 强化低碳政策支撑，引领行业高质量发展

完善的政策是建筑行业实现低碳发展的重要保障，浙江省高度重视政策的引领性作用，不断强化政府引导机制。一是各级政府积极作为，出台低碳建筑政策法规，为推动低碳建筑发展指引方向。先后出台了《浙江省绿色建筑条例》等文件。各地也积极响应，湖州市2021年率先出台《关于绿色建筑提质发展意见》，从源头上加强低碳建筑品质管理，确保低碳建筑项目有效落地。二是积极推动低碳建筑试点工程，重点推动建筑产业基础较好的县（市、区）率先开展建筑工业化创新实践。率先在杭州市、宁波市、绍兴市等地开展建筑工业化创新试点工作，进一步深化建筑工业化所涉及的金融、土地、税收等政策，积极培育新的有效市场。绍兴市宝业集团大力发展建筑工业化和装配式建筑，起到了引领作用。三是对建筑企业提供便利化金融服务，提高低碳建筑建造积极性。积极支持建筑企业以建筑材料、工程设备、工程项目等作为抵押进行贷款；支持金融机构为建筑企业提供应收账款质押融资等便利化金融服务，拓宽融资渠道。同时将钢结构装配式建筑纳入绿色金融重点支持范围，对企业实际发生研发费用按规定给予税前加计扣除等税收优惠。

2. 重视科技赋能，打造低碳建筑领域创新平台

浙江省深入践行"科技是第一生产力"的理念，积极推动建筑领域低碳技术的研发与应用。一是积极打造低碳领域创新平台，发挥科技赋能在低碳建筑发展中的促进作用。浙江省率先部署科技赋能，成立浙江省建筑领域碳达峰碳中和联合实验室、浙江省建筑节能技术研究中心、浙江省绿色建筑"双碳"促进会等，积极组织推进相关课题研究，为工程项目提供技术服务，为政府决策提供参考依据。二是积极推动建筑产业数字化改造，充分发挥数字技术在促进建筑行业低碳发展中的作用。浙江省在低碳建筑数字化设计、智能化建造、标准化智治三个方面积极作为，在全国率先开展施工图多审合一改革，大力实施工程建设一张网，建立完善省市县三级"智慧工地"监管平台，认定了"基于BIM和机器人的钢结构智能生产数字化车间"等一批省级数字化车间和智能工厂，积极探索智慧工地、智能建造等数字建筑发展新模式。

3. 实施低碳建筑工程，推进建筑业节能改造

浙江省积极把握建筑业转型机遇，推动现有高碳建筑的节能改造，扩大可再生能源应用比例。一是与现有建筑政策有机结合，稳步推进建筑业节能改造。浙江省结合"三改一拆"政策、小城镇综合环境治理等重点工作，在拆后重建过程中大力推广使用保温、隔热屋面、太阳能等节能技术。杭州市拱墅区大悦城购物中心通过对空调系统等节能改造，使总能耗降低36%，折合碳排放量1 027 t。二是在新建筑中全面推行绿色节能建筑。浙江

省将绿色建筑等级、装配式建筑建造和住宅全装修等控制性要求纳入土地出让合同,要求新建民用建筑按照一星级以上绿色建筑强制性标准进行建设,新建国家机关办公建筑按照二星级以上绿色建筑强制性标准进行建设,绿色建筑成果不断巩固。三是持续推进建筑可再生能源应用,扩大可再生能源建筑应用比例。积极推进百万家庭屋顶光伏工程,鼓励因地制宜推广可再生能源。宁波市龙观乡,利用光伏发电板建造乡村电站,截至 2020 年年末,全乡有四个村全部实现光伏覆盖,年发电量 450 万 kW·h,实现碳减排 4 486 t,不仅节约了电费,也为乡村"负碳"的实现提供了宝贵经验。

(二)建筑行业碳达峰碳中和实践成效

1. 建筑行业低碳转型成效显著,但碳生产率水平仍有待提高

浙江省全面推行绿色节能建筑,促进建筑行业低碳转型。截至 2019 年年底,浙江省累计实施二星级以上绿色建筑 489 项,建筑面积 5 291 万 m^2,城镇绿色建筑占新建民用建筑比重达 97%,较"十二五"末提升了 11.2%。率先开展钢结构装配式住宅试点,截至 2020 年年底,完成钢结构装配式建筑面积达 2 501.4 万 m^2,比 2019 年增长约 25%,新开装配式建筑 2.83 亿 m^2,占新建建筑比例达 30.26%,提前 5 年实现国家给定目标。但浙江省建筑业碳生产率仍处于较低水平,如图 7-13 所示,浙江省碳生产率保持平稳趋势,2020 年达到了 0.51 万元/t,但与碳生产率最高的上海差距仍然较大。与广东省、江苏省等发达省份相比,浙江省仍处于劣势。因而,在资源与环境的双重约束下,如何提高建筑业碳生产率,助力"双碳"目标实现仍面临不小压力。

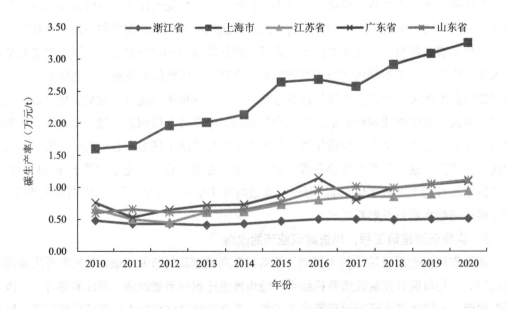

图 7-13 2010—2020 年浙江等五省建筑行业碳生产率

数据来源:《中国统计年鉴》《中国能源统计年鉴》(2010—2020 年)。

2. 建筑行业政策法规日益完善，引领作用开始显现

经过长期的探索与实践，浙江省建筑行业相关政策也不断完善，有为政府的引导作用逐渐显现。自 2012 年以来，浙江省政府办公厅相继出台了《浙江省绿色建筑条例》等一系列政策文件，使得浙江省低碳建筑保障机制日益完备，方向指引愈加明确。但上述政策并没有完全考虑到浙江省各地发展的差异，为此，杭州市、宁波市、湖州市等地根据实事求是原则，积极对相关政策进行补充完善，湖州市相继出台了《湖州市绿色建筑评价导则》《湖州市绿色建筑设计导则》等地方标准，对浙江省低碳建筑政策法规进行了补充完善。但截至 2022 年年底，浙江省低碳建筑相关政策推动机制仍有较大改进空间，存在较为严重的地市发展不平衡、缺乏对高碳建筑的约束等问题，与上海等低碳建筑发展较好的省市相比还存在一定差距，亟须进一步完善。

3. 低碳建筑创新平台建设成效凸显，建筑行业低碳技术取得新突破

浙江省积极搭建建筑业创新平台，不断加大建筑业企业科研投入，使得科技创新能力不断增强，优秀科技成果不断涌现。截至 2020 年，浙江省建筑行业拥有院士工作站 17 个、博士后工作站 30 个，累计创成国家级企业技术中心 9 家、省级企业技术中心 120 家。建筑企业、高校及科研机构共获得国家科学技术进步奖与国家技术发明奖 10 项，其中 2019 年度"高层钢——混凝土混合结构的理论、技术与工程应用"项目获国家科学技术进步奖一等奖。2020 年浙江省钢结构总产值达 800 亿元以上，增长 14.3%，占全国钢结构总产值的 10.2%，低碳建筑创新平台建设成效凸显。但浙江省 BIM（建筑信息模型）等技术在相关设计、管理、施工、运营等方面的应用，仍有待进一步加强。①

（三）建筑行业碳达峰碳中和的对策建议

1. 进一步完善低碳建筑保障机制，制定低碳建筑标准

低碳建筑标准是推动低碳建筑发展的重要基础，对增强低碳建筑生命力，提升行业技术、管理水平等都具有重要意义。② 截至 2022 年，浙江省低碳建筑相关建造标准并不完善，建造施工过程中无规可依等问题依然突出，不利于低碳建筑规模性建设和大范围推广。据此，本报告提出以下对策：一是出台低碳建筑标准体系。浙江省政府应尽快出台统一的、具有指导意义的低碳建筑标准体系，完善低碳技术、管理以及运营过程中的强制性标准，并适时更新完善，以确保评价标准的适宜性和时效性。二是建立第三方评估机制。充分发挥第三方机构的作用，构建完备的建筑网络评审和数据平台，时刻把握建筑行业前沿信息，推动其健康长远发展。此外，鼓励房地产行业协会等社会团体参与标准制定，并成立专门的低碳建筑标准委员会，定期开展标准资格审核，针对标准中的不足进行及时修正。

2. 强化低碳技术创新，降低低碳建筑成本

低碳建筑的主要特点是节能环保，其发展需要大量的新材料、新技术。但低碳建筑建

---

① 吴津东，翁建涛，滕逢时，等. 浙江省绿色建筑的发展和技术应用[J]. 科技导报，2021（15）：117-123.
② 刘亚娟. 绿色建筑标准的法律构造：现实问题与完善路径[J]. 中国人口·资源与环境，2020（11）：170-178.

造所需的太阳能板、光伏玻璃等材料仍较为昂贵，技术研发与技术转让成本居高不下，在一定程度上阻碍了浙江省低碳建筑的推广。[①] 据此，本报告提出以下对策：一是推动建筑业低碳科技创新，促进技术开发与应用。建筑企业要加强与国内外高校、科研机构的合作与交流，加快技术研发或先进技术引进，促进相关技术的应用。二是充分发挥建筑企业在低碳技术创新中的作用。强化企业在低碳技术开发和应用中的主体地位，不断完善企业基础开发奖励机制，通过加强政策支持、科研合作、人才培养等方式促进创新要素向企业聚集。三是形成多方合力，集中攻克技术瓶颈。由标杆企业牵头，各相关企业集聚，形成技术开发应用联合体，定期举办低碳建筑技术交流会，针对技术难点进行集中讨论。同时，出台专项资金扶持政策，加强低碳建筑领域高端人才的培养与引进，形成多方合力，联合攻克技术难点。

3. 加强政府引导，制定低碳建筑发展政策

受制于低碳建筑较高的建设成本以及缺乏对高碳建筑的约束，房地产开发企业对低碳建筑的建设意愿总体偏低。[②] 据此，本报告提出以下对策：一是充分发挥政府财政与各种金融工具的作用，制定低碳建筑激励政策。加大对现有低碳建筑的补贴力度，在土地出让以及税收环节加大财政补贴，通过土地优惠政策提高建设积极性。同时，联合银行等金融机构，支持符合条件的企业发行低碳建造、节能改造专用债，形成对低碳建筑的激励。二是加快建立对高碳建筑的约束政策。加快建立建筑全生命周期的能源与碳排放约束机制，形成覆盖建筑全生命周期的碳排放监督体系。完善住宅建筑、各类公共建筑的碳排放限额体系。深入开展建筑能效对标达标和能源审计，建立建筑运行能耗和碳排放限额管理制度。对新建建筑展开碳评估，对不符合排放标准的建筑不予审批。

4. 强化数字引领，推动低碳建筑数字化改革

经过多年的发展，浙江省建筑业数字化转型已经取得一定成果，但进展较为缓慢，在数字化基础设施、数据标准、行业规范等各方面与数字化程度较高的国家和地区尚有较大差距。针对上述问题，本报告提出以下对策：一是提升低碳建筑工程数字化管理水平。积极推行一体化数字集成设计，加大物联网、大数据、云计算等数字技术在建筑领域的全产业链推广。积极推动建筑信息模型（BIM）在低碳建筑领域的应用，加强对数字技术专业人才的培训，研发具有自主知识产权的 BIM 软件和平台。[③] 二是提升低碳建筑工艺流程数字化水平。以钢筋制作、模具安装、混凝土浇筑等生产关键工艺为重点，大力推进先进制造设备以及智慧工地相关装备的研发推广与应用，推进工艺流程数字化。三是建立工程质量安全智慧监管系统，促进低碳建筑整体智治标准化。大力推广应用"互联网+物联网"技术应用，构建实施工地"安全码"制度。推广工地远程监测、自动化控制、自动预警等

---

① 陈立文，赵士雯，张志静. 绿色建筑发展相关驱动因素研究[J]. 资源开发与市场，2018（9）：1229-1236.
② 刘佳，刘伊生，施颖. 基于演化博弈的绿色建筑规模化发展激励与约束机制研究[J]. 科技管理研究，2016（4）：239-243，257.
③ 杨英楠，张治成，马远东，等. 技术逻辑视角下建筑业数字化转型路径分析[J]. 科技管理研究，2022（24）：137-142.

设施设备的普及，强化技术安全防范措施，构建安全生产数据云平台，提升低碳建筑整体智治水平。

五、浙江省农业碳达峰碳中和的实践

（一）农业碳达峰碳中和的具体做法

1. 立足生态资源优势，大力发展生态农业

为助力"双碳"目标，浙江省积极利用生态资源优势，大力发展生态农业。一是创新农业发展模式，提高资源利用效率。大力推广农牧结合、粮经（水旱）轮作、稻鱼共生等低碳种养模式，切实提高农业资源利用率。桐乡市通过农牧对接、种养结合的生态模式建成了浙江省单体规模最大的稻虾综合种养基地，有效地减少了化肥用量。二是积极培育农业绿色主体，打造绿色田园。积极推动实施万家新型农业经营主体提升工程，培育提升示范性家庭农场、规范化农民专业合作社、农业龙头企业等，促进经营主体强化绿色理念，推行绿色生产。同时，深入实施"打造整洁田园、建设美丽农业"行动，建立农药废弃物回收处置、秸秆综合利用、畜禽养殖禁养区规范调整，将废旧地膜纳入农村生活垃圾回收处置体系，使得田园整洁度和美化度大大提高。三是依托特色农业产业基地，大力发展乡村休闲农业。依托特色农业产业基地、地域特色风貌、地方特色风情，积极引导休闲农业向高层次体验性消费转型，推进乡村旅游精品化国际化发展，打造了"龙坞茶镇乡村""千年古镇塘栖"等精品乡村。

2. 坚持绿色低碳理念，加大农业碳汇生态产品供给

浙江省大力推进绿色低碳兴农行动，充分发挥政策的指引作用和市场的有效推动，增加绿色农产品有效供给，引导绿色生产和消费，全面提升绿色发展质量和效益。一是深化"肥药两制"改革，助力农业生产端减碳。加强高标准农田建设，持续推动"肥药两制"改革，推行肥药"刷脸""刷卡"等信息化实名购买制度，肥药定额施用制度，建立农业生产全过程闭环追溯体系。同时大力推广配方肥，形成"一户一业一方"的精准施肥模式，助力农产品生产过程减碳。二是有效发挥市场推动作用，推行碳标签制度。积极响应市场诉求，完善低碳农产品碳标签制度，与传统"高碳"农产品做出区分，从消费端助力农业减碳。三是聚焦特色农产品，大力推进"一标一品"建设。大力推进农业绿色化、优质化、标准化水平提升，将农业生产"三品一标"建设全面纳入乡村振兴重要内容。同时以县域为单位推进绿色食品集中环境监测、集中现场检查、整体申请认证，促进地理标志农产品高质量、集群化发展，着力增加绿色优质农产品供给。

3. 强化科技赋能，提高农业绿色低碳技术应用

浙江省高度重视科技在农业低碳发展中的作用，积极推进低碳技术在农业生产中的应用。一是推广农业节能生产技术。深入实施百万亩喷微灌工程，大力推广喷灌滴灌、水肥

一体化等节水节能设施技术。推进太阳能、地热能等清洁能源在农业生产中的应用。同时，建立农业机械化科技创新中心，加强技术攻关，推广应用低耗高效的新型农机具。二是积极发展智慧农业。大力推广"农用无人机""农田机器人"等农业智能化设备，建设无人工厂，推动作业方式数字化，提升农业智慧化水平。浙江省东郁果业采用现代无土栽培，运用农业物联、5G 塑膜和北斗滴灌等前沿技术对经济作物进行种植，能源供应均来自工厂屋顶的光伏电板，每年可实现减碳 1 031.4 t。三是构建低碳数字管理平台。充分发挥数字技术优势，将生态资源数字通行码与"浙农码""碳效码"等关联集成，全方位推动低碳农业数字化建设。

（二）农业碳达峰碳中和的实践成效

1. 农业污染防治工作走在前列

浙江省统筹推进乡村生态文明建设，大力发展低碳农业，农业污染防治成效显著，但农膜使用仍存在较大问题。截至 2020 年，浙江省畜禽粪污资源化利用和无害化处理率达 90%，畜牧业低碳发展走在全国前列。此外，浙江省积极推进农业生产全过程减碳，大力推广"肥药两制"改革，建立了覆盖全部涉农县（市、区）的废弃包装物、废旧农膜回收处理体系，农业生产减碳成效显著。从图 7-14 来看，2010—2020 年浙江省农业碳排放总体呈下降趋势，由 2010 年的 337.57 万 t 下降至 2020 年的 292.69 万 t，累计下降幅度 13.3%，且在农业碳排放的五种投入要素中农药和化肥的下降幅度最大，分别下降了 43.82% 和 24.5%。但农膜投入所产生的碳排放量却呈上升趋势，从 2010 年的 28.71 万 t 增加至 2020 年的 34.65 万 t，可见农膜使用管理不合理、资源浪费等问题仍较为棘手。

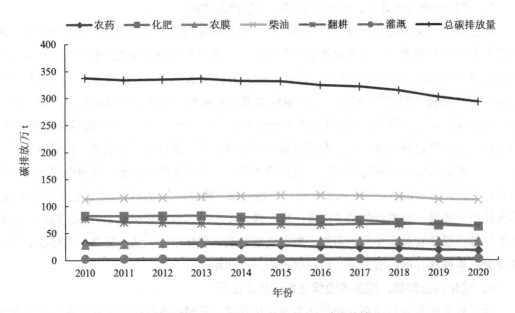

图 7-14　2010—2020 年浙江省农业碳排放情况

数据来源：《浙江省统计年鉴》（2010—2020 年）。

2. 农业"肥药两制"改革效益逐渐凸显

浙江省切实加强高标准农田建设,"肥药两制"改革稳步推进,化肥、农药减量化成效显著,但是较之国家标准仍有一定距离。自2013年实施化肥减量增效行动以来,浙江省单位种植面积化肥施用量连续实现负增长,科学施肥水平显著提高,大大减轻了不合理施肥引起的土壤酸化、次生盐渍化养分失衡等负面影响。2020年浙江省单位耕地面积化肥、农药用量分别为43.81 kg/亩、10.2 kg/hm^2,较2013年下降23.16%、37.61%。但对标《国家生态文明建设示范村镇指标(试行)》标准中的化肥施用量14.67 kg/亩仍有不小差距。此外,浙江省积极把握数字化改革重大契机,推进"互联网+肥药两制",开发了"浙农优品"数字化应用。截至2022年年初,实现了浙江省11个市86个涉农县的数据连通,为进一步加强"肥药两制"提供了数字支撑。

3. 农业机械化、数智化水平不断提高

浙江省着力强化创新驱动,持续推进"机器换人"、数字化生产,农业农村机械化、信息化水平显著提升,但全省数字农业发展不平衡问题依然存在。2020年,全省农业农村信息化资金总投入378.6亿元,县均投入4.5亿元,同比增长55.3%,两项指标均为全国水平的近10倍;农业总体生产信息化水平达41.6%,高于全国平均水平19.1个百分点;畜禽养殖信息化率全国排名第一,农业信息化建设成效显著。同时,浙江省持续推进"机器换人",2021年水稻耕种收综合机械化率达到84.9%,农业劳动生产率4.6万元/人,较2017年增长35.3%;机耕面积1 426.54万亩,较2017年增长1.9%;大中型拖拉机从2017年的1.44万台增至2021年的1.54万台,农业机械化水平不断提升。[①] 但从2020年公布的浙江省数字农业农村总体发展水平来看,数字农业发展不平衡问题依然存在。

4. "一标一品"建设发展迅速

浙江省紧扣农业高质量发展要求,着力打造国家地标工程和省级精品绿色农产品基地,有效推动了"一标一品"发展模式。截至2021年年底,全省累计建设精品基地35个,总面积9.24万hm^2,全国绿色食品原料标准化基地4个、全国绿色食品一、二、三产业融合发展园区3个,有效期内绿色食品企业1 719个,绿色食品产品2 442个,分别比2015年增长122.1%和93.3%,平台载体初显成效。此外,浙江省紧紧围绕"农产品地理标志+绿色食品+区域公共品牌"联动,赋能特色产业发展,截至2021年,浙江省绿色产品合格率连续多年保持在99.7%以上;成功打造余杭径山茶、黄岩蜜橘、浦江葡萄等一批优势区域公共品牌,其中径山茶品牌市值达到27.34亿元,产品质效不断提升。但在推进"一标一品"融合发展的过程中,尚存在内生动力不够强,地区发展不平衡,绿色消费理念和绿色生产标准化体系不健全等问题。

[①] 王晓宇,高林雪. 浙江全力建设丘陵山区农业机械化发展先导区[N]. 农民日报,2022-04-15(006).

（三）农业碳达峰碳中和的对策建议

1. 加强农村生态文明建设，推动生态农业高质量发展

浙江省农业污染防治虽然取得了一定的成效，但还存在结构性的差异，不同投入要素之间碳排放存在显著差别；此外，农业绿色生产技术普及度有待提高、低碳农产品效益仍未充分显现。针对上述问题，本报告提出以下对策：一是大力推动农业清洁生产。持续深化"肥药两制"改革，加快推进农业投入品精准管控，推行肥药实名购买，严格执行主要作物化肥定额施用标准，开展规模主体免费测土配方服务。同时，持续推进农膜回收行动，健全完善农膜及农药包装废弃物回收利用体系和长效机制，推进全省范围内对农业投入品进行"进—销—用—回"全周期闭环管理。二是提升科技成果转化应用水平。围绕生态安全集约化种养殖、现代农业装备、智慧化应用等领域，加快推进一站式农业科技转化推广服务链建设。大力推广"光伏+设施农业""海上风电+海洋牧场"等低碳农业模式，合理利用生物质能、地热能等，逐步减少设施农业对化石燃料需求。三是充分发挥特色优势，提升生态农业发展质量。发挥生态优势，围绕蔬菜、茶叶、果品、竹木、中药材等，大力发展种养结合、生态循环的绿色农业。[1] 增加绿色农产品供给，提升绿色农产品质量和效益。

2. 聚焦农业低碳技术创新，加速推广应用

低碳技术的创新和应用是推动农业低碳发展的关键，虽然浙江省在低碳技术方面已经取得了一定进展，但仍面临农业生产机械化水平偏低、尖端科技引领不足、农村人力资本水平较低等问题。[2] 针对上述问题，提出以下对策：一是加大研发力度，提高农业机械化水平。积极推进农业领域"机器换人"，强化关键环节农机装备应用，搭建农机服务与农机需求对接平台。同时，实施农机开发专项行动，结合地域特点和产业特色，研发体积小、重量轻、操作相对简单的微小型适用性农机。[3] 加大对丘陵山区水稻机插、畜牧水产养殖业等薄弱环节农机具及智能装备研发推广力度。二是加大支持力度，提升农业低碳技术创新能力。聚焦现代农业生物技术、绿色智慧高效生产技术、农产品质量与生命健康三大主攻方向，加快省级重点农业企业研究院建设，实施一批农业重点研发计划项目。支持涉农高校、科研院所、农业企业联合建设技术创新中心，积极加强与国外一流高校、研究机构、涉农企业的合作，提升农业低碳技术创新。三是加强低碳农业人才培养。加强农村与涉农高校、科研院所的合作，培养一批农业复合型人才。支持有条件的县市开展低碳技术职业教育，建立产学协同培养机制。建立"引进来、走出去"人才培养制度，鼓励涉农人才外出访学等，同时积极引进高端人才。

---

[1] 朱海洋. 浙江创建农业农村现代化先行省[N]. 农民日报，2021-08-25（1）.

[2] 喻智健，龚亚珍，郑适. 中国农业农村碳中和：理论逻辑、实践路径与政策取向[J]. 经济体制改革，2022（6）：74-81.

[3] 刘春香. 浙江农业"机器换人"的成效、问题与对策研究[J]. 农业经济问题，2019（3）：11-18.

3. 进一步完善低碳农业政策体系，确保农业低碳发展行稳致远

浙江省农业绿色发展激励机制尚需完善，[①] 与农业绿色发展相适应的法律法规和监督考核机制还不健全，生态产品价值实现机制尚未形成。据此，本报告提出以下对策：一是完善约束机制。应积极推动制定畜牧法、农产品质量安全法、基本农田保护条例等法律法规。健全农业领域重大环境事件和污染事故责任追究制度及损害赔偿制度，加大对破坏农业资源环境等违法案件查处力度，提高违法成本。二是健全激励机制。加大公共财政对农业绿色发展的支持力度，将符合条件的农业绿色发展项目纳入地方政府债券支持范围。同时，引导社会投入，实施一批政府和社会资本合作项目，扩大农业绿色发展社会投资范围。三是建立市场价格调节机制。进一步完善和落实农业资源有偿使用制度，完善资源及其产品价格形成机制，推动农业资源保护与节约利用。落实推进绿色优质农产品优质优价，完善农产品分等分级制度。建立生态产品价值实现机制，探索开展农业生态产品价值评估，健全生态产品经营开发机制，推进生态产品市场交易与生态保护补偿，实现农业生态产品价值有效转化。

---

① 张俊飚，何可. "双碳"目标下的农业低碳发展研究：现状、误区与前瞻[J]. 农业经济问题，2022（9）：35-46.

第八章

浙江省区域碳达峰碳中和的实践

浙江省实现"双碳"目标任务,需要各级行政区域的共同参与,只有上下各级政府共同努力才能更好推进"双碳"工作。通过总结浙江省各级行政区在"双碳"工作中的有效路径以及存在的问题,能够有效推动浙江省"自上而下"统筹区域发展和产业布局,统筹处理好局部与全局的利益关系,为顺利实现"双碳"目标奠定基础。本章总结了浙江省各区域碳达峰碳中和的具体做法、实践成效、存在的问题,提出了推进各区域"双碳"工作的对策建议。

一、浙江省设区市碳达峰碳中和的实践

(一)设区市碳达峰碳中和的具体做法

1. 完善政策支撑以及统计监测体系,夯实低碳发展基础

健全的政策体系和统计监测体系是浙江实现"双碳"目标的重要保障,浙江省各设区市积极响应省委、省政府关于"双碳"工作要求,建立高效、协调的低碳发展政策体系和统计监测体系。一是健全碳排放准入制度,逐步提高增量项目准入门槛。严格落实产业结构调整指导目录,推动建立覆盖重点行业、重点领域的存量退出和淘汰标准体系。此外,对绿色低碳发展企业降低准入门槛,鼓励社会资本进入循环经济领域。二是加快构建支持低碳绿色发展的财税政策体系。支持各行业加快绿色低碳转型,多领域、多层级、多样化低碳零碳发展模式取得突破。不断优化财政支出政策和税收政策,完善政府绿色采购政策,深化多元化资金投入机制。2022年,浙江省兑现2021年绿色发展财政奖补资金140.26亿元。三是建立碳排放监测平台,加强对碳排放的动态监测。如湖州市碳排放监测平台上线后,监测重点用能企业,集中展示各区域、行业、企业碳排放趋势,清洁能源节能减排趋势和碳排放来源分布等情况。

2. 建立多元投入机制，鼓励低碳技术创新

有效多元的投入机制和融资渠道以及稳定的研发资金规模是技术创新的重要保证。[①] 浙江省各设区市积极支持低碳技术创新。一是加大财政科技投入力度。各地针对区域经济发展状况，明确财政科技投入的方向与重点，进一步提高财政科技投入占财政支出的比重，增加财政科技投入总量。二是拓宽融资渠道，建立和完善促进科技发展的多层次金融支持体系。各地积极拓宽直接融资渠道，设立科创引导基金、科技成果转化基金等，衔接省县引导基金资源，撬动社会资本支持科技创新。同时优化间接融资服务，积极引进科技银行、金融租赁、供应链金融等间接融资机构，搭建科技企业投融资大数据中心，打通区域间企业信用信息平台，深入推进科技企业的征信、信用评级工作。宁波市 2022 年 7—11 月，全市 21 家全国性银行已发放碳减排贷款 16.69 亿元，贷款金额占浙江省 15.5%，涉及项目 41 个，且以清洁能源类为主，贷款金额占比达 98.8%。

3. 加快产业结构转型升级，推动低碳城市建设

建设低碳城市是加快经济发展方式转变和产业结构调整的关键所在。因此，浙江省各设区市政府贯彻新发展理念，积极建设低碳城市，切实推进城市产业结构低碳化。第一，改造传统产业，促进传统优势产业可持续发展。根据淘汰落后产能标准，严格执行产能置换办法，推进传统行业的整治，淘汰落后产能，化解严重过剩产能；对符合标准的产业大力推进技术创新、管理创新等发展方式。嘉兴市鼓励企业大力实施清洁生产和节能减碳技术改造，2021 年，建成省级绿色低碳园区 1 个，国家级绿色低碳工厂 3 家。第二，加大低碳新兴产业的引进和建设力度。各地加快数字经济、智能制造、生命健康、新材料等战略性新兴产业发展，培育形成一批低碳高效新兴产业集群，选择一批基础好、带动作用强的企业开展绿色供应链建设，重塑产业结构，促进经济持续绿色发展。

4. 建立绿色信贷支撑体系，强化金融与产业绿色化协同发展

绿色信贷通过建立环境准入门槛，对限制和淘汰类新建项目，禁止提供信贷支持，从源头上切断"两高一剩"行业无序发展和盲目扩张，有效地解决环境问题；同时通过降低融资成本，鼓励环保节能企业发展，有效推动了产业结构绿色化。[②] 各地积极推动绿色信贷体系建设。一是强化绿色信贷金融服务体系建设。各地积极引导金融机构将碳信息嵌入贷前、贷中、贷后全流程，争取基于碳信息共享平台的产品服务创新、业务流程再造、标准制度制定试点，建立与碳信息挂钩的利率定价机制和授信审批机制，鼓励金融机构为碳减排项目提供优惠利率融资。第二，加大绿色信贷产品的开发力度，建立产品创新体系。积极拓展绿色信贷业务，不断加大产品的开发力度，推动碳排放权、用能权、排污权质押贷款等产品创新，如湖州市的"绿色园区贷"、丽水市的"两山贷"产品等。

---

① 俞立平. 中国科技创新多元化投入的演化及发展趋势[J]. 中国科技论坛，2020（9）：4-7.
② 刘锋，黄苹，唐丹. 绿色金融的碳减排效应及影响渠道研究[J]. 金融经济学研究，2022（6）：144-158.

（二）设区市碳达峰碳中和实践成效

1. 碳排放强度整体上呈下降趋势

各设区市积极响应党中央和省委、省政府号召，贯彻落实污染减排、低碳发展等政策，并取得了一定成效。如图 8-1 所示，2013—2019 年浙江省各设区市碳排放强度整体呈下降趋势，这说明通过前期的努力，各设区市"双碳"工作成果显著。但各地之间碳排放强度存在明显的差异，杭州市、宁波市等经济较为发达的地市碳排放强度较高，实现低碳发展存在一定困难。

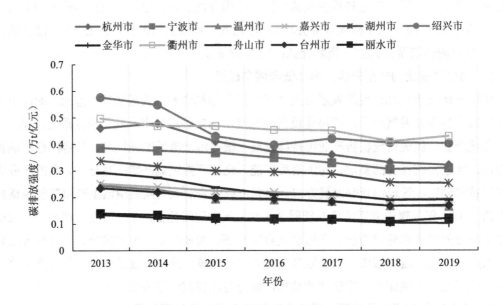

图 8-1　2013—2019 年浙江省各设区市碳排放强度趋势图

数据来源：《中国统计年鉴》《中国能源统计年鉴》《浙江统计年鉴》（2013—2019 年）.

2. 产业低碳转型取得新进展

浙江省各设区市积极探索产业低碳转型的有效路径，并取得了一定成绩。一是循环型产业体系初步建立。各设区市先后完成了制造业类产业园区的循环化改造，完成了企业循环型产业链、园区循环型产业链、社会循环产业链等三大循环经济体系的建设。二是能源利用效率稳步提高。各设区市政府严格落实能源"双控"，积极推进"两高"企业过剩产能淘汰工作，开展区域能评改革、清洁生产和绿色制造等重点工做，能源利用效率稳步提升。如 2016—2019 年，杭州市单位 GDP 能耗累计下降 18.24%。三是产业结构进一步低碳化。如图 8-2 所示，2010—2019 年浙江省各设区市低碳全要素生产率呈缓慢上升趋势，这说明产业结构呈低碳化趋势。

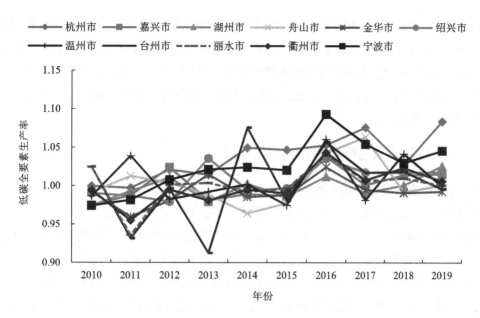

图 8-2　2010—2019 年浙江省各设区市碳排放强度趋势图

数据来源：经作者测算所得。

3. 数字化监测体系进一步完善

浙江省各设区市以数字化改革为引领，把数智平台建设作为碳达峰碳中和重要抓手。[①] 一是各设区市"数智平台"建设稳步推进。各设区市积极探索"数字化"与"绿色化"融合发展，建立了"双碳"数智管理体系，实现了监测预警、评估考核、数据回流的全链式闭环管理。二是建成宏观和微观相结合的碳排放数据服务应用体系。早在 2014 年，浙江省政府联合各级政府机关建成了全国首个应对气候变化领域的省级碳排放管理平台，实现了全流程在线支撑省、市、县三级温室气体清单编制、重点企（事）业单位碳报告等工作，积累了各年份全省分领域、分区域、分行业的碳排放数据。同时，不断深化数据应用，加强企业和区域碳排放点面数据的深度融合，建成了宏观和微观相结合的可展现、可分析、可预测的碳排放数据服务类应用体系。

4. 绿色金融创新走在全国前列

浙江省各设区市积极推进绿色金融体系建设，并取得了一定成效，表现如下：一是碳账户体系建设走在全国前列。2021 年，衢州市办理全国首笔"个人碳账户"绿色贷款 30 万元，有效填补了绿色金融改革在个人领域的空白。截至 2022 年年底，衢州市碳账户已经涵盖工业、农业、能源、建筑、交通、居民生活和林业碳汇七大领域，通过开发碳账户金融、用能预算化管理、工业产品碳足迹核算、"零废生活"等应用场景，已基本形成"碳激励"，为全国碳账户体系建设提供了示范样本。二是绿色金融示范区建设稳步推进。以

---

① 周爱飞，张丰."碳达峰、碳中和"双约束下生态资源富集地区的发展路径探寻——以浙江省丽水市为分析个案[J]. 环境保护，2021（2）：65-68.

湖州市、衢州市绿色金改试验区以及丽水绿色发展综合改革创新区建设为抓手，建设绿色金融服务模式，打造绿色金融示范区。三是绿色金融产品和服务开发稳步进行。各设区市银行等金融机构探索将碳排放权等纳入抵质押担保范围，推广绿色园区贷、"两山"贷、生猪抵押贷款等一系列绿色金融产品；保险机构已创新推出养殖业保险、环境污染责任保险等14类绿色保险产品。

（三）省设区市碳达峰碳中和的对策建议

1. 持续加强关键核心技术攻坚

浙江省虽然已经具有一定的低碳技术支撑，但部分核心技术仍存在瓶颈，个别城市绿色低碳减排技术推广不到位、创新能力不足、组件和材料仍依赖进口等问题。针对上述问题，本报告提出如下对策：一是鼓励传统企业加大低碳技术创新。对杭州市、宁波市、绍兴市等以传统重工业为主的城市，要加强对传统高碳能源、高碳产业的技术改造，推广采用先进适用的低碳技术、节能减排技术等，鼓励企业加强低碳技术的消化、吸收和再创新，在集成创新和研发创新的基础上进行全面创新，提升企业低碳技术竞争力。二是加大绿色技术创新资金支持。一方面加大市政府对重点领域技术创新的研发投入；另一方面引导银行等金融机构合理确定绿色技术贷款的融资门槛，积极开展金融创新，支持绿色技术创新企业和项目融资。三是强化低碳发展领域人才队伍建设。结合各设区市产业特色与行业趋势，有序构建高技能人才政策激励体系和引进体系。此外，市政府要进一步改革创新技能人才培养模式和评价体系，引导企业重视高端技术创新人才和基础性技能人才引育。

2. 构建以数字化为引领的治理模式

虽然各设区市数字化建设已取得了一定成绩，但各设区市数字经济发展不平衡、高层次数字化人才不足、核心技术亟待解决等问题依然存在。针对上述问题，本报告提出以下对策：一是强化数字化平台建设与核心技术攻关。各设区市应加大对数字化平台的建设，参考杭州市等试点城市经验，积极构建以城市数字大脑为核心的智慧治理体系，引领市域产业向绿色低碳化转型。利用数字技术支撑强化研发平台与共性技术平台建设，引导企业、科研院所与高校开展深度合作，聚焦低碳领域相关共性技术与核心技术进行攻关。二是积极引培高水平数字化人才。各设区市应设立专项人才资金，积极引进高水平数字化人才；同时，加强与高校、科研院所的合作，对数字人才进行培训，强化数字人才储备。

3. 进一步夯实绿色金融支撑作用

浙江省虽然在绿色信贷体系建设方面已取得了一定成绩，但各设区市之间绿色金融发展不平衡、创新性金融工具开发不足、评价标准不完善等问题依然存在，绿色金融改革创新任务仍然繁重。针对上述问题，本报告提出如下对策：一是继续推进绿色低碳金融产品和服务体系的开发。大力推进科技化、智能化与绿色金融体系的融合，利用5G、数字技术、人工智能等技术为绿色金融服务体系赋能；同时，积极探索开发低碳信贷产品，为绿色低碳项目提供金融支持。二是健全绿色金融制度标准，强化对金融机构及市场主体的行为引导。研究制定各领域在绿色信贷、绿色保险等业务中的界定标准和支持政策。此外，建立环境信息披露制度、完善绿色金融业绩评价体系，合力推动金融资源准确流向绿色低碳领域。三是通过政策引导，使银行自发地履行社会责任。在绿色信贷尚未法制化的情况下，市政府要通过政策引导，使银行自发地履行社会责任。比如，制定具体的社会责任标准，通过认证体制和评定制度引导、鼓励银行业采取该标准，运用经济手段、社会责任指数、公众监督来激励银行积极承担社会责任。

二、浙江省县域（县、市、区）碳达峰碳中和的实践

（一）县域碳达峰碳中和的具体做法

1. 加大宣传力度，提高对"双碳"的认识

为了增强全社会节能降碳意识和能力，浙江省县域层面积极开展全民低碳宣传教育活动，开展形式多样的低碳主题宣传活动。一是多维宣传，倡导低碳理念。充分利用电视、广播、报纸等传统媒体，以及网站、微信、微博、短视频等新媒体，以线上线下相结合的方式，深入开展低碳宣传。安吉县开展"碳惠湖州"应用小程序推广和"绿色低碳 一周打卡"活动，全面培养节能意识。二是组织志愿服务，普及低碳知识。积极开展"节能减排，绿色发展"志愿服务，通过多种形式向民众普及"绿色、低碳、环保"相关知识，如发放宣传单、解答居民环保疑问等，使人民群众了解日常低碳生活知识，提高环保意识。三是积极举办全国低碳主题日活动。6月15日是全国低碳日，积极举办全国低碳日主题活动，号召更多市民参与低碳环保和生态公益行动。2022年6月15日，乐清市组织开展"全国低碳日"科普宣传活动，号召企业主动承担环保社会责任，积极参与并落实"双碳"行动，提升企业低碳意识，践行绿色生产理念。

2. 落实能源"双控"政策，加大对"两高"企业的整治

为响应全省对能源"双控"政策的要求，浙江省各县域严格落实对"两高"企业的整治，把能源"双控"作为促进发展方式转变的突破口。一是遏制"两高"项目盲目发展，加强对"两高"企业摸排。加强项目准入论证，严格执行"双控"政策，优先选择科技含量高、产业链关联度大、低耗能低污染类项目准入；精准开展"两高"企业摸排，建立企业准入清单和整治提升清单。金华市兰溪市开展"两高"项目评估检查，对不符合要求的"两高"项目坚决进行处置。平湖市建立整治提升企业名单，建立"一企一档"，实行清单化管理，并明确责任领导和责任人，实施"一企一策"，限时进行销号。二是鼓励企业技术改造。积极引导督促企业采用新技术、新工艺深化能效提升与结构优化，淘汰落后产能和低效产能，加快推动产业高端化、智能化、绿色化。三是开展部门联合监管。对改造不积极的企业，果断采取措施或依法查封；对已完成整治的企业，加强定期巡查，落实整改复查，巩固整治成果。

3. 加快绿电布局，优化能源结构

绿电具有清洁、零碳的属性，浙江省各县域不断加大对绿电的支持力度。一是大力推进绿电项目建设。大力推进光伏、风电等重大绿电项目建设，有效提高清洁能源利用效率。2021年10月，金华市磐安县100 MW光伏项目正式开工，这是金华市单体规模最大的"新能源+储能"项目。二是统筹推动绿电交易。积极响应绿色电力交易试点政策，鼓励企业开展绿电交易，助力企业实现节能降碳。2022年，义乌市泰达纺织有限公司通过市场化售电，与国网义乌市供电公司签订首笔绿色电力交易合同，达成义乌市首笔绿电交易。三是大力发展绿电产业。支持发展光伏、海上风电、储能等绿电产业，进一步优化能源结构。宁波市宁海县已经全链式推进"光伏+储能"产业培育，已有东方日升、旗滨集团、震裕科技等光储产业领域龙头企业，并在宁波南部滨海经济开发区等区块布局设点，产业链上下游不断完善。

（二）县域碳达峰碳中和实践成效

1. 能源结构绿色低碳化稳步推进

浙江省各县域通过大规模能源基础设施建设，明显提高了能源供应保障能力，能源结构向绿色低碳化转型工作也取得显著成效，煤炭占比逐步下降，天然气等低碳能源占比不断上升，能源供应基本保障了经济社会发展需要。2020年，淳安县规模以上工业企业煤炭消费量由2015年的10 141 t归零，全社会电力消费、天然气消费、石油制品消费分别较2015年增长35.06%、260.85%、32.6%，控煤增气有了较大进步，能源结构进一步绿色低碳化。

2. 试点示范效应逐渐凸显

截至2022年年底，浙江省共有16个低碳示范县，持续推进产业结构调整，积极打造低碳产业聚集，并取得了一定成效。一是加速淘汰落后低效产能。加大淘汰落后低效产能力度，对"脏乱差""低小散"企业进行严格整治，推动低效企业改造提升。截至2021年年底，乐清市共整治提升"低散乱"企业324家，年度任务完成率达119%，淘汰落后产能涉及企业20家，低效工业厂房整治53个，涉厂房面积37.54万m^2，被评为浙江省2020年淘汰落后产能工作先进县（市、区）。二是低碳产业转型步伐逐渐加快。积极促进企业减少碳排放、推动传统产业集约发展，大力引进低碳零碳产业，重塑产业结构，低碳产业转型步伐逐渐加快。乐清市积极培育新兴低碳产业，已创建国家级绿色供应链1家，国家级绿色工厂6家，省级绿色低碳工厂11家，数量居全省各县（市、区）前列。三是大力发展特色低碳产业。立足自身实际，充分挖掘资源优势，发展各具特色的低碳产业。磐安县聚焦森林康养，以国家森林城市创建为契机，全面打造低碳旅游产业，2020年累计接待游客1 473.39万人次，实现旅游综合收入138.20亿元。四是林业碳汇能力持续增强。依托丰富的森林资源，积极探索林业碳汇建设项目，推动森林质量精准提升，林业碳汇能力持续增强。安吉县对示范区范围内的竹林开展了生态化经营管理，有效提高了竹林的生长量和

碳储量，并在全县推广竹林碳汇，林业碳汇能力进一步增强。

3. 低碳治理体系稳步向前

低碳治理体系包含价值理念、基础制度、政策工具、监管考核等四个层面，浙江省各县域大力推进低碳治理体系建设，加快提升清洁能源利用水平。一是低碳发展的监督机制进一步完善。实施信息公开机制，把政府、企业等相关碳信息公开，赋予公众监督的权利，进一步完善低碳发展监督机制。二是碳排放监管技术进一步推广应用。在碳排放的总量监测、数据分析、风险应对等领域进一步推广应用智能技术、大数据监测、资源循环处理利用等技术。长兴县率先投入运行二氧化碳在线监测系统，实现了碳排放的实时监测和精准计量。三是低碳治理的政策体系建设成效显著。积极实施碳排放总量控制、碳排放权交易市场、能源转型补贴等碳减排的政策工具，低碳治理政策体系建设取得一定成效。乐清市启动全省首个地方碳普惠市场建设，不仅为分布式光伏用户的减排量提供了交易通道，更以碳普惠的模式促进乐清企业参与交易。四是低碳治理的激励机制进一步完善。积极为绿色生产企业提供低碳技术扶持、融资渠道保障、政策税收优惠等，低碳治理的激励机制进一步完善。乐清市创造性提出奖励措施，如企业入选市级绿色工厂名录，不仅给予企业5万元现金奖励，还在金融、用地、用能等要素配置方面给予倾斜。

（三）县域碳达峰碳中和的对策建议

1. 建立健全碳排放管理制度，提升低碳化运营管理水平

浙江省各县域碳排放管理制度尚不完善，碳核查标准不统一，且碳核查监管体系不够完善，导致低碳化运营管理水平不高。据此，本报告提出以下对策：一是完善碳排放统计核算体系。制定县域碳排放核算办法，统一核算口径，提升能源统计数据质量；综合应用现有碳排放技术、检测和监管技术，建立碳排放管理系统；以政府部门为主导，推行碳排放报告制度，充分发挥企业在数据报告中的责任；实行碳定额管理，强化企业责任主体，限制相关行业的碳排放行为。二是完善碳排放监管体系。建立健全碳排放监管、认证和违规处罚制度，通过大数据统计技术，加强碳排放的监测和预测，开展生态系统碳汇计量、监测和评估，有效把握碳排放的情况，提高低碳化运营管理水平。

2. 加快双碳"数智平台"建设，提升管理服务水平

数字技术在能源领域正发挥重要作用[1]，已经成为引领能源产业变革的重要动力。浙江省县域层面对数字化的认识有待提升，数字化基础相对薄弱，高层次数字化人才稀缺，且县域间数字化发展不平衡，能源管理与服务水平不高。据此，本报告提出如下对策：一是健全人才引进政策。完善人才引进机制和激励体系，吸引更多高技术人才，为数字化建设奠定人才基础。二是推动数字技术与传统产业融合。积极推动数字技术与传统产业融合，孕育"智慧+"新业态模式，诸如智慧能源、智能制造、智慧交通等，推动生产方式和消

---

[1] 焦兵，许春祥. "十三五"以来中国能源政策的演进逻辑与未来趋势——基于能源革命向"双碳"目标拓展的视角[J]. 西安财经大学学报，2023（1）：98-112.

费模式向绿色、节能、循环方向发展。三是积极搭建"数智平台"。从数据汇集、场景研发、机制贯通三方面切入，初步构建起县域数智治理体系，形成产业链的上下游产品服务交易对接平台，提升管理服务水平。四是积极打造数字化转型示范园区。以"平台+园区"试点建设为契机，突出产业数字化和数字产业化协同发展，加快重点高耗能、高排放产业转型升级，实现节能减排和绿色生产。

3. 持续完善能耗"双控"政策，走好低碳发展之路

浙江省部分县域传统高耗能产业在经济体系中的占比仍较高，且检测平台不够完善等问题依然存在，导致这些县域遏制"两高"项目盲目发展工作滞后，部分高耗能企业转型改造速度较慢。据此，本报告提出如下对策：一是强化节能审查制度。对新建项目能源利用效率进行事前谋划和严格准入，从源头上严控新上项目能效水平。持续做好"两高"项目生态环境监管，落实国家关于"两高"项目的相关部署。[①] 二是加大节能管理力度。加强先进节能技术和产品推广应用，鼓励重点用能单位开展节能技术改造，深挖节能潜力，加强能源计量和统计能力建设，提高用能过程管理、提升节能管理能力。推动重点用能单位完善能源利用状况报告制度，加强重点用能单位能耗在线监测系统建设，同时加强节能监察能力建设，压实执法主体责任。三是完善能耗"双控"考核。合理设置能源消费总量和能耗强度指标考核权重，发挥能耗双控考核的"指挥棒"作用，推动县域能源利用效率持续提高。

三、浙江省乡镇碳达峰碳中和的实践

（一）乡镇碳达峰碳中和的具体做法

1. 创新低碳治理模式，形成低碳生产生活氛围

形成低碳治理模式是长效化推进低碳生产生活的必要条件，[②] 浙江省各乡镇结合自身特点，创新低碳治理新模式。一是实行低碳公约。低碳公约是全乡镇共同履行的职责，浙江省各乡镇积极推进低碳公约的建立，浙江省仙居县双庙乡推行绿色殡葬、低碳祭祀等，有助于推进民众对低碳行为的理解与接纳，在全乡镇范围内形成低碳生产生活氛围。二是开展绿色调解。绿色调解是由群众进行监督，乡镇居委会管理和警务工作多方协作，对矛盾纠纷的较大过错方实行植树等绿色惩罚。绿色调解在解决乡镇矛盾的同时，对改善居住环境、增加碳汇具有积极效果。三是实施乡镇垃圾分类管理新模式。垃圾分类在基层受到了广泛关注，[③] 浙江省部分乡镇以垃圾分类省级示范片区创建为契机，积极开展标准示范

---

① 李广宇，周长波，翟明洋，等. "十四五"时期中国应对气候变化的区域行动：规划、问题与对策[J]. 中国环境管理，2022（4）：32-39.
② 蒋长流. 多维视角下中国低碳经济发展的激励机制与治理模式研究[J]. 经济学家，2012（12）：49-56.
③ 李罡. 城乡统筹推进垃圾分类治理[J]. 红旗文稿，2020（22）：42-43.

点、星级投放点创建,如杭州市滨江区长河街道推行生活垃圾源头减量,建立健全生活垃圾"三化四分"处置体系;杭州市余杭区径山镇合理回收生活垃圾,对垃圾分类先进社区进行奖励。

2. 构建绿色能源体系,践行"碳中和新乡村"新理念

推动乡镇构建绿色能源体系,是推动能源结构优化、加快绿色低碳发展的重要途径,也是改善乡镇生态环境的重要保障。一是加大清洁能源基础设施建设。积极加快清洁能源基础设施建设,投入清洁能源装备,如水力发电、太阳能、潮汐发电等设施,推动清洁能源的生产利用。衢州市衢江区湖南镇积极推广分布式太阳能光伏应用建设,已建光伏占地3 300亩,年产电7 000万 kW·h。二是大力推广使用清洁型能源。积极发展和利用水电、太阳能、风能等清洁型能源,加大乡镇清洁能源比重。嘉兴市平湖市曹桥街道创新实施"阳光共富"工程,台州市温岭市坞根镇实施"潮光互补"项目,这些措施能充分利用农户、村集体、国有资产闲置屋顶等"屋顶发电站"资源,通过全电上网和余电上网等形式实现增收,用实际行动践行"碳中和新乡村"新理念,走出一条经济、生态与社会效益互惠共赢的"阳光大道"。三是强化能源节约与高效利用。杭州市滨江区长河街道依托储能聚合充电场站项目,研发分布式储能设备,形成虚拟电站,有效消纳新能源,增加绿电比例。同时,长河街道注重智能电网建设,推进能源基础设施建设,推动能源高效储存与利用,助力"双碳"目标实现。

3. 推动农文旅低碳融合发展,打造美丽城镇样板

农业夯实基础,文化铸牢灵魂,旅游带动发展,农文旅产业坚持以绿色低碳为标准,助力乡镇绿色发展。一是重视乡镇农产品质量与特色。积极推动特色农产品质量提升,有效与文化旅游产业结合。丽水市松阳县古市镇厚植特色产业基础,以茶叶为主导,逐步发展大鲵、油橄榄等绿色农产品,初步探索出一条绿色低碳的高质量发展道路。二是推动乡镇文化挖掘。高度重视文化与农业结合,积极推动各乡镇探索文创产品,深挖当地文化内涵与特色,助力建成具有地方特色的农文旅低碳发展之路。嘉兴市平湖市曹桥街道以江南水乡风光、千年历史积淀与马厩赛艇中心为依托,构建运动旅游融合发展模式。

4. 注重乡镇绿色生态发展,强化系统固碳增汇

浙江省各乡镇高度重视生态环境保护,积极推动各地进行固碳增汇工作。一是鼓励植树造林。积极引导群众参与植树造林,是增加碳汇重要途径。为增强林业固碳,多数乡镇探索建立林业碳汇激励机制,推动林业碳汇效益补偿,提高乡镇植树造林积极性。结合水土资源条件,加强在路渠、河流、学校等公共场所的造林绿化工作,科学营造护村林、护路林、护岸林,不断增加林业碳汇量。二是实行多层次、全方位环境绿化工程。因地制宜开展乡镇绿化,重视空间利用,根据地表特点种植花草、灌木等,形成多层次绿化形式。同时确立"面上铺开,点面结合,连点成线"的绿化工作思路,推动绿化面积成倍增长,强化固碳增汇。

（二）乡镇碳达峰碳中和的实践成效

1. 初步形成一批低碳农业品牌化示范，带动作用开始显现

通过提升农产品质量，深入挖掘本地文化与特色，实施农文旅融合的发展方式，浙江省已经形成多个低碳农业品牌，如台州市天台县石梁镇的"云雾茶"，杭州市余杭区径山镇的"径山茶"，台州市黄岩区宁溪镇的柑橘品牌，衢州市衢江区莲花镇的铁皮石斛等，取得了低碳农业发展的显著成效。一是成功设计农产品碳标签。农产品碳标签的推广，使得农业生产经营全程低碳化得以被追溯，在乡镇中得到广泛推广，如杭州市余杭区径山镇最先发布径山茶碳标签，台州市天台县石梁镇设计"云雾茶"碳标签等。二是建立农业云平台。农业云平台是交流农业知识与信息的重要渠道，有效助力了农产品科学种植，如台州市黄岩区宁溪镇打造"农抬头"农业云平台。

2. 生态系统碳汇能力稳步提升，助力低碳零碳乡镇建设

浙江省各乡镇通过鼓励植树造林与多层次全方位的绿化行为，显著增强了生态碳汇能力，取得了一定效果。一是有效增加生态系统碳汇。注重生态环境修复与生物多样性保护，逐步提高乔木、灌木、竹林、绿化等类型的种植面积，重点保护河流湿地生态环境，增强相应的生态固碳成效；同时注重乡镇绿化，提高绿化面积，做到"应绿尽绿"，优化乡镇环境的同时，提高固碳能力。杭州市富阳区富春江镇通过建立林业碳汇激励机制，稳步增加林业面积，有效提升了森林碳汇；嘉兴海盐县澉浦镇通过湿地生态系统修复与保护，优化了湿地生态环境，提高了湿地生态系统的碳汇能力。二是成功创建一批省级美丽乡村示范区。嘉兴市平湖市曹桥街道推进环境整改，提高了街道生态环境面貌，成功获得省级美丽乡村示范街道等称号。

3. 初步建成绿色能源体系，推动减污降碳进程

通过加大清洁能源基础设施建设，推广绿色能源的使用，浙江省各乡镇已初步建成绿色能源体系，取得一定效果。一是初步优化了能源结构。大力推进工业清洁能源利用，使用低碳燃料，提高了清洁能源使用比例，初步优化了乡镇用能结构。台州市路桥区新桥镇利用屋顶光伏发电，年均发电量约 4 000 MW·h 用于企业活动；杭州市富阳区富春江镇通过水力发电，实现发电用电清洁化；温州市泰顺县西旸镇引进以氢燃料为动力的飞行器，实现低空飞行低碳化。二是建设了新能源交通体系。推动公共交通新能源改革，推广新能源汽车的使用，增设新能源汽车充电桩，建成乡镇新能源交通体系。台州市黄岩区宁溪镇通过发展绿色公共交通，实现了交通运输绿色低碳转型；杭州市上城区湖滨街道打造"碳中和"汽车经销店，形成了新能源汽车销售长街；杭州市滨江区长河街道增设充电桩建设，有效促进了新能源汽车的使用。

(三）乡镇碳达峰碳中和的对策建议

1. 加强组织实施，建立乡镇低碳实践保障机制

浙江省各乡镇的"双碳"工作虽然取得了一定成效，但受众面依然有限，主要集中在试点区内，非试点区的工作不够积极；同时组织领导相对比较薄弱，低碳政策实施的监督与评估机制还不完善，无法合理衡量乡镇双碳进程。为解决上述问题，本报告提出如下对策：一是加强组织领导。成立低碳乡镇试点创建工作小组，统筹协调管理低碳乡镇试点创建工作。二是加强绿色低碳制度建设。加强制度建设，为实施低碳行动提供制度保障，规范低碳发展行为。三是加强评估检查。根据乡镇自身水平与特点，制定合理的考核标准，并接受群众检查监督，推动乡镇"双碳"工作的有效进行。

2. 加快低碳技术改造与推广，推动产业绿色发展

浙江省各乡镇的低碳技术水平不一，部分地区较为落后，同时缺乏技术资金支持，创新发展动力不足。针对上述问题，本报告提出如下对策：一是推广绿色防控、节水灌溉、生态养殖等新技术应用。积极开展农业节水节肥技术研究与示范，推广水肥一体化等节水节肥技术手段和施肥机械，提升化肥利用率和作物增产效果。促进农业生产与生态保护有机结合，推广秸秆生物反应堆技术、太阳能生物燃油、生物肥料等绿色高效技术应用，建设一批乡镇低碳生态循环示范区，为乡镇"减碳"提供新途径。二是积极改造推广低碳技术，实现乡镇工业低碳化发展。以实施节能降碳技术改造为主抓手，大力推广应用绿色低碳先进适用工艺、技术、装备，全面促进乡镇工业绿色低碳化发展。三是推广以碳信用为基础的新型融资模式。积极引进与宣传推广以碳信用为基础的融资渠道，以建立积分制度、遵守低碳行为次数等方式为依据，激励乡镇居民与企业融资，推动乡镇技术创新。

3. 进一步优化乡镇用能结构，提高清洁能源比重

浙江省各乡镇层面虽积极发展清洁能源，但清洁能源占比依然不高，传统能源仍占较大比例。据此，本报告提出如下对策：一是推动家庭用能绿色化清洁化。重点推动家庭光伏发电，做好日常运营维护，提升发电效率；推动光伏发电全电上网或余电上网，有效提高居民参与光伏发电项目的积极性，推动家庭用电清洁化发展。促进乡镇废弃物能源化的利用，推广沼气技术，减少乡镇中散煤使用，推动乡镇能源革命示范区建设。二是提高工业清洁能源使用比重。带动工业企业就地发展清洁能源，如风电、水电、太阳能等，逐步形成规模化的清洁能源生产。鼓励企业利用余热余压发电、并网，提高工业能源利用率。同时乡镇要推动当地工业煤改电、煤改气，降低传统能源占比，优化工业用能结构，提高使用清洁能源比重。

四、浙江省社区碳达峰碳中和的实践

（一）社区碳达峰碳中和的具体做法

1. 构建多层次低碳队伍建设，夯实社区绿色治理基础

浙江省社区层面非常重视低碳管理队伍建设，积极构建多层次低碳队伍，有效夯实了社区绿色治理的基础。一是成立低碳社区试点志愿者团队。采用"社区居民自治"的管理手段，提高社区基层低碳管理能力，不断提升居民低碳意识。杭州市余杭区良渚文化村召集登记志愿者，定期开展各项志愿者活动，助力低碳环保行动。二是拓展队伍建设层次。浙江省部分社区还将社区党支部、居委会、业委会、物业公司等基层组织纳入低碳管理团队，协同发挥低碳管理作用，提升社区减碳增汇能力。嘉兴市海盐县百可社区建立网格化管理制度，社区与物管人员相互配合对社区进行巡查，有效降低了资源浪费情况。

2. 推广低碳文化与低碳生活，营造良好的低碳氛围

将低碳文化融入居民生活与社区管理中，可以有效减少生活碳排放。① 浙江省社区层面非常重视低碳文化和低碳生活方式的推广。一是大力推动低碳文化建设。积极宣传低碳文化活动，引导居民践行低碳理念，增强居民对低碳可持续发展的认同感。舟山市定海区马岙街道马岙村大力宣传无包装商店活动，引导居民践行低碳准则；温州市瓯海区丽岙五社村建设生态环境教育体验点，推动村民环保低碳意识的提高。二是积极推行低碳生活。积极构建绿色交通网络，完善社区绿道网，推动居民形成绿色出行习惯；积极推动社区垃圾分类，通过实施垃圾分类激励制度，以及借助数字平台推动垃圾分类智能化，提高了社区垃圾分类的覆盖程度。如杭州市钱塘区河庄街道建设村加大慢行交通设施建设，绍兴诸暨市暨阳街道赵石新村推行定制公交等个性化出行服务，以此减少私家车的使用；杭州余杭良渚文化村实行垃圾分类奖励积分制，激励居民对垃圾分类的积极性。三是利用数字平台，形成低碳管理方式。依托大数据平台，建立旧物交换网络等线上平台，减少资源浪费；建立线上低碳社区管理体系，定期组织评估考核，开展家庭碳排放统计调查、编制社区年度温室气体清单等，进行数据化、精细化管理，充分了解社区碳中和进程。

3. 推进社区建筑低碳化改造，打造绿色生存空间

建筑能耗在社区碳排放中占比较高，引入新材料和新技术，推广"零能耗"建筑对实现社区"双碳"目标极为重要。② 一是推进建筑可再生材料利用。充分利用本地再生资源，如竹、木、石等，对社区进行绿色化改造，并以此形成具有本地特色的建筑形式；推广使用绿色建材产品，实现建筑材料低碳化。二是加大可再生能源应用。加大光伏、太阳能等可再生能源应用，公共建筑优先采用光伏，居民建筑推行采用光伏发电、余电上网，推广

---

① 付琳，杨秀，狄洲. 我国低碳社区试点建设的做法、经验、挑战与建议[J]. 环境保护，2020，48（22）：62-66.
② 李清文，陆小成，资武成. 中国典型区域低碳创新的模式构建与实践探索[J]. 科技管理研究，2018（22）：6-12.

太阳能采暖设备等其他光伏光热产品。三是公共基础设施低碳化改造。打造系统完备、高效实用、智能绿色、安全可靠的现代化基础设施体系。舟山定海区干览镇新建村增设新能源充电桩，推动新能源汽车代替传统汽车；将太阳能发电融入基础设施中，如杭州市钱塘区河庄街道建设村安装太阳能池塘增氧、太阳能厂房等，以太阳能发电替代传统发电，从而达到节能减排的目的。

4. 推动"零碳"社区试点示范创建，提高公众认知

浙江省积极推动社区低碳、零碳建设，推行"零碳"社区试点示范创建，探寻社区低碳发展的有效路径，为其他社区提供可复制的低碳方式，有利于提高公众对低碳政策的了解与认同。嘉兴海盐县澉浦镇南北湖村，推行绿色发展理念，大力发展观光旅游业，坚持走绿色低碳发展之路，先后获得浙江省绿化示范村、省森林村庄等荣誉，积极推进"零碳"村试点建设，打造的"田园度假村落"为其他社区提供了经验。丽水云和县崇头镇坑根村多途径创建低碳试点村，建立全国首个"生态信用农户培育池"，为全省乃至全国提供了经验借鉴。

（二）社区碳达峰碳中和的实践成效

1. 社区居民节能低碳意识逐渐增强

浙江省重视对居民低碳生产、生活等生态文明理念的宣传，通过线上平台搭建，有效提升了居民的节能低碳意识。浙江省 15 个低碳试点社区成功搭建社区旧物交换、回收平台，鼓励社区居民旧物循环利用，倡导和培养了居民们的节能环保意识。杭州市东新园社区的社区旧物交换平台、良渚文化村的旧物回收平台。同时，利用低碳微信公众号、社区群、App 等信息共享平台向居民及时传递、宣传低碳活动信息以及低碳知识，有效增强了居民对低碳的认知。尽管浙江省高度重视低碳知识的宣传工作，但大多宣传活动都集中在低碳、零碳试点社区，对非试点社区的宣传活动重视不够。因此，随着社区层面对"双碳"工作的深入，应逐渐实现对所有社区进行宣传。

2. 发挥"数字赋能"优势，建成低碳发展示范村

浙江省社区层面通过利用数字平台，将数字化与网格化管理方式相结合，发挥"数字赋能"优势，逐渐推进浙江低碳发展示范村建设，并取得一定成效。一是社区生活垃圾智能化分类取得新进展。构建二维码垃圾分类回收平台，实施垃圾分类回收积分制，建成智能平台垃圾分类制度，有效提升了垃圾处理效率。温州市瓯海区丽岙五社村依托生活垃圾智能化分类平台，实现全村垃圾分类覆盖率达到 100%，生活垃圾清运率达到 100%。二是发挥数字赋能优势，充分利用数字信息，减少资源浪费，建成低碳化未来社区模式。杭州市滨江区浦沿街道东信社区运用"互联网+"社区治理创新模式，实现交通、服务等全方位低碳化、高效化发展。

3. 绿色工业社区建设取得新突破

浙江省自 2008 年开始打造绿色工业社区，经过 15 年的发展，从 1.0 版到 4.0 版，浙

江省绿色工业社区建设取得了一定的成绩。一是加快企业能效改造,使得能源效率得到提升。宁波市北仑区灵峰工业社区积极构建"绿色工厂"服务模式,截至 2022 年年底,已完成全域分布式光伏资源的摸排,完成 34.2 MW 分布式光伏与 2.2 MW 储能建设,减少了企业的用能成本,切实提升了能源利用效率。二是"绿色工厂"能源低碳化建设标准得以完善。2022 年北仑灵峰工业社区从"能源供给、设备用能、能源管理"三个维度,聚焦企业用能结构、用能效率、智慧用能,为企业提高能源利用效率、管理效率提供了量化标准。尽管浙江省"绿色工厂"社区取得了一定进展,但仅有灵峰工业社区形成了绿色发展方式,并未成功推广至其他工业社区。因此,工业社区实现绿色低碳发展仍需继续努力。

(三)社区碳达峰碳中和的对策建议

1. 创新推广低碳科技,引领社区低碳转型

社区作为城市的基础单元,虽然对"双碳"的认识逐渐加深,但整体而言管理重视程度依然不够,这也导致对相关社区低碳技术应用不足,相关技术缺乏等问题依然存在。据此,本报告提出如下对策:一是加大对社区相关低碳技术创新的支持力度。根据《中国社区低碳发展驱动力调查研究报告》,居民生活领域碳排放已占到城市碳排放总量的 30%~40%。因此,应加大对社区低碳相关技术的研发力度,鼓励科研机构和相关企业,构建低碳技术研发平台,开发针对社区低碳发展的相关技术,给予政策和资金倾斜,形成一批具有自主知识产权的可供社区使用的先进技术。二是推动低碳技术产业化。积极促进低污染、高能效、可循环、可再生的清洁材料、产品与设施产业化,[1] 推进低碳技术和材料在低碳试点社区的应用,并逐步扩大推广范围,助推全省范围内的社区低碳化转型。三是加强数字技术的推广应用。加大数字基础设施建设力度,[2] 以智能家居、线上共享生活 App 开发等形式,形成社区共生利益媒介,让社区居民便捷参与社区事务管理、共享生活资源与基础设施。

2. 进一步加强宣传,提高公众参与低碳社区建设的积极性

浙江省积极推行低碳社区活动,也取得了一定的成绩,但居民的参与意识不足、参与度有待提升、缺乏专业性知识等问题依然存在。[3] 据此,本报告提出如下对策:一是厘清政府行为和社区居民参与的优势领域和边界。明确不同主体之间的责任,确立政府行为和居民参与的定位,为不同主体的积极行动奠定基础。二是增加低碳生活专业性知识宣传。从专业性低碳知识入手,增强宣传的趣味性,将复杂的知识简单化,增进居民对低碳社区的真正理解。三是增强社区建设规划的合理性。居民始终是社区的主体,低碳社区的建设规划要着重把"人的参与"重要性体现出来,切实提高社区居民的参与度。

---

[1] 孟凡生,韩冰. 政府环境规制对企业低碳技术创新行为的影响机制研究[J]. 预测,2017(1):74-80.
[2] 程钰,孙艺璇,王鑫静,等. 全球科技创新对碳生产率的影响与对策研究[J]. 中国人口·资源与环境,2019(9):30-40.
[3] 石龙宇,许通,高莉洁,等. 可持续框架下的城市低碳社区[J]. 生态学报,2018(14):5170-5177.

3. 完善配套政策，加强社区低碳建设支撑

社区低碳建设离不开相关配套政策的支持，浙江省低碳社区发展存在政府鼓励政策不足、专业人员缺乏、奖罚措施不到位、社区发展不平衡等问题。因此，各级政府应当重视低碳社区发展的政策保障，建议如下：一是继续完善投融资机制，精准支持低碳社区建设。扩大政府资金支持的覆盖范围，把低碳社区建设所需资金纳入政府财政预算，继续完善多元资金支持体系，成立低碳社区建设专项基金。二是完善优秀人才吸引政策体系。探索建立贯穿高校专业教育、社工任职培训、社工继续教育等立体式的教育培训体系，通过公开招聘、政府购买岗位服务等渠道，解决专业人才缺失问题。此外，建立人才激励机制，加强对优秀人才的吸引力，切实保障社区人才供应。三是完善社区评价指标体系，加强社区监督。社区管理层应基于城市产业结构以及社区发展状况，完善低碳社区评价指标体系，充分利用评价指标体系，做好监测评估，开展差异化低碳社区建设。

第九章

浙江省微观主体碳达峰碳中和的实践

实现"双碳"目标需要园区、企业、公共机构、居民等各个微观主体的共同行动。微观主体是"双碳"行动的具体践行者和执行者,其中最关键的微观主体是企业。从微观角度看,碳达峰碳中和是一场根本的供给侧结构性改革,"倒逼"企业开展绿色转型,从提高产量逐渐转为提升质量和效率。剖析浙江省微观主体在"双碳"行动中的具体做法以及存在的问题,有利于加快形成绿色、低碳、高效的生产生活方式,助推经济社会发展全面绿色转型。本章总结了浙江省微观主体碳达峰碳中和的具体做法和存在的问题,进而提出对策建议。

一、浙江省园区碳达峰碳中和的实践

(一)园区碳达峰碳中和的具体做法

1. 推动园区数字化转型,强化碳排放监测与管理

推动园区数字化转型能够实现园区能源使用、污染排放的可视化,促进"线上+线下"资源配置效率最大化和能源使用最优化,有利于浙江省的绿色低碳发展。2021年7月,浙江省碳达峰碳中和工作领导小组第一次全体会议提出,要以数字化改革为引领,把加快推进碳达峰碳中和"数智平台"建设作为重要任务。因此,部分园区积极响应号召,构建碳排放能源计量监测系统,并根据园区碳排放指标设定科学的管理目标,引导园内企业充分运用节能减排设施和技术,进而推动园区的绿色发展。嘉兴市智慧产业创新园,其构建了数字化监测平台,对园区进行全方位监控,包括停车位、路灯、楼宇等,实现24小时能耗更新。杭州市富阳区银湖智慧低碳产业园创新应用了一种"互联网+环境监管"的新路径,强化生态环境保护、污染物排放、垃圾处置等全方位、多层次的监测,构建一个空天地一体化、全面协同、智能开放的数字生态环境监测体系。

2. 优化园区能源体系和产业结构转型，助力降碳增效

为加快完善绿色低碳循环发展经济体系，促进经济社会发展全面绿色转型，浙江省积极对园区能源体系和产业结构进行优化升级。一是着力构建清洁低碳、安全高效的能源供给体系。园区大力发展光伏、氢能等清洁能源，建设配套储能设施，加大外购绿电比例。同时，园区内还建设综合能源体系，加强能源资源的梯级式利用，有效推动能源领域绿色转型。格力电器杭州智能产业园的"氢光储直柔"项目，应用园区直流配网系统，并配套电池储能及光伏发电系统、氢电耦合与冷热电联供系统，成功实现了新能源就地消纳、多能互联互通。二是加大产业结构优化升级力度。以"亩均论英雄"的方式进行产业结构优化升级，督促低附加值、高能耗、高污染的企业进行升级改造或直接勒令其退出，积极引导高附加值、高技术含量、低排放甚至零碳排放的企业发展。丽水经济开发区合成革产业的"凤凰涅槃"，以"严于国标50%"的要求开展"史上最严合成革产业专项整治提升行动"，关停近20%的低效企业、削减了36.4%的油性生产线、淘汰了23.6%的基布定型机，极大推进了产业转型升级。

3. 加强园区绿色低碳技术创新，打造绿色低碳发展环境

2022年，浙江省实施了低碳技术攻关与推广行动，以园区工业企业为主阵地，主抓节能降碳技术改造，大力推广应用绿色低碳先进适用工艺、技术、装备。各园区结合自身实际，健全绿色低碳的各类标准体系，通过对各类标准的修订来激发企业绿色低碳技术创新，同时组织开展各类技术攻关活动，积极建立绿色低碳技术推广机制，让更多现有可行的技术得到更大程度的推广与应用。衢州市江山经济开发区立足于以"制"提"质"、以"智"促"绿"，加快企业智制化发展，其中获批成立建设5个省级企业研发平台、4家企业产品被认定为省重点领域首套产品，同时还投资5.3亿元来实施54个智能制造试点和提质扩面工程，加快企业数字化新技术、新装备的创新与推广。

4. 推动园区循环化改造，强化资源的节约集约利用

推进园区循环化改造，能够有效提升资源的节约集约利用水平。[①] 在"双碳"目标下，浙江省积极作为。一是优化空间布局。园区积极调整优化空间布局，狠抓低效工业用地清理，有效推动空间的集约高效利用。丽水市缙云县经济开发区全力开展"二次创业"，通过开展低散乱整治、美丽厂区建设等活动，不断深化"腾笼换鸟"，4年来整治园区近1 000亩的低效用地，为高质量发展腾出空间。二是打造循环型经济产业链。园区以"减量化、再利用、再循环"为原则构建循环型经济产业链，持续推进废弃资源循环高效利用。嘉兴市化工新材料园区基本形成了以化工新材料为核心的五大循环经济产业链，通过产业链的对接，园区内相关副产品和余热、氢气、氮气、二氧化碳等废弃物实现回收利用，极大减少了园区污染物排放。三是提供节能低碳项目补助。通过建立绿色项目引导机制，以资金补助的方式重点发展节能低碳项目，推动园区循环化改造的实施。温州市经济技术开发区

---

① 高魏，马克星，刘红梅. 中国改革开放以来工业用地节约集约利用政策演化研究[J]. 中国土地科学，2013（10）：37-43.

设立了低碳循环经济发展专项资金,通过项目投资补助或奖励等方式重点支持企业低碳循环经济领域的发展,促进低碳工业园区的建设和示范园区的循环化改造。

(二)园区碳达峰碳中和的实践成效

1. 打造数字化碳管理平台,实现园区数智化控碳

数字水平提升会显著促进绿色发展,[①] 浙江省众多园区借势数字化改革,在园区内打造节能降碳数字化管理平台,实现监测预警、评估考核、数据回流的全链式闭环管理,引导和约束企业按照低碳理念谋划经济产业发展,园区的数智化控碳技术得到了一定的提升。杭州市余杭区鸿雁产业园打造了一套低碳园区管理系统,该系统既能实时观测园区用能情况,又能实现需求侧响应"一键控",每年可以减少碳排放约883.78 t,节约近285.09 t标煤。截至2022年9月,该系统已被6个未来科技城园区应用。但从实际情况来看,开展或计划开展数智化控碳的产业园区占浙江总园区的比重小,数字化碳管理平台尚未得到普及。

2. 持续推动产业绿色转型,能源结构低碳化趋势显现

浙江省着力推进园区产业绿色化转型,能源低碳化发展,转型升级取得显著成效。一是传统产业不断改造升级,绿色转型显成效。2021年,浙江省园区高新技术产业和战略性新兴产业总产值占比达74%,传统产业应用高新技术进行改造提升创造的产值为14 932亿元,同比增长24.2%,占高新技术产业比重达26.8%。"互联网+"、生命健康和新材料三大科创高地占工业总产值比重达56.5%,产业结构绿色化水平不断提升。二是能源消费结构低碳化趋势显现。2021年,浙江省规模以上工业单位增加值能耗下降了5.8%。其中,千吨以上和重点监测用能企业单位增加值能耗分别下降了6.7%和6.9%,能源低碳化发展初见成效。此外,"十三五"期间浙江省以2.5%的能源消费增速,取得了6.5%的经济增速,单位能耗持续下降,能源利用率不断提高。但与上海、江苏等省市相比,浙江省能源"双控"任务依然严峻。2016—2021年,浙江省能源消费总量保持较快增长,其中煤电还将发挥"压舱石"作用,能源结构调整压力依然不小。

3. 以技术创新为驱动力,初步建成一批近零碳园区

浙江省以技术创新为抓手,加快建设推广零碳园区,有效推动了浙江绿色低碳转型。一是园区内的企业科技创新能力不断增强。技术创新是实现园区低碳发展的关键手段。浙江省高新技术企业从2016年的0.77万家增加到2021年的2.86万家,科技型中小企业数从3.16万家增加到8.6万家,企业技术创新能力居全国第3位。二是近零碳园区建设取得一定成效。浙江省积极推动近零碳排放园区建设工作。2018年,湖州市长兴县画溪新能源近零碳排放园区成为全省第一个近零碳排放试点园区。2021年和2022年均有10家园区入选浙江省级绿色低碳工业园区试点。经过前期筹划,近零碳园区已取得一定成效,如

---

① 王庆喜,胡安,辛月季. 数字经济能促进绿色发展吗?——基于节能、减排、增效机制的实证检验[J]. 商业经济与管理,2022(11):44-59.

2022 年 12 月，LinkPark 滨河"零碳"智慧产业园初步建立"零碳"园区设计、建设、运营、评价等 4 大"用碳"标准体系。分布式光伏、分布式储能、智慧路灯、柔性光伏车等六大"治碳"节能降碳应用场景落地，全年为园区降碳 1 542.57 t。

（三）园区碳达峰碳中和的对策建议

1. 强化园区数字化改革，提升园区"双碳"管理服务水平

浙江省园区数智化控碳虽取得一定成效，但整体而言，完成数字化改造的园区数量偏少，且进程相对缓慢。据此，本报告提出如下对策：一是打造集约联动的园区数字化平台体系。园区管委会要加强与平台企业、城投公司协同联动，推动技术、数据、平台、供应链等服务供给资源共享，提升制造资源、创新资源和要素资源共享协作水平，推动产业高质量发展。二是加快推动企业数字化转型。积极鼓励龙头企业开展试点示范，加快推进已建成应用场景在同行业企业的推广应用。三是服务好企业低碳发展。园区要实时掌控各企业的能源、排污情况，坚持以"一企一策"的原则做好分类施策，提高园区的管理服务水平，积极吸引更多优质产业入园。

2. 优化园区产业布局，提高产业协同发展能力

浙江省园区存在数量多分布散，园区内企业间没有形成上下游合作，导致协作能力不足，产业集群难以形成；此外，园区自身规划建设也存在不够合理的问题，比如缺乏相应的生活配套，增加了通勤成本等，上述问题无疑增加了碳排放量。据此，本报告提出以下对策：一是要科学合理控制园区数量。对各类园区进行整合、扩容和提升，减少因重复建设而导致土地资源浪费的现象，努力提高园区的土地集约利用水平，调整优化布局、抓好园区能级提升。二是进一步优化园区产业布局，提高协同发展能力。要科学合理布局园区内产业，整合产业链上下游，增强企业间协作水平。三是科学合理做好园区规划。根据产业需求和人才需求构建园区服务体系，合理完善园区内配套设施，实现"人、产、城"融合，营造园区多元化创新环境，打造美丽低碳园区建设。

3. 强化绿色科技引领，推动产业绿色低碳转型

园区作为绝大数工业企业的聚集地，在提高工业绿色制造水平、促进低碳发展上具有很大的责任。浙江省绿色生产水平虽然有了一定进步，但相较于广东、江苏等省份还存在一定差距。[①] 同时，浙江省绿色技术基础相对薄弱，绿色技术人才相对匮乏，人才政策也亟待改善，且城市间引才政策同质化严重。据此，本报告提出以下对策：一是带动企业绿色科技创新。园区要重视绿色低碳技术的研发与应用，鼓励企业进行绿色创新与改造，促进能源高效利用、减少污染物排放。二是引导产业绿色化发展。园区要鼓励造纸、电力热力生产供应企业、化学制品制造业、纺织业等重点用能行业积极使用新工艺、新技术、新设备，坚持生产集约化、高效化、绿色化、数字化发展。三是深化产学研合作。加强绿色

---

① 王鸣涛，叶春明. 基于熵权 TOPSIS 的区域工业绿色制造水平评价研究[J]. 科技管理研究，2020（17）：53-60.

科技人才培育，重视人才梯队建设；强化绿色技术创新链各环节的衔接，加强企业、高校与科研院所的合作；进一步完善绿色技术人才引进、激励等政策措施。四是加快能源转型，构建绿色低碳能源体系。园区要大力发展光伏、光热等清洁能源，构建绿色低碳能源体系，提高清洁能源消费占比；倒逼企业进行能源改造升级，提高能源和资源的利用效率；通过创新能源供给模式，实现多行业、多场景的零碳技术应用。

二、浙江省企业碳达峰碳中和的实践

（一）企业碳达峰碳中和的具体做法

1. 加大研发投入力度，促进企业绿色低碳技术创新

绿色技术创新是实现"双碳"目标的重要抓手，浙江省加强创新资源统筹，鼓励企业加大绿色低碳科技创新投入。一是围绕减碳、固碳等技术展开专项攻关。深入开展降碳减排、固碳捕碳技术攻关，着重加强氢能生产、储存、应用等关键技术的研发。比如天能集团实施特色人才项目，成功推动企业环保技术发展与转化。[①] 二是积极与高校、研究机构等进行合作。通过引智联合，吸收外部先进成果，增强企业内部的创新动力，使企业形成可循环的创新机制。比如浙江建材与浙江大学共同研发了建材领域的碳捕集、利用和封存技术。三是发挥大型国有企业带头作用。大型企业研发资金充裕且拥有专业人才队伍，通过与中小型企业开展合作、技术资源共享等方式推动其绿色竞争力提升。超威集团作为行业领军企业，凭借强大的技术和人才优势积极推动企业、行业加快清洁生产、绿色制造步伐，在中国节能减排方面起到了带头作用。

2. 推动企业数字化改革，建立智慧化碳管理体系

浙江省广大企业积极打造数字化碳管理体系，以数字化赋能企业绿色低碳高质量发展。通过设置专门的工作岗位、聘请专业人员负责落实低碳发展工作，包括碳排放目标的设定以及在企业内部宣传推广碳减排等，帮助企业建立节能减排合规机制，建立系统性的碳排放管控机制，规范企业碳排放管理。2022年，国网浙江省电力有限公司构建了全方位减碳服务管理体系。将数字技术、物联网技术结合，增强碳排放精准计量、核算能力，形成完整的碳管理体系，全面实现碳资产精细化管理。浙能集团依托浙江省双碳智治平台，承建省级碳普惠应用平台，组建专门的碳资产管理公司，充分发挥能源金融发现价格、规避风险、优化资源配置的作用，为集团盘活碳配额资产，推动集团向"含金量高、含绿量高、含碳量低"转型。

3. 积极采用绿色清洁能源，推动能源使用结构转型

浙江省广大企业积极推进绿色清洁能源使用，深入落实能源"双控"政策。一是积极

[①] 王建明，赵婧. "两山"转化机制的企业逻辑和整合框架——基于浙江企业绿色管理的多案例研究[J]. 财经论丛，2021（2）：78-91.

使用光伏、核电、风能等清洁能源。广大企业根据自身行业特点，有针对性地促进能源结构优化，尽可能采用绿色清洁能源进行生产经营活动。西子洁能进行能源结构调整，全方位布局储电、光伏、太阳能发电、氢能、风电等新能源领域，实现从余热利用领导者向清洁能源制造者转型。二是推动企业加大对相关能源技术的创新与改造。广大能源企业积极研发应用新能源技术，把太阳能、储能等电力能源与互联网、大数据等智能技术相结合，构建了低碳、高效、智能的能源体系。华能浙江清洁能源分公司大力推进以海上风电为主线的清洁能源开发格局，利用数字化技术实现可再生能源电站无人值班、少人值守的管理模式，实现各个可再生能源电站的集中采集、控制和优化。

（二）企业碳达峰碳中和的实践成效

1. 节能降碳意识显著增强，低碳化改造步伐加快

浙江省企业的节能降碳意识显著增强，低碳化改造步伐逐渐加快。一是企业开展节能降碳宣传活动的数量增加。阿里巴巴联合资生堂品牌推出"88减碳日"，号召更多消费者参与随手减碳的绿色行动。二是企业节能减排意识增强，积极整治"两高"项目。杭钢集团按照"双碳"要求，关停了杭州半山钢铁基地400万t产能，每年节约240万t标煤，减少了二氧化碳排放680万t。三是企业加大了在节能降碳上的资源投入。浙江合力革业有限公司实施节能降碳技术改造，并积极推进分布式光伏建设，每年节约电量近50万kW·h，减少碳排放量1 800 t。

2. 企业绿色创新水平稳步提升

随着"双碳"政策的持续推进，浙江省提出了诸多政策有效推动了企业绿色创新能力提升。一是越来越多的企业通过提高自身绿色创新能力，实现企业的可持续发展。杭钢云计算数据中心积极探索和创新节能低碳技术，对东区1-2数据机房热管背板系统进行了技术改造，采用新一代热管背板技术，实现节能50%以上。二是浙江省上市公司绿色专利申请量和授权量增加，绿色发展成果较显著。企业绿色技术创新对本地低碳经济发展具有重要的促进作用。[①] 图9-1是2010—2018年浙江省上市公司绿色专利数量趋势图。从图中可见，浙江省企业的绿色发明专利申请量、绿色新型授权量基本呈上升趋势；企业绿色发明授权量也基本呈缓慢增长的态势，其中2018年有所下降；绿色实用新型专利申请量在2017年达到高点159件。这表明，浙江省企业绿色创新水平呈现逐年上升的趋势。

---

① 何育静，蔡丹阳. 长三角工业企业绿色技术创新效率及其影响因素分析[J]. 重庆社会科学，2021（1）：49-63.

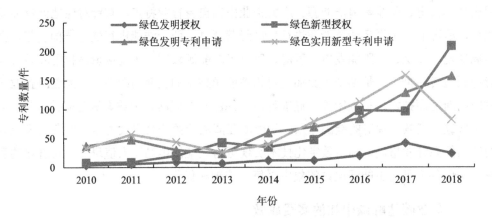

图 9-1　2010—2019 年浙江省上市公司绿色专利数量趋势图

数据来源：经作者测算所得。

3. 数字化改革作用显现，初步形成智慧化碳管理体系

浙江省积极探索数智控碳，持续推进企业进行数字化改革，并取得一定成效。一是实现企业碳账户管理系统全覆盖。2022 年浙江省有 2.07 万家企业申领排污许可证，实现了碳账户全覆盖，企业依据碳账户的相关数据指标，及时调整生产策略和技术，促进企业增效减排，同时管理部门也能及时掌握各企业的碳排放数据，提高浙江精准控碳水平。二是构建碳管理体系企业的数量显著增加。企业主动公开碳排放"家底"，实现数字控碳。嘉兴市李朝化纤有限公司应用"炭管家"数字化管理平台。以数字化为依托，企业实现了活性炭收集、再生、处置全生命周期监管。三是推动企业开展碳交易。得益于数字化控碳，企业可以实时掌握企业相关碳信息。浙能电力股份有限公司萧山发电厂通过碳资产管理进行碳交易，盈余 3 万多 t 碳配额，价值 100 多万元。

（三）企业碳达峰碳中和的对策建议

1. 加强企业低碳管理创新，制定全面的碳管理制度

企业作为浙江省节能降碳的主力军，并没有形成一套完整的节能降碳体系，大部分企业的低碳行动维度单一、低碳举措零散、深度广度不足，没有很好地结合自身的发展战略。针对上述问题，本报告提出以下对策：一是企业应建立健全碳管理制度体系。企业应该结合自身的发展战略，制定一个全面的、长远的碳管理制度体系，设置专门的工作岗位，聘请专业人员负责落实低碳发展的各项工作。二是企业要加强低碳管理创新。积极引进国内外高层次管理人才，优化企业低碳管理体制，建立以人为本、低碳高效的弹性管理制度，提高管理人员的素质，精简管理队伍，提高管理效率。三是设立专门的碳资产管理机构。通过专业化的管理，提高碳资产的流转，盘活碳资产、实现保值增值。

2. 进一步加大研发投入力度，提高绿色低碳技术创新水平

在推进"双碳"工作过程中，浙江省企业面临着关键低碳技术创新能力不足、低碳生产装备多依赖于进口、跨学科复合型降碳高端人才缺乏、低碳技术应用难度大等问题。针对上述问题，本报告提出以下对策建议：一是政府要加大对企业低碳技术创新的支持力度。政府应该加大对相关企业的财政支持力度，尤其对新型能源企业，并给予税收等优惠政策，营造良好的创新氛围。二是企业要加大低碳技术研发投入力度，加强交流合作。企业要重视节能低碳生产技术、设备的研发和应用，持续加大创新资金投入，加强技术研发人员的引进与培养。此外，中小企业要加强与大型企业在技术创新方面的合作，走协同创新之路。三是政府强化对企业碳排放监测。政府部门要严格执行对各个企业碳排放的监管工作，将碳排放纳入企业负责人的业绩考核。

3. 建立完整的碳监督体系，提升企业碳减排意识

浙江省对企业的碳监督体系不够健全，企业碳减排意识有待提升。部分企业为了追求经济利益最大化，不会主动披露碳排放信息，进而成功躲避了政府、媒体和环保组织等对企业碳排放量的监督。针对上述问题，本报告提出以下对策：一是建立健全碳监管体系，发挥政府的监管作用。尽快建立健全碳监管体系，切实加强对企业碳排放的约束；同时，各级政府部门要加大对企业节能减排工作的指导和督促，对企业清洁生产、节能降耗等情况实施跟踪监察，推动企业特别是中小型企业共同开展节能减排工作。二是有效发挥碳管理机构的监管。将碳资产管理公司、碳核查机构、检测机构等第三方机构纳入企业环境信用评价管理，协助政府部门做好第三方机构的常态化监管。三是发挥社会公众的监督作用。及时对企业违法排放问题进行反馈，推动企业真正重视碳减排工作。

4. 建立完善的政策保障体系，降低企业节能减排成本

企业节能减排的前期投入较大，但回报率较低，大多数企业受到自身资金、能力等因素的制约，减排意愿并不高。此外，相关配套支持政策不健全，致使企业节能减排成本过高，碳减排压力增大。基于此，要完善相关的财税、金融政策，制定节能减排方面的财税政策措施，不断完善有利于节能减排的财政、金融等专项优惠政策，实行税率与企业节能减排挂钩，对绿色企业提供贷款贴息、财政资助、税收返还等政策，降低企业节能减排成本，鼓励企业积极推动节能减排工作。

三、浙江省公共机构碳达峰碳中和的实践

（一）公共机构碳达峰碳中和的具体做法

1. 加强宣传培训，提升节能意识

为传播绿色低碳发展理念，浙江省公共机构积极开展低碳节能宣传培训活动，提高干部职工节能意识。一是积极开展宣传活动，营造节能降碳的浓厚氛围。全国公共机构节能宣传周期间，公共机构集中开展节能宣传和低碳日活动，采取多种形式普及绿色低碳常识，培养节能习惯，提升机关干部的节能意识和自觉性，发挥公共机构在全社会的示范带头作

用。绍兴市诸暨市机关事务服务中心组织垃圾分类知识线上答题，张贴宣传海报并发放节能宣传资料。二是积极开展培训活动，努力开创低碳发展新局面。浙江省各级公共机构坚决落实节约优先的要求，积极举办节约能源资源的培训班，提升机关工作人员的节约意识，端正环保节约态度。2021年9月，舟山市机关事务管理中心举办了公共机构节约能源资源和生活垃圾分类业务培训班，就低碳机关等内容进行了专题授课。

2. 探索低碳实践，示范引领抓落实

浙江省公共机构十分重视探索和实践低碳发展路径和方法，引领低碳转型。一是开展碳排放抵消活动，助力低碳实践稳步推进。积极落实"零碳会议""零碳网点"的创建工作，抵消日常工作所产生的二氧化碳，探索公共机构节能工作新方式、新方法，全力推进节约能源资源工作落实。2020年12月，浙江省机关事务管理局向遂昌县人民政府购买碳汇减排量，以满足浙江省所有公共机构会议全年的碳中和指标。二是全面推进数字化改革，为能效治理提供新思路。在以往的公共机构节能降碳工作中，数据统计是一大难题，因此浙江公共机构积极推动节能降碳管理数字化转型升级，以数字化技术探索节能降碳发展的新路径。2022年，台州市中心医院正式投运能源托管项目，通过能源托管，委托节能服务公司进行能源系统的运行、维护、管理和节能改造。

3. 推进节能改造，确保能源转型升级

浙江省公共机构积极落实节能改造的理念，深入推广清洁能源的使用。一是充分利用技术手段，提高节能改造服务效率。浙江省多地公共机构采用智能化控制、照明与光照度联动、并网型太阳能发电系统等新技术，全面提高能源资源综合利用效益，较好地推动了节能减排实践。温州市瓯海区机关事务管理中心完成各类节能灯具的更换，建成新能源汽车和电瓶车充电桩，推动浙江省的节能改造工程。二是深入开展光伏开发，推动清洁智慧能源发展。浙江省多数公共机构，如党政机关、学校、医院等充分利用公共建筑屋顶可利用面积，构建以光伏发电等新能源为主体的新型能源系统，推动清洁智慧能源发展，促进公共机构能源绿色低碳转型。

4. 健全考核制度，加强督查力度

浙江省积极落实节能指标，建立健全考核机制，加强对公共机构的督查力度。一是制定管理评价标准，健全公共机构低碳考核体系。浙江省机关事务管理局制定并发布《公共机构"零碳"管理与评价规范》，填补了公共机构考核体系的缺失，为推动浙江省公共机构节能降碳起到重要的作用。二是加大执法力度，严格落实公共机构节能监察。积极落实节能考核制度，发挥节能监察机构的专业优势，运用专业知识和技术手段，进行监督检查，对违法行为进行处理，依据检查结果，提出依法用能、合理用能的建议，引导被监察单位加强节能管理。

（二）公共机构碳达峰碳中和的实践成效

1. 节能减碳意识逐渐增强

浙江省积极推动低碳节能宣传教育，让节能意识深入人心，公共机构节能减碳意识也

逐渐增强。一是公务用车使用频率降低，公共交通出行比例提升。浙江省公共机构严格管理公务用车，公务用车使用频率大大降低，且工作人员公共交通出行比例上升，干部职工绿色低碳意识增强。2021 年 8 月，衢州市常山县机关事务保障中心推行"公务拼车"制度，赴衢趟次同比下降 12.5%，环比下降 10.9%，公车运行费用直降 50%，出行经费同比降低 16.49%，环比下降 15%，截至 2021 年 12 月，共节约 10 多万元公车运行成本。二是餐饮浪费大幅减少，践行勤俭节约"新食尚"。浙江省公共机构通过开展"反对浪费、崇尚节约"餐饮文明行动，改进就餐管理办法，餐饮浪费现象明显减少，并在全社会带头营造"节约光荣、浪费可耻"的浓厚氛围。[①] 衢州市机关食堂 2021 年泔水回收量 85 万 L，2022 年则为 63 万 L，同比减少 25.9%。

2. 节能改造取得新进展

浙江省公共机构积极落实节能目标责任，在节能改造方面取得巨大进展。一是通过开展光源改造，照明体系更加高效环保。浙江省多个地市公共机构购买 LED 照明灯具，公共场所实现智能控制改造，落实公共机构绿色办公理念，截至 2022 年 12 月，浙江省县级以上行政中心全面完成高效照明光源改造，476 个单位组织开展能源审计，以市场化方式推进 94 家公共机构绿色数据中心星级认证，年节约费用可达 1 536 万元，折算减少二氧化碳排放量约 12 350 t。二是推动绿色机房、充电桩等项目改造，引领绿色建筑低碳示范。浙江省公共机构坚持市场导向，鼓励引入社会资本，对基础设施进行改造，推动既有建筑达到绿色建筑标准。温州市市府大院每年节电量约为 147 802 kW·h，节约费用 97 375 元，综合节能率为 5.47%。

3. 节约型机关建设初显成效

浙江省公共机构以绿色低碳发展为工作导向，深入推进绿色低碳转型，积极构建节约型公共机构示范单位，并取得显著成效。截至 2022 年 4 月，浙江省公共机构已累计建成节约型机关 4 960 家、能效领跑者 12 家、国家级示范单位 176 家、省级示范单位 417 家。此外，浙江各设区市也积极响应公共机构节能部门的要求，积极构建节约型机关，加强节能管理，取得了良好成效。截至 2022 年 10 月，舟山市建成节约型机关 310 家，建成比例达 86.35%，居全省第一。

4. 考核督查机制基本形成

浙江省高度重视公共机构节能减碳考核督查工作，不断增强考核督查工作的科学性、针对性、实效性，从严从紧把关，改进方式方法，并取得了一定成效。一是抓准"考点"，考核指标进一步优化。将中央第四环保督察组反馈问题整改成效纳入年度考核评价体系，明确提出了公共机构节能降碳的各项考核指标，包括能源利用效率、温室气体排放、可再生能源利用状况、碳中和情况等，进一步优化公共机构考核指标，并取得了一定的成效。二是创新"考法"，考核方式进一步完善。按照"实现考核工作经常化、制度化、全覆盖"

---

① 徐永胜. 深入学习贯彻党的二十大精神　以公共机构绿色低碳转型助力碳达峰碳中和[J]. 中国机关后勤, 2023（1）: 16-18.

要求，不断改进公共机构节能减碳考核方式方法，明确提出要把环境保护指标考核列为领导班子和干部综合考核评价的重要内容，严格落实公共机构环境安全主体责任。[①]

（三）公共机构碳达峰碳中和的对策建议

1. 持续加强宣传引导，牢固树立节能降碳意识

浙江省公共机构虽然在节能管理工作中取得了一定的成效，初步形成了特色的节能管理体系，但部分机关人员仍然存在节能意识薄弱现象，如离开办公室不随手关灯等，尚未形成良好的节约习惯。据此，本报告提出以下对策：一是进一步加大宣传引导力度，把节能低碳理念真正落到实处。广泛传播绿色低碳发展理念，营造良好的绿色低碳生活氛围，引导公共机构树立生态文明建设主体责任，积极履行社会责任。二是进一步开展绿色发展教育培训，积极发挥公共机构示范引领。在干部教育、培训机构中，要把生态文明、生态环境保护的法律、法规、政策等纳入干部教育和培训中，进一步夯实干部职工的环保意识，深入了解"低碳环保"的真正意义，并参与其中，以自身微薄之力，带动社会的低碳环保意识。

2. 建立完善的绿色采购体系，确保公共机构绿色转型

浙江省部分公共机构仍没有落实绿色采购规定，政府层面贯彻不足，立法仍然比较单薄，采购从业人员的节约环保意识有待加强，对绿色产品的概念模糊，绿色采购的力度不足。据此，本报告提出以下对策：一是进一步完善和出台绿色采购的政策法规。完善政府绿色采购法律制度，以强制的手段明确采购人员责任，进一步规范绿色采购行为，建立政府采购产品标准。二是进一步加大绿色采购力度。严格执行节能环保产品优先采购和强制采购制度，扩大绿色采购范围，提高绿色采购规模，发挥好财政资金的杠杆带动作用。[②] 三是进一步强化绿色采购监督。制定并公布《政府绿色采购信息报告》，严格披露绿色采购的规模、绿色采购占总采购规模的比重以及所采购绿色产品的种类、价格、供应商等信息。

3. 持续加大绿色低碳改造，形成全方位的节能降碳空间

浙江省部分公共机构绿色低碳改造的主观意识不强，绿色低碳的技术应用不深，能源利用效率不高。据此，本报告提出以下对策：一是吸收借鉴先进绿色技术和管理模式。大力宣传浙江省及其他地区公共机构推进节能降碳的成效经验，吸收借鉴先进适用的绿色低碳技术和管理模式。二是进一步加强公共机构绿色低碳改造的技术支持。建立健全公共机构数字化平台，提高公共机构日常工作效率，坚持数字赋能，积极推进全省公共机构节能在线监测，推进智慧节能建设。三是进一步提高公共机构能源利用效率。加快公共机构煤炭减量步伐，做好煤炭需求替代，减少煤炭消费，大力推广太阳能光伏光热项目和终端用能电气化等项目。

4. 进一步完善考核督查机制，确保绿色低碳行为行稳致远

浙江省部分公共机构节能审查制度约束力度不足，公共机构低碳管理职责不清，管理

---

① 赵峰涛. 公共机构要为碳达峰碳中和作更大贡献[N]. 学习时报，2021-06-21（1）.
② 发挥示范引领作用 助力碳达峰、碳中和目标实现[J]. 节能与环保，2021（10）：12-15.

理念滞后，用能项目缺乏有力的监管，部分地区执法不到位，考核监察机制也有待健全。据此，本报告提出以下对策：一是建立激励约束机制。严格落实目标责任制，建立健全激励约束机制，开展公共机构节约能源资源考核，强化结果应用，落实奖惩措施。此外，进一步建立和完善公共机构能源资源消耗统计制度，规范能源消耗统计的分类方法和折算标准，提高公共机构节能降碳积极性。[①] 二是加大管理力度。加大公共机构重点用能单位管理力度，督促开展能源审计、落实整改措施，推动省级公共机构重点用能单位能耗在线监测系统建设，推进各类公共机构重点用能单位开展能源管理体系建设试点，同有关部门建立健全监督检查机制，强化检查执法力度。三是建立巡查机制。发挥治本效应，密切联系本地区实际情况，加强对节能巡查工作的领导和整体规划，总结实践经验，建立健全巡视巡察联动机制，提高工作效率。

四、浙江省居民碳达峰碳中和的实践

（一）居民碳达峰碳中和的具体做法

1. 倡导绿色消费，减少"碳足迹"

居民消费偏好对企业生产行为具有重要的导向作用，浙江省积极倡导居民绿色消费，提升居民绿色消费理念。一是鼓励"绿色衣着"消费。浙江省推广应用绿色纤维制备等装备和技术，提供更多符合绿色低碳要求的服装，并通过线上线下相结合的方式，开展绿色低碳宣传活动，鼓励居民购买"绿色衣着"，推动各类机关、学校等更多采购具有绿色低碳相关认证标识的制服、校服。二是提升食品消费绿色化水平。坚决制止餐饮浪费，提倡低碳餐饮，大力推动居民食品消费绿色化水平提升。2022年11月，宁波市某餐厅推出绿色菜单，每道菜品都有对应的碳排放量，可以使消费者对碳排放有更直观的认识。

2. 推广绿色家居，打造宜居环境

浙江省以"智能制造"为抓手，以"绿色制造"为驱动，积极推动家居向聚群化、绿色化方向转型，为居民打造宜居环境。一是支持绿色家居全产业链发展。大力支持绿色家居平台建设，发挥工业集中区的服务功能，为绿色家居产业发展创造良好的环境；同时，积极发挥财政职能作用，激励家居企业加大创新研发投入，不断推进企业技术创新体系建设。2020年湖州市投入资金2.91亿元用于支持家居发展，各大家电企业还联合倡议加大对绿色家电的优惠力度。二是打造绿色建筑，提高人居品质。坚持发挥市场配置资源的基础性作用，积极引导鼓励绿色建筑发展；积极推广应用各种先进高效的绿色建筑技术和产品，不断提升建筑能源资源的利用效率；同时，充分利用各地的气候条件和自然资源，逐渐推出绿色建筑住宅区，形成支持绿色建筑的良好氛围。

---

① 张金梦. 应鼓励将公共机构节能降碳纳入碳市场[N]. 中国能源报，2022-02-14（19）.

3. 推动绿色出行，助力节能减排

浙江省从政策和资金上持续加大对绿色出行的投入力度，在绿色交通、绿色出行建设方面开创了众多行业先河，为居民绿色出行提供保障。一是完善基础设施，为绿色出行创造条件。加快推进交通民生工程建设步伐，致力推进铁路公路项目建设，全面推进现代化综合交通运输发展，着力推进综合交通枢纽体系建设，为居民绿色出行提供有利条件。截至 2022 年年底，浙江省有 7 个城市投运轨道交通线路达 999.96 km，其中地铁 727.19 km，占比 72.7%，有轨电车 13.81 km。二是健全服务体系，提升出行质量。全面构建数字交通推进体系，赋能数字交通建设，健全公共交通服务体系，提升居民出行质量。宁波市为保障特殊群体的出行需求，投入使用自带升降功能的无障碍公交车，运行导盲系统为盲人乘客提供语音提示。

4. 实施垃圾分类，推动资源循环利用

通过绿色低碳宣传教育，浙江省居民绿色低碳意识提高，并逐渐养成自觉遵守垃圾分类的良好习惯，积极推动资源循环利用。一是居民自觉监督垃圾分类实施情况。居民对于垃圾分类越来越重视，部分社区居民自觉组建垃圾分类志愿者服务队，与物业共同推进落实，基本实现常态化督导。二是源头实施垃圾分类。居民意识到垃圾分类对环境保护的重要性，自觉在家将垃圾进行分类，垃圾分类从源头抓起，使分类成为一种习惯。

5. 推动个人碳账户建设，助力绿色新风尚

发展"个人碳账户"是推动绿色发展、促进人与自然和谐共生的有效方式，[①] 浙江省积极推动"个人碳账户"建设，促进居民生活领域低碳转型。一是开拓个人减碳空间。浙江省推出"个人碳账户"，开拓个人减碳空间，并围绕多个板块绿色低碳生活场景展开，助推生活领域加速低碳转型，形成人人碳普惠的低碳生活新风尚。二是激励市民自愿碳减排。浙江省"个人碳账户"的建立激励了居民日常出行时自愿碳减排行为，居民在衣、食、住、行各个领域的"低碳生活"都可累积碳积分，兑换各类权益，提高了居民自愿减排的积极性，努力让每一位居民都成为低碳生活的践行者和推动者。

（二）居民碳达峰碳中和的实践成效

1. 碳普惠用户破百万，居民低碳显成效

浙江省通过宣传绿色低碳理念和知识，以碳普惠为载体，鼓励全省居民践行绿色低碳生活，并取得了一定的成效。一是应用渠道逐步拓宽。浙江省积极谋划碳普惠低碳场景，已和蚂蚁森林、菜鸟裹裹等联合开发了 20 个低碳场景，全面覆盖居民各个领域的"低碳生活"，丰富了碳普惠应用场景。二是进一步促进居民低碳消费。在碳普惠的影响下，居民通过碳普惠获得低碳积分，积极学习低碳知识，居民的绿色消费意识大幅提升，一次性餐具使用频率逐渐降低，餐饮浪费现象也有所改善。但浙江省促进绿色消费相关政策尚缺

---

① 聂国春. 个人碳账户推动全民参与碳减排[N]. 中国消费者报，2022-03-31（003）.

乏规范性，绿色低碳产品和服务供给的市场管理机制还不健全，技术服务体系仍不完善，一些领域依然存在不合理消费等问题。

2. 绿色出行深入人心，城市治堵成果显著

浙江省积极宣传绿色出行，居民乘坐公共交通的意愿更加强烈，城市拥堵现象得到改善。一是公共交通出行比例大幅提升。牢牢抓住"公交优先"的原则，确立了公共交通引领和支撑城市交通发展的格局，城市公交上座率有了大幅度的提升，城市治堵成果显著。截至 2021 年，新能源公交车量占公交车总量的 75%，浙江省公共交通出行比例达 30%以上。二是新能源汽车购买比例增大。为深入推进绿色出行，加大对新能源汽车的优惠支持力度，各地对新能源汽车给予购置补贴，居民购买新能源汽车的意愿提升。截至 2020 年年底，浙江省城市公共领域车辆使用清洁能源汽车的比例达 80%以上。

3. 居民光伏发电扎实推进，加快家庭能源结构绿色转型

浙江省持续推进百万家庭屋顶光伏工程，逐渐降低了光伏安装成本，进一步加大了对光伏安装的补贴力度，加速了"居民光伏聚合商"模式的形成，从而助推各地区居民屋顶光伏市场投资、建设和运维的规范发展，进一步促进了家庭能源的绿色转型。截至 2020 年年底，浙江省并网运行的居民光伏项目近 22 万个，容量近 180 万 kW。值得注意的是，居民户光伏发电较为分散，管理难度大，且功率很难控制，对技术要求相对更高。

4. 垃圾分类进一步精细化，垃圾投放有源可溯

浙江省严格落实垃圾总量控制要求，对生活垃圾进行精细化管理，依法制订了生活垃圾处理收费、回收情况报告等制度，全面提升了分类质量和回收利用效率。截至 2021 年年底，浙江省生活垃圾分类覆盖率为 95%以上，城乡生活垃圾增长率为 -3.41%，率先成为国内生活垃圾"零增长"的省份。虽然城市垃圾分类效果明显，但是农村生活垃圾分类仍处在起步探索阶段，通过发放生活用品来激励村民可在短时间内起到一定激励作用，但村庄缺乏足够的经费来支持垃圾分类的物质奖励，致使村民的积极性逐渐消退，农村精细化管理尚未实现。

（三）居民碳达峰碳中和的对策建议

1. 持续倡导居民低碳消费，树立绿色生活理念

浙江省在绿色低碳理念推广方面已取得初步成效，但部分公众低碳消费意识薄弱、绿色低碳消费供给不足、需求侧低碳实践选择受限等问题依旧存在。据此，本报告提出以下对策：一是强化对绿色消费的宣传引导。全方位进行宣传，对不同年龄段的居民进行绿色消费观念的普及，并通过互联网等渠道扩大对绿色消费理念的宣传程度，增强居民的绿色消费意识。二是扩大绿色消费产品的有效供给。鼓励生产企业积极推动绿色低碳生产技术创新，降低绿色产品成本，增加绿色产品供给。① 三是建立健全绿色消费体制机制。制定

---

① 崔小妹. "双碳"目标下需求侧碳减排存在的问题及解决方案——基于居民消费碳排放视角[J]. 甘肃金融, 2022（12）：64-68.

并完善有关绿色生产和绿色消费的法律法规，形成激励机制，进一步优化标准认证体系，让消费者更容易分辨出绿色产品和服务。四是夯实绿色信息数字化建设。通过绿色信息数字化平台建设，让消费者方便查看消费绿色产品的全面信息，并发放绿色节能消费券刺激绿色消费，对消费者进行有效的引导，促进低碳产品的销售量。

2. 完善公共交通基础建设，持续倡导居民绿色出行

浙江省城市公共交通基础设施建设尚不完善，信息化水平有待提升，且居民绿色出行比例总体上有待提升，绿色出行宣传力度有待加强。据此，本报告提出以下对策：一是完善公共交通建设。推动城市建成区平均道路网密度和道路面积率持续提升，城市路网设置进一步优化；完善步行和自行车等慢行交通系统、无障碍设施建设，优化慢行出行环境；加快充电基础设施建设，提升纯电动汽车充电服务能力。二是推进机制健全有效。建立跨部门、跨领域的绿色出行协调机制，形成工作合力；强化规划引领，完善公共交通专项规划，建立健全交通运输影响评价制度。三是培育绿色出行文化。持续开展公众意识普及活动，积极倡导全民低碳出行，牢固树立绿色交通发展理念；组织特色活动，培养公众绿色出行意识，倡导使用清洁能源汽车。

3. 持续推行垃圾分类政策，巩固居民环保意识

浙江省在垃圾分类治理方面取得了一定的成效，但仍然存在分类投放基础设施不到位、居民参与积极性不够高、法治保障与行为约束不强等问题。据此，本报告提出以下对策：一是进一步完善政策措施。鼓励按照污染者付费原则，完善生活垃圾处理收费制度，并严格落实国家对资源综合利用的税收优惠政策。二是进一步加大宣传力度。广泛动员、积极宣传，让居民参与到生活垃圾分类工作中。成立垃圾分类志愿者团队，形成志愿者带动居民的联动模式，形成前端分类减量、中间回收、末端再利用的完整循环，确保生活垃圾分类工作的有效推进。三是进一步严格督查考核。强化对城镇生活垃圾分类工作的督促检查，定期牵头开展检查评估，实现示范区内奖惩网络覆盖，提高绿色账户使用率，实现激励与奖惩并行的机制，推进生活垃圾分类的可持续管理。

4. 完善个人碳账户体制机制建设，开启减碳新模式

尽管建立个人碳账户意义重大，但浙江省仍处探索阶段，在实践中仍存个人碳账户覆盖范围较小，碳减排标准不一、个人碳账户信息易泄露等问题。[①] 据此，本报告提出以下对策：一是扩大个人碳账户覆盖范围。推动政府和企业合作整合资源优势，利用大数据技术优化个人碳账户的宣传与推广，促进个人碳账户得到可持续的发展。二是探索科学合理的核算方法。制定个人碳账户相关制度，探索出一套行之有效的折算标准，为个人碳账户提供支持和参考，实现碳减排成果的科学计量。三是注重用户数据隐私保护。监管部门通过现场检查、非现场监测等方式对个人碳账户的信息安全进行定期监测审查，对泄露和滥用客户隐私的行为要严肃追究责任。

---

① 陈婉. 个人碳账户兴起，绿色消费有了市场[J]. 环境经济，2022（17）：42-47.

第四篇

总结展望篇

本篇由浙江省"双碳"工作的总结和展望两章构成。

通过总结浙江省"双碳"工作,可以提炼出下列四条经验:一是治理理念上充分认识到"等不得,急不得",稳妥推进"双碳"工作;二是治理主体上构建起政府主导、企业主体、公众参与的结构,形成"双碳"工作的多元共治的格局;三是治理方式上强化数字化改革,实现"双碳"工作的信息共享和"数字倒逼";四是治理制度上努力谋求体系化,形成"双碳"工作的制度矩阵、制度工具箱。

通过不同情景假设下的科学测算,浙江省于2027年率先实现碳达峰、在2050年率先实现碳中和在经济上是可以承受的。不同速度的"双碳"模拟结果显示,浙江省经济增长仍能保持在合理区间,不影响现代化先行和共同富裕先行目标的实现。

"双碳"工作是一项系统性工程,需要坚持统筹兼顾的原则:统筹兼顾"双碳"目标和发展目标、统筹兼顾碳达峰和碳中和、统筹兼顾碳减排和增碳汇、统筹兼顾生态碳汇和工程碳汇、统筹兼顾"双碳"科技创新和"双碳"制度创新。

第十章

浙江省碳达峰碳中和工作总结

浙江省是全国第一个建成的生态省，也是全国生态文明先行示范省。"双碳"纳入生态文明体系后，浙江省同样将"双碳"工作作为重点工作来抓，努力使之走在全国前列。根据中央要求，浙江省"双碳"工作已经做出严密部署，并已经取得初步进展。本章主要从重大举措、阶段成就和初步经验三个方面对浙江省"双碳"工作进行总结，为全国"双碳"目标实现提供宝贵的"浙江经验"。

一、浙江省碳达峰碳中和的重大举措

（一）组织领导体系的构建

组织领导体系的构建是推进"双碳"工作顺利开展的坚强保证。为贯彻落实中央关于"双碳"工作要求，浙江省专门成立了"双碳"工作领导小组，省委书记、省长任组长，省委常委兼秘书长及相关分管副省长担任领导小组副组长，省"双碳"工作领导小组负责全省"双碳"工作的顶层设计、统筹推进、监督检查，组织建立健全政务服务责任和标准体系，指导、协调和督促各级地方政府提供优质、规范、高效的服务，组织和领导推进全省"双碳"工作。随着"双碳"工作的推进，各市、县（市、区）党委和政府也相应成立"双碳"工作领导小组。

（二）规划及行动计划的编制

浙江省在推进"双碳"工作中始终坚持规划先行。随着"双碳"工作逐渐被提上议事日程，浙江省出台了一系列"双碳"相关的规划、计划和政策。根据网络公开信息，浙江省关于"双碳"的方案、规划、意见等相关文件如表10-1所示。

表 10-1　浙江省省级层面"双碳"的相关文件（2013—2022 年）①

出台（实施）时间	名称
2013 年 11 月	《关于印发首批 10 个行业企业温室气体排放核算方法与报告指南（试行）的通知》（发改办气候〔2013〕2526 号）
2013 年 11 月	《浙江省控制温室气体排放实施方案》（浙政发〔2013〕144 号）
2014 年 2 月	《浙江省人民政府办公厅关于在淳安县开展重点生态功能区示范区建设试点的通知》（浙政办发〔2014〕19 号）
2016 年 1 月	《关于开展省级低碳试点工作的通知》（浙发改资环〔2016〕18 号）
2016 年 4 月	《关于印发浙江省煤炭消费减量替代管理工作考核验收办法的通知》（浙发改能源〔2016〕240 号）
2016 年 7 月	《浙江省碳排放权交易市场建设实施方案》（浙政办发〔2016〕70 号）
2017 年 5 月	《关于印发浙江省 2017 年大气污染防治实施计划的函》（浙环函〔2017〕153 号）
2017 年 5 月	《浙江省"十三五"节能减排综合工作方案》（浙政发〔2017〕19 号）
2017 年 8 月	《浙江省"十三五"控制温室气体排放实施方案》（浙政发〔2017〕31 号）
2017 年 8 月	《浙江省人民政府办公厅关于印发浙江（丽水）绿色发展综合改革创新区总体方案的通知》（浙政办发〔2017〕94 号）
2018 年 1 月	《印发浙江（衢州）"两山"实践示范区总方案体的通知》（浙政办发〔2018〕17 号）
2018 年 4 月	《浙江省人民政府办公厅关于大力推进林业综合改革的实施意见》（浙政办发〔2018〕29 号）
2019 年 3 月	《浙江省生态环境厅关于印发 2019 年全省生态环境工作要点的通知》（浙环发〔2019〕1 号）
2020 年 2 月	《浙江省生态环境厅关于印发 2020 年全省生态环境工作要点的通知》（浙环发〔2020〕1 号）
2020 年 3 月	《浙江省生态环境厅关于开展 2020 年度全省生态环境系统改革试点工作的通知》（浙环函〔2020〕57 号）
2020 年 8 月	《关于加快推进环境治理体系和治理能力现代化的意见》
2021 年 2 月	《浙江省绿色循环低碳发展"十四五"规划（征求意见稿）》
2021 年 3 月	《关于组织申报 2021 年浙江省"五个一批"重点技术改造示范项目的通知》（浙经信投资便函〔2021〕12 号）
2021 年 4 月	《浙江省新能源汽车产业发展"十四五"规划》（浙发改规划〔2021〕107 号）
2021 年 4 月	《浙江省林业发展"十四五"规划》（浙发改规划〔2021〕136 号）
2021 年 5 月	《浙江省节能降耗和能源资源优化配置"十四五"规划》（浙发改规划〔2021〕209 号）
2021 年 5 月	《浙江省生态环境保护"十四五"规划》（浙发改规划〔2021〕204 号）
2021 年 5 月	《浙江省应对气候变化"十四五"规划》（浙发改规划〔2021〕215 号）
2021 年 5 月	《浙江省空气质量改善"十四五"规划》（浙发改规划〔2021〕215 号）
2021 年 5 月	《浙江省可再生能源发展"十四五"规划》（浙发改能源〔2021〕152 号）
2021 年 5 月	《浙江省海洋生态环境保护"十四五"规划》（浙发改规划〔2021〕210 号）
2021 年 5 月	《关于金融支持碳达峰碳中和的指导意见》（杭银发〔2021〕67 号）
2021 年 6 月	《浙江省煤炭石油天然气发展"十四五"规划》（浙发改规划〔2021〕212 号）
2021 年 6 月	《浙江省碳达峰碳中和科技创新行动方案》（省科领〔2021〕1 号）

① 数据来源：浙江省人民政府网、浙江省生态环境厅、浙江省发展和改革委员会等网站。收集时间截至 2022 年 6 月。

出台（实施）时间	名称
2021年7月	《浙江高质量发展建设共同富裕示范区实施方案（2021—2025年）》
2021年7月	《浙江银行业保险业支持"6+1"重点领域助力碳达峰碳中和行动方案》
2021年8月	《关于印发绿色工业园区、绿色工厂建设评价导则的通知》（浙经信绿色〔2021〕88号）
2021年11月	《浙江省人民政府关于加快建立健全绿色低碳循环发展经济体系的实施意见》（浙政发〔2021〕36号）
2022年2月	《关于完整准确全面贯彻新发展理念做好碳达峰碳中和工作的实施意见》
2022年3月	《2022年建筑领域碳达峰碳中和工作要点》（浙建设发〔2022〕338号）
2022年5月	"2022年浙江省碳达峰碳中和科技发展白皮书"（在编）
2022年6月	《浙江省财政厅关于支持碳达峰碳中和工作的实施意见》（浙财资环〔2022〕37号）

随着省级"双碳"顶层设计的推进，浙江省各设区市纷纷响应，因地制宜制定设区市的"双碳"相关规划和计划。其中包括专门针对"双碳"的行动方案，也有关于实现"双碳"六大相关领域的规划方案。

（三）重大专项工程的实施

重大专项工程是实现"双碳"的载体。根据中央部署，浙江省通过实施一系列重大专项工程推进"双碳"，聚焦低碳转型、勇当"碳"路先锋。2021年，浙江省认真实施各项涉及"双碳"的工程，贯彻全省"一盘棋"整体推进的工作思路，全省上下细化责任清单，层层抓落实。浙江省委、省政府印发《关于完整准确全面贯彻新发展理念做好"双碳"工作的实施意见》，明确了能源、工业、建筑、交通等重点领域和煤炭、电力、钢铁、水泥等重点行业的实施方案，明确统筹经济发展、能源安全、碳排放、居民生活4个维度，积极稳妥推进"双碳"工作，加快构建"6+1"领域碳达峰体系，具体见表10-2。

表10-2 浙江省"双碳"相关工程实施情况

举措		开展的专项工程
推进经济社会发展绿色变革	强化绿色低碳发展规划引领	▪ 碳达峰碳中和目标的要求融入经济社会发展中长期规划《浙江省国民经济和社会发展第十四个五年规划和二〇三五年远景目标纲要》中，并编制一系列配套规划助力"双碳"
	构架"双碳"数智治理体系	▪ 平台"碳监测"应用整体上线，已实现全省、分领域、分地市的能源消费总量、碳排放总量、能耗强度和碳排放强度"四个指标"动态监测 ▪ 杭州市运用"双碳大脑"、"能源双碳数智平台"、电动汽车"安心充电"等数字化平台"看碳、析碳、管碳"
	健全资源循环利用体系	▪ 继续实行循环经济"991"行动 ▪ 建设绿色低碳园区，2021年建设省级绿色低碳工业园区10个，绿色低碳工厂100个，[①] 节水型企业419家、清洁生产企业1202家

[①] 关于公布2021年浙江省级绿色低碳工业园区、工厂名单的通知[EB/OL]. 浙江经济和信息化厅网站. [2021-12-23]. http://jxt.zj.gov.cn/art/2021/12/23/art_1582899_23223.html.

举措		开展的专项工程
构建高质量的低碳工业体系	坚决遏制高耗能高排放项目盲目发展	■ 提高新建扩建工业项目能耗准入标准，印发《浙江省建设项目碳排放评价编制指南（试行）》，以规范和指导建设项目环境影响评价中的碳排放评价工作。 ■ 将碳排放强度纳入"亩均论英雄""标准地"指标体系，全面开展九大重点行业建设项目碳排放评价试点
	大力发展低碳高效行业	■ 印发《浙江省全球先进制造业基地建设"十四五"规划》，使建设全球先进制造业集群有了清晰的浙江"施工图" ■ 发展战略性新兴产业，培育发展绿色低碳未来产业，已有紫金港数字信息产业平台、绍兴集成电路产业平台、杭州钱塘新区高端生物医药产业平台等13个平台列入培育名单 ■ 深入实施数字经济"一号工程"，从"1.0"迭代至"2.0"，2021年促成数字经济总量3万亿元以上，并印《浙江省数字经济发展"十四五"规划》，推动数字技术在制造业研发、设计、制造、管理等环节的深度应用
	改造提升高碳高效行业	■ 实施传统制造业改造提升计划，浙江省成为全国首个传统制造业改造升级示范区 ■ 推动产业链较长、民生影响较大的制造业低碳化转型升级，实施"链长制"，设立"链长制"绿色低碳试点单位，2021年共有6家开发区6条产业链列入试点单位 ■ 鼓励企业兼并重组，以市场化手段推进落后产能退出
构建绿色低碳的现代化能源体系	深入实施能源消费强度和总量双控	■ 优化能耗"双控"：全省推进"腾笼换鸟、凤凰涅槃"行动，推进工业结构调整和能源结构调整 ■ 加强发展规划、区域布局、产业结构、重大项目与碳排放、能耗"双控"政策要求的衔接 ■ 修订完善节能政策法规体系，严格按照有关法律、法规规定实施节能审查，强化节能监察和执法
	大力推进能效提升	■ 开展能效创新引领专项行动，持续深化工业、建筑、交通、公共机构、商贸流通、农业农村等重点领域节能，提升数据中心、第五代移动通信网络等新型基础设施能效水平 ■ 实施重大平台区域能评升级版，全面实行"区域能评＋产业能效技术标准"准入机制 ■ 组织开展节能诊断服务，推进工业节能降碳技术改造，打造能效领跑者
	严控高碳能源消费	■ 实行能源"双控"政策，严格控制煤炭消费总量，高效发展清洁煤电，有序推动煤电由主体性电源逐步向基础保障性电源转变 ■ 持续实施煤改气工程，积极推进电能替代
	积极发展低碳能源	■ 实施"风光倍增"工程，推广"光伏＋农渔林业"开发模式，推进整县光伏建设。华东地区海上风电最大陆上计量站在嘉兴平湖市独山港全面投运；浙能嘉兴1号、嵊泗2号海上风电项目也实现全容量并网，源源不断的清洁电能通过该陆上计量站输送至电网，供千家万户使用。浙能嘉兴1号、嵊泗2号海上风电项目是浙能集团依托海洋资源禀赋，加速推进能源绿色低碳转型的重点工程① ■ 因地制宜发展生物质能、海洋能等可再生能源发电。2022年，国家能源集团龙源电力浙江温岭潮光互补智能光伏电站投运，打造潮汐与光伏协调运行发电的新模式② ■ 扩大天然气发电利用规模。有序推进抽水蓄能电站布局和建设。加快储能设施建设，鼓励"源网荷储"一体化等应用 ■ 省发展改革委、省能源局、浙江能源监管办开展2021年浙江省绿色电力市场化交易试点工作，深度挖掘绿色电力零碳属性的商业价值和社会价值③

① 浙江平湖：华东地区海上风电最大陆上计量站全面投运[R]. 央广网，2021-11-29.
② 浙江省海洋能利用试点项目屡获新突破——蓝色动能，如何取之有道[R]. 杭州网，2022-06-16.
③ 省发展改革委 省能源局 浙江能源监管办关于开展2021年浙江省绿色电力市场化交易试点工作的通知[EB/OL]. 浙江省发展和改革委员会网站. [2021-06-16]. https://fzggw.zj.gov.cn/art/2021/6/16/art_1229629046_4906652.html.

举措		开展的专项工程
构建绿色低碳的现代化能源体系	推动能源治理体系现代化	- 加快能源全产业链数字化智能化发展,推进多元融合高弹性电网建设,完善以中长期交易为主、现货市场为辅的省级电力市场体系 - 建设以新能源为主体的新型电力系统,开展绿色电力交易,促进可再生能源消纳 - 建立能源行业全生命周期数字化监管机制,强化能源监测预警
推进交通运输体系低碳转型	推动交通运输装备低碳化	- 应用以电力、氢能等新能源为动力的运输装备,产业基础加快构建,爱德曼成功开发了七种金属板燃料电池产品并全部实现量产;峰源氢能研发的100~150 kW金属双极板电堆,体积比功率密度达到4.5 kW/L;巨化集团自主研发生产的98 MPa高压储氢罐技术全球领先,质子交换膜全氟磺酸树脂技术打破国际垄断。氢燃料电池汽车示范应用稳步推进,嘉善县开通全省第一条氢燃料电池公交车路线,建成加氢站2座,逐批投入运营氢燃料电池公交车100辆[①] - 城市公交、一般公务车辆新能源替代,以杭州市为例,杭州主城区公交车实现100%清洁能源化 - 设立新能源汽车补贴政策,引导社会车辆新能源化发展。围绕新能源汽车实施"三纵三横"研发创新工程、"生态主导"企业培育工程、"能级跃升"平台建设工程、"跨界协同"融合示范工程、"内外畅通"开放合作工程、"低碳智能"应用推广工程、"智慧高效"基建补强工程、"百项千亿"项目投资工程 - 浙江各设市区制定机动车限行政策,严格设置高碳排放车辆限行区域和时段
	优化交通运输结构	- 发展多式联运设施体系。推进海公铁联运基础设施互联互通,建设金甬、金台、甬舟等干线铁路;构建江海河联运互通直达设施体系,重点推进京杭运河、杭平申线、长湖申线西延等项目;依托海港集团扩大长江沿线码头布局,打造以"水水中转"为特色的大宗商品及集装箱中转运输体系;推动空公铁联运设施体系无缝衔接,推进杭州萧山国际机场三期及路侧交通中心工程,规划建设嘉兴航空联运中心[②] - 打造"四港"联动综合服务大数据交换平台:建立大数据基础交换和服务网络;推进信息服务体系建设,宁波港电子数据交换中心增加国家物流信息平台路由接口,义乌综合物流信息平台与传化公路港、菜鸟等物流信息平台串联,推动跨境电商贸易便利化;建立"四港"联动信息港建设工作机制[③] - 加快发展绿色物流,加强运力整合、车货匹配以及供应链与物流链融合,提高货运组织效能 - 开展浙江省交通运输信息系统融合共享应用项目,稳妥发展共享交通

---

① 浙江省新能源汽车产业发展"十四五"规划[EB/OL]. 浙江人民政府网站. [2021-04-22]. https://fzggw.zj.gov.cn/art/2021/4/22/art_1229123366_2270217.html.
② 优化调整交通运输结构,浙江这么做[R]. 光明网,2020-10-19.
③ 《浙江省综合交通枢纽"十四五"规划》(浙交〔2021〕64号).

举措		开展的专项工程
推进交通运输体系低碳转型	加快低碳交通基础设施建设	■ 加快美丽公路、美丽航道、城乡绿道网建设。发布《浙江省省级绿道网规划（2021—2035）》，提出建成 3 万 km 以上绿道的目标，注重省级绿道建设在"全网络、强带动、推精品、善治理、优绿廊"五个方面取得突破，形成独具浙江特色的绿道品牌。① 2021 年，浙江省公路总里程 12.39 万 km，其中，高速公路 5 184 km，实现陆域县县通高速 ■ 推进公路和水上服务区、公交换乘中心、港口等低碳交通枢纽建设。重点建设杭州西站、宁波栎社国际机场综合交通枢纽、温州机场交通枢纽综合体、铁路义乌站综合交通枢纽、衢州市综合客运枢纽站等综合客运枢纽，中国（杭州）跨境电子商务空港园区、宁波宁海物流综合货运中心、温州潘桥国际物流园区、义乌保税物流园区、湖州铁公水物流园区等综合货运枢纽。全省综合客运枢纽达到 66 个，综合货运枢纽达到 17 个，支撑枢纽城市功能逐步增强 ■ 搭建充电基础设施信息智能服务平台。建成浙江省首个政府性电动汽车充电设施监管服务平台——"金华绿行"、浙江省统一、公益和非营利性的充电基础设施智能服务平台——"浙江 e 充"App
推进建筑全过程绿色化	提升新建建筑绿色化水平	■ 修订公共建筑和居住建筑节能设计标准 ■ 在城乡建设各环节全面践行绿色低碳理念，大力推进零碳未来社区建设 ■ 适度控制城市现代商业综合体等大型商业建筑建设。推进绿色建造行动，大力发展钢结构等装配式建筑 ■ 完善星级绿色建筑标识制度，建设大型建筑能耗在线监测和统计分析平台 ■ 全面推广绿色低碳建材，推动建筑材料循环利用
	推动既有建筑节能低碳改造	■ 开展能效提升行动，有序推进节能改造和设备更新 ■ 加强低碳运营管理，改进优化节能降碳控制策略 ■ 推进建筑能耗统计、能源审计和能效公示，探索开展碳排放统计、碳审计和碳效用公示 ■ 完善建筑改造标准，逐步实施建筑能耗限额、碳排放限额管理。加强建筑用能智慧化管理，推进智慧用能园区建设
	加强可再生能源建筑应用	■ 提高建筑可再生能源利用比例，发展建筑一体化光伏发电系统，因地制宜推广地源热泵供热制冷、生物质能利用技术，加强空气源热泵热水等其他可再生能源系统应用 ■ 结合未来社区建设，大力推广绿色低碳生态城区、高星级绿色低碳建筑、超低能耗建筑
推进农林牧渔低碳发展	大力发展生态农业	■ 实施"肥药两制"改革，农药化肥实名制购买、定额制施用。萧山区、象山县、海盐县在内的全省 21 个县（市、区）确定为首批"肥药两制"改革综合试点县。开发"浙农优品"数字化应用，截至 2022 年年初，"浙农优品"已有 4.6 万家农业生产主体和 8 496 家农资经营主体上线应用，日活跃度 8 万余次，累计开具食用农产品合格证 20.1 万批次、561 万张 ■ 加强农作物秸秆综合利用技术集成推广，浙江省试点推行农作物秸秆全量化利用，设立宁波奉化县在内的 5 个试点县。以宁波奉化县为例，2021 年，奉化全区秸秆综合利用量 4.46 万 t，综合利用率达 96.53% ■ 实施"风光倍增计划"，推广农光互补、"光伏+设施农业""海上风电+海洋牧场"等低碳农业模式。浙江省最大集中式农光互补项目在杭州市淳安县中州镇樟村毛山岗已经启动 ■ 加快建立农业碳汇核算标准，推进农业生态技术、增汇技术研发和推广应用

---

① 浙江开启 2.0 版绿道建设[N]．浙江日报，2021-03-22（2）.

举措		开展的专项工程
推进农林牧渔低碳发展	巩固提升林业碳汇	• 确定瑞安市、安吉县、开化县、龙泉市为林业增汇试点县，杭州市临安区万向三农集团有限公司等11家单位为林业碳汇先行基地创建单位 • 全面实行林长制，全省共设立各级林长43 310名，出台了《关于全面推行林长制的实施意见》，制定了林业发展"十四五"规划和自然保护地体系 • 编制《浙江省林业碳汇中长期规划》并通过专家论证，提出八大规划任务和五大重点工程，巩固提升林业碳汇能力 • 发展碳汇职能，大力开展林业固碳增汇行动，大力发展林业绿色低碳循环产业，加快林业碳汇关键技术创新，探索林业碳汇补偿交易机制，在实现"双碳"上展现更大作为
	增强海洋湿地等系统固碳能力	• 实施治海领域重大工程："美丽海湾"建设工程。生态海岸带先行段建设工程 • 探索发展海洋碳汇渔业，浙江省舟山市嵊泗县已成功创建国家级海洋牧场示范区2个 • 实施湿地保护修复工程，增强湿地固碳能力，浙江省已建成国际重要湿地1个、国家重要湿地2个、省重要湿地80个、县级湿地保护名录397个，湿地保护率达52%
推进绿色低碳生活方式	强化公众节能降碳理念	• 定期举办全国节能宣传周、全国低碳日、世界环境日等主题宣传活动，如2021年12月的"全国低碳日" • 浙江省推出"互联网+监管"平台，建立"城市大脑"等数智平台，新闻媒体、公众、社会组织等都可以通过平台对节能降碳进行监督
	培育绿色生活方式	• 深入开展"地球一小时"、植树节、低碳日、浙江生态日、全国低碳日等绿色生活行动，在活动中宣传低碳知识 • 开展绿色出行行动，实行"碳积分"等碳普惠的激励机制，引导公众优先选择乘坐公共交通、步行和骑行等绿色出行方式 • 深入开展塑料污染治理攻坚行动，持续推进塑料污染全链条治理 • 全面实施生活垃圾分类回收，并对各设市区的生活垃圾分类工作进行考核。2021年确定宁波市等6个设区市、萧山区等34个县（市、区）为2021年度浙江省生活垃圾分类工作考核评估优秀单位，温州市等5个设区市、余杭区等17个县（市、区）为2021年度浙江省生活垃圾分类工作考核评估良好单位① • 实行"互联网+"等废旧物品交易模式。借鉴国内最早一批涉足"互联+回收"模式的科技型企业的经验，积极推行"互联网+回收"模式，回收的物品转换成碳积分，使用碳积分在线消费，兑换生活必需品，同时会将回收物数据分析汇总，方便后续采取全流程追踪。截至2021年6月，浙江省联运已在全国27个省（区、市）开展了2 000多个项目，服务超过1 500万户居民。阿里巴巴集团旗下的闲置交易平台闲鱼积极践行"互联网+二手"模式，用户通过线上进行二手交易，助推了循环经济的发展②
	开展全民碳普惠行动	• 完善顶层设计。碳场景示范建设，明确碳普惠覆盖范围和行为。出台《浙江省碳普惠实施意见》，出台《浙江省碳普惠管理办法》③ • 建设全省统一的碳普惠应用。全国首个省级碳普惠应用——"浙江碳普惠"成功应用 • 完善"碳标签""碳足迹"等制度，推广碳积分等碳普惠产品，实行"碳积分""碳账户"等激励保障措施，引导公众践行绿色低碳生活理念

---

① 2021年度浙江省生活垃圾分类成绩单出炉这些地方获评优秀[N]. 潇湘日报，2022-02-22.
② 李贞. 资源循环利用，"互联网+"显身手[N]. 人民日报（海外版），2021-07-23（8）.
③ 张艳梅，罗雯，陆莉君. 基于"共同富裕示范区"视角的浙江省"碳普惠"机制建设[J]. 再生资源与循环经济，2021（10）：13-16.

举措		开展的专项工程
实施绿色低碳科技创新战略	加快关键核心技术攻关	▪ 发布《关于完整准确全面贯彻新发展理念做好碳达峰碳中和工作的实施意见》，明确了浙江省碳达峰碳中和技术路线图，深入实施"双尖双领"计划 ▪ 围绕零碳电力、零碳非电能源、零碳流程重塑、零碳系统耦合、碳捕集利用与封存和生态碳汇等方向，创新科研攻关机制，采用揭榜挂帅等方式，实施关键核心技术创新工程，推进低碳技术集成与优化
	强化高能级创新平台建设	▪ 设立全国首个国家绿色技术交易中心。围绕绿色技术领域节能环保、清洁生产、清洁能源、生态保护与修复、城乡绿色基础设施、生态农业等六大板块，构建技术交易、科技研发、成果转化、产业金融、国际合作、创新示范等六大功能，为实现"双碳"提供重要技术支撑①
	强化技术产业协同发展	▪ 实施国家绿色技术创新"十百千"行动，推进低碳先进技术成果转化、创新创业主体培育和可持续发展引领三大工程。大力培育绿色低碳技术创新型企业，持续推进省级可持续发展创新示范区建设。 ▪ 实施首台（套）提升工程。2021年3月，浙江省经信厅发布《关于深入实施制造业首台（套）提升工程的意见》《浙江省首台（套）产品推广应用指导目录（2021年版）》，为首台（套）提升工程提供指导②
完善政策法规和统计监测体系	健全法规标准体系	▪ 碳达峰碳中和纳入相关法规制修订。《浙江省生态环境保护条例》首次纳入"双碳"内容③ ▪ 严格落实产业结构调整指导目录、重点行业淘汰落后产能目标，推动建立覆盖重点行业、重点领域的存量退出和淘汰标准体系 ▪ 建立绿色产品认证体系。浙江省市场监管局联合14个部门在全国率先出台加快推进绿色产品认证工作的意见。截至2022年6月，浙江全省累计有绿色产品认证获证企业368家，占全国获证企业数的13.85%；浙江省还发力内外贸产品"同线同标同质"行动④
	强化财税政策支持	▪ 加大财政资金支持力度，切实保障"双碳"工作资金需求。由《2021年浙江省国民经济和社会发展统计公报》可知，2021年浙江省高新技术产业、生态环保城市更新和水利设施、交通投资分别增长20.5%、12.0%和2.4% ▪ 实行生态环保财力转移支付资金与"绿色指数"相挂钩的分配制度，健全与生态产品质量和价值相挂钩的财政奖补机制 ▪ 强化环境保护税、资源税等税收征收管理，落实节能节水、资源综合利用等领域税收优惠政策 ▪ 健全生活垃圾处理收费制度，强化阶梯水价、气价运用，进一步优化分时电价，对高耗能行业实行阶梯电价
	发展绿色金融	▪ 充分发挥政府投资引导作用，加大对绿色产业和技术的投融资支持力度 ▪ 强化对绿色低碳发展的资金保障，稳步提高绿色贷款占比，扩大绿色债券发行规模，推行环境污染责任保险等绿色保险 ▪ 推动湖州、衢州绿色金融改革创新试验区建设，深化绿色金融地方规范和标准建设 ▪ 推动碳金融产品服务创新，提升环境和气候风险管理能力 ▪ 鼓励社会资本设立绿色低碳产业投资基金

---

① 全国首个国家绿色技术交易中心落户浙江[EB/OL]．浙江省发展和改革委员会网站．[2021-09-15]．https://fzggw.zj.gov.cn/art/2021/9/15/art_1229123491_58930820.html．
② 浙江发布新政：瞄准制造业首台（套）提升工程发力[R]．光明网，2021-03-27．
③ 浙江省生态环境保护条例[EB/OL]．[2022-05-30]．https://www.zj.gov.cn/art/2022/5/30/art_1229417063_2407025.html．
④ 浙江加码认证认可检验检测 服务绿色发展成关键路径[R]．中国新闻网，2022-06-09．

举措		开展的专项工程
完善政策法规和统计监测体系	提升统计监测能力	• 构建省级碳排放统计核算体系，探索制定市县级碳排放核算办法，统一核算口径，加强温室气体监测 • 持续提升能源统计数据质量，开展生态系统碳汇计量、监测和评估，推进森林、海洋碳汇计量和监测方法学研究，探索湿地碳汇计量监测研究
创新绿色发展推进机制	培育市场交易机制	• 全面参与全国碳排放权交易市场，建成浙江省气候变化研究交流平台，建立完善企业碳排放监测、报告、核查体系。积极创建国家级和省级低碳试点，已有 11 个国家级低碳试点和 37 个省级低碳试点，形成覆盖城市、城镇、园区、社区、企业的多层级低碳试点体系，发布《浙江省碳排放权管理实施细则（试行）（征求意见稿）》《关于金融支持碳达峰碳中和的指导意见》 • 建立碳汇补偿和交易机制，探索将碳汇纳入生态保护补偿范畴 • 出台《浙江省用能权有偿使用和交易试点工作实施方案》《浙江省用能权有偿使用和交易管理暂行办法》《浙江省用能权有偿使用和交易第三方审核机构管理暂行办法》等文件，探索建立基于能效技术标准的用能权有偿使用和交易体系，探索多元能源资源市场综合交易试点 • 深化"两山银行"试点建设，2021 年成立 9 家"两山银行"。拓展"绿水青山就是金山银山"转化通道，出台《关于建立健全生态产品价值实现机制的实施意见》明确实现路径，强化数字化改革赋能，推进 GEP 核算体系，健全生态产品价值实现机制 • 全国首个国家绿色技术交易中心落户浙江；由国网浙江省电力有限公司与浙江省经济和信息化厅、浙江省统计局共同推出的"工业碳平台"上线①
	创新绿色生产和消费管理机制	• 全面推行绿色生产和消费方式。制定绿色项目招商引资清单，为低碳高效产业项目开辟绿色通道 • 制定《浙江省节能新技术新产品新装备推荐目录（2021 年本）》（浙发改能源〔2021〕453 号），推广应用先进能效技术和产品，扎实推进"双碳"工作，形成以技术驱动为主的绿色产业发展模式 • 提升绿色产品在政府采购中的比例，引导企业和居民采购绿色产品 • 企业开展"碳标签"实践，完善绿色贸易体系，积极应对碳边境调节机制等贸易规则
	推进多领域多层级多样化低（零）碳试点	• 浙江省生态环境厅还印发实施低（零）碳试点建设的指导意见，推进首批 24 个省级低（零）碳乡镇（街道）、200 个村（社区）试点建设 • 组织开展浙江省第一批低碳试点县创建单位，共确定 4 大类 11 家低碳试点县创建单位，具体名单如下：产业低碳转型类：乐清市、绍兴市上虞区、台州市路桥区；低碳能源发展类：平湖市、舟山市普陀区；碳汇能力提升类：磐安县、龙泉市；综合类：杭州市临安区、余姚市、湖州市吴兴区、常山县②

（四）各级政府的会议推进

浙江省在推进"双碳"工作上系统谋划、率先行动，在全国第一个召开全省"双碳"工作推进会议，出台了一系列创新政策措施，提出了"4+6+1"的总体要求和任务。③ 市级层面把账算清、算精、算透，承接好省里的行动方案，加强对县区的具体督促指导。县区

---

① 浙江工业碳平台上线 将实现碳金融、碳技改等多跨场景应用[R]. 浙江新闻客户端，2021-08-12.
② 关于全省第一批低碳试点县创建单位名单的公示[Z]. 浙江省发展和改革委员会网站，2021-07-21.
③ 率先高标准打好攻坚战 加快全面绿色低碳转型[N]. 浙江日报，2021-05-22（1）.

级层面找准、管住辖区内排放重点企业单位，落实具体工作措施，深挖减排潜力。企业层面保质保量完成减排目标，为浙江省大局做贡献，努力把落实"双碳"要求作为打造"重要窗口"的标志性成果。

在2021年7月和2022年6月分别召开浙江省碳达峰碳中和工作领导小组第一次全体会议和第二次全体会议，总结浙江省"双碳"工作进展情况并对下一步工作做出说明，第二次会议更加细致地规划了"双碳"工作，提出多措并举抓好下阶段"双碳"重点任务。

随着"双碳"实践探索的不断深入，各级地方政府也陆续召开"双碳"相关会议，为各市"双碳"工作做出具体部署。

杭州市召开"双碳"工作领导小组第一次会议。会议强调要系统推进、重点突破，高水平抓好"双碳"工作。持续推进产业低碳转型，加快实施产业体系"降碳"行动，坚决遏制"两高"项目盲目发展。扎实推动能源结构调整，深入实施可再生能源倍增工程、绿电入杭工程和煤炭减量工程，持续构建清洁低碳、安全高效的能源体系。抓好科技创新关键变量，推进"双碳"关键核心技术攻关，推动技术产业协同发展，抢占"双碳"技术制高点。夯实生态系统绿色本底，充分发挥湿地、森林等自然生态固碳作用，建立健全生态产品价值实现机制。①

宁波市"双碳"工作领导小组第一次会议中讨论审议《宁波市全面贯彻新发展理念做好"双碳"工作实施意见》《宁波市碳达峰行动方案》等文件。并强调各级各部门要突出高质量、高效率，牢牢把握"十四五"这个碳达峰的关键期、窗口期，深入实施碳达峰十大行动，加快打造十大标志性工程，切实做到行动有力、落实到位。②

温州市召开"双碳"工作领导小组会议，审议了温州市"双碳"2021年工作任务清单、碳达峰总体方案、能源领域碳达峰行动方案以及领导小组有关工作规则。强调要持续完善推进方案，要坚决抓好能耗"双控"，要大力发展清洁能源，要整体推进低碳转型。③

嘉兴市召开"双碳"工作领导小组会议。会议强调要高标准制定好"双碳"行动方案。要进一步加强重点耗能行业的分析，要持续优化能源结构，要处理好控碳和满足人民对美好生活向往的平衡关系，要加快实施碳达峰关键核心技术攻关。④

湖州市对未来"双碳"工作提出"八大工程"：实施基础前沿技术研究工程、关键核心技术创新工程、先进技术成果转化工程、创新平台能级提升工程、创业创新主体培育工程、可持续发展示范引领工程、高端人才团队引育工程、低碳技术开放合作工程。

绍兴市召开"双碳"工作领导小组会议。会议就6个分领域碳达峰行动方案作出部署。会议强调各级各相关部门要从五个方面严格要求尽快完善"双碳"工作时间表、路线图、

---

① 杭州市碳达峰碳中和工作领导小组第一次（扩大）会议召开[EB/OL]．杭州市人民政府网站．[2021-08-25]．http://www.hangzhou.gov.cn/art/2021/8/25/art_1229137259_59040870.html
② 推动共同富裕取得实质性进展 干出快人一步胜人一筹新业绩[N]．宁波日报，2021-09-02（1）．
③ 坚定不移有序推进碳达峰碳中和工作 推动经济社会发展全面绿色低碳转型[N]．温州日报，2021-09-23（1）．
④ 深入学习贯彻习近平生态文明思想和习近平总书记关于碳达峰碳中和的重要论述精神 科学有序推进碳达峰碳中和[N]．嘉兴日报，2021-12-16（1）．

施工图,高效协同推动落地见效。①

金华市审议通过了《金华市全面贯彻新发展理念做好"双碳"工作实施意见》等文件。要求加快推进工业结构调整和能源结构调整,梯次推进碳达峰,科技支撑强供给,确保完成"双控"各项目标任务。要严格控增量,加快调存量,坚决守底线,稳妥实施能源"双控"举措。②

衢州市召开"双碳"工作领导小组第一次全体会议。会议强调要对准能源、工业、建筑、交通、农业、居民生活以及绿色低碳科技创新"6+1"领域赛道,全力推广低碳能源、发展低碳产业、加快低碳转型、推进科技创新,推动各项重点任务落细落实。③

舟山市召开"双碳"工作领导小组会议。会议审议通过了《舟山市"双碳"工作领导小组工作规则》等文件。会议强调既要考虑发展,又要考虑"双碳",要抓紧探索浙石化的"双碳"路径;谋划一批"6+1"领域标志性工程和项目,推进数字化管理,带动各个领域实现碳达峰;把"双碳"作为重大机遇发展蓝碳经济。④

台州市召开"双碳"工作领导小组第一次会议。会议审议通过了《台州市全面贯彻新发展理念做好碳达峰碳中和工作实施意见》等文件。会议强调要按照"梯次有序达峰"的要求,进一步细化实施方案,明确年度任务和政策举措,做到与经济社会发展目标有效衔接、指标相互协调衔接。⑤

丽水市"双碳"工作领导小组对第一次会议审议通过的《丽水市全面贯彻新发展理念做好碳达峰碳中和工作实施意见》等有关文件作说明,强调实现"双碳"是一场广泛而深刻的经济社会变革,必须牢固树立系统观念,高水平地全面统筹经济增长、能源安全、碳排放、居民生活,要科学务实、系统施策推进"双碳"⑥。

此外,各类传统媒体和新型媒体、各级正式组织和非正式组织、各种学术组织和教育机构均对"双碳"的宣传、普及、推广发挥了积极的作用。

二、浙江省碳达峰碳中和的阶段成就

(一)思想认识渐趋统一

1. 领导干部绿色低碳理念牢固树立

一是迭代升级生态文明建设省域战略。浙江省生态文明建设一直走在全国前列:2003

---

① 以实际行动扎实推进碳达峰碳中和[N]. 绍兴日报,2021-10-29(1).
② 推动经济社会绿色转型发展以"双碳双控"工作实际成效[N]. 金华日报,2021-09-14(1).
③ 加快"双碳"变革 服务"国之大者" 努力打造改革创新共同富裕标志性成果[N]. 衢州日报,2022-05-13(1).
④ 我市召开碳达峰碳中和工作领导小组第一次全体会议[EB/OL]. 舟山市人民政府网站. [2021-12-20]. http://xxgk.zhoushan.gov.cn/art/2021/12/20/art_1229029324_59085150.html.
⑤ 蹄疾步稳有力有序推进碳达峰碳中和[N]. 台州日报,2021-10-01(1).
⑥ 胡海峰主持召开市碳达峰碳中和工作领导小组第一次会议[N]. 丽水日报,2022-01-30.

年，做出建设生态省的决定；2010 年，提出建设全国生态文明示范区；2012 年，提出建设美丽浙江；2016 年，打造生态文明建设浙江样本；2017 年强调建设美丽浙江；2018 年生态省建设通过国家验收成为全国首个生态省；2022 年，提出创建国家生态文明试验区、打造现代版"富春山居图"。一系列决策部署表明，浙江省领导干部以实际行动树立绿色低碳理念，争做节能低碳的践行者、引领者。

二是铲除"唯 GDP 论英雄"考核制度的弊端。随着绿色低碳理念的深入人心，浙江省高度重视对领导干部考核制度的优化。对于大部分地区的考核，不仅考核经济发展指标，而且考核生态发展指标、社会发展指标等，形成全面的考核指标体系；对于浙江省山区 26 县则不考核 GDP，着重考核生态效益、居民增收等方面，积极构建浙江省绿色低碳、生态发展的生态蓝图。

三是积极探索 GEP 核算办法。作为首个国家标准化综合改革试点省，浙江省扎实推动绿色发展标准化建设，在 36 县（市、区）积极探索 GEP 考核。① 浙江省编制发布了《生态系统生产总值（GEP）核算技术规范 陆域生态系统》（DB 33/T 2274—2020）省级标准，印发《浙江省生态系统生产总值（GEP）核算应用试点工作指南（试行）》。丽水市作为全国首个生态产品价值实现机制的试点城市，编制了市、县、乡镇、村四级《生态产品目录清单》，推进 GEP 核算清单化，编制发布了全国首份地方标准《生态产品价值核算指南》（DB 3311/T139—2020），推进 GEP 核算制度化自动化，定期发布核算成果，推进 GEP 核算制度化。②

四是大力推进"亩均论英雄"考核制度。浙江省全面推进"亩均论英雄"，通过正向引导和反向倒逼持续深化产业集约化转型，提升资源的利用效率。温州市以亩均效益为导向，将"亩均论英雄"改革列入年度经济体制重点改革项目清单，将亩均增加值、亩均税收等指标纳入市对县的考核绩效。2021 年，温州市规模以上工业亩均 37.12 万元，列浙江省第三；亩均增加值 199.55 万元，列浙江省第二；温州市反向倒逼征收差别化电价 1.09 亿元，削减用能指标 6 890 t 标煤，"倒逼"力度浙江省第一。③

2. 企业绿色低碳生产意识全面形成

（1）社会责任"倒逼"绿色低碳生产意识形成。在浙江省"双碳"工作推进中，企业积极履行绿色低碳社会责任，助力"双碳"。湖州市长兴县从生产铅酸蓄电池基地到生产锂电池基地的华丽转型，实现了产业结构脱胎换骨。铅酸蓄电池企业不断强化环保社会责

---

① 生态系统生产总值（gross ecosystem product，GEP）是生态系统为人类福祉和经济社会可持续发展提供的最终产品与服务价值的总和 [欧阳志云,朱春全,杨广斌,等. 生态系统生产总值核算：概念、核算方法与案例研究[J]. 生态学报, 2013（33）]。GEP 核算的目的是要对生态服务价值进行货币化评价，从而科学地认识生态系统服务的潜在价值，更好地将自然生态保护纳入经济社会发展决策之中。GEP 核算是生态系统服务流量的价值核算，不是对生态资产存量的核算 [石敏俊,陈岭楠. GEP 核算：理论内涵与现实挑战[J]. 中国环境管理, 2022（14）]。
② 高世楫,俞敏. GEP 核算是基础，应用是关键[N]. 学习时报, 2021-09-29（7）.
③ 19 家温企成省级制造业"领跑者"[N]. 温州日报, 2022-03-22（1）.

任，淘汰落后产能，促进企业转型升级。① 绍兴市新昌县从发展污染型产业到发展高新技术产业，筑牢绿色低碳的社会责任，对新昌江流域环境污染展开整治，并启用新的污水处理厂，对污水进行集中处理，对沿岸污染企业通过转、迁、并等手段，"倒逼"企业转型升级，实现出境水质从Ⅴ类到Ⅰ、Ⅱ类。宁波市镇海区因作为我国"北煤南运"的重要中转基地和煤炭交易中心，烟尘污染严重影响空气质量，致使许多人"逃离镇海"，镇海区以"五水共治"理念实施"二次创业"，用要素的集约、绿色使用倒逼产业转型升级，关停不符合规定的化工企业，投入 100 多亿元资金整治生态环境，煤尘大幅下降、36 种化工有机污染因子中有 1/3 下降明显，与此同时，洛可可、木马设计等 1 000 多家创新型企业争相落户镇海，成为经济社会发展新引擎。②

（2）绿色机遇"诱致"绿色低碳生产意识形成。在响应碳减排要求和结构转型以及积极参与低碳经济的过程中，企业绿色低碳生产意识形成。一方面，区域产业结构的改善为企业指明方向。杭州市依托绿色产业结构改善挖掘新的企业发展机遇，发展文化创意产业。将传统工业旧厂房融入现代文创元素，打造了西溪创意产业园、之江文化创意产业园、运河天地文化创意产业园、白马湖生态创意城等市级文创产业园；③ 依托信息技术革新浪潮，发展互联网文化创意产业、数字电视业、文化软件服务业等产业；搭乘数字化改革"列车"，创新推出"文创 e 点通"数智应用平台，设置"文创头条""文融通"等五大应用场景。杭州市在之江文化产业带和大运河（杭州段）文化产业带的引领带动下，基本形成以数字内容、影视生产、动漫游戏、创意设计、现代演艺等为优势发展行业的文化产业高质量发展格局。2011—2021 年，杭州文化产业增加值从 400 亿元增长为 2 586 亿元，年均增速达 10%以上，占 GDP 比重提高了 8.6 个百分点。④ 另一方面，区域生态产品的供给为企业提供商机。丽水市通过生态产品价值实现机制建设推进生态产业化和产业生态化，打造出"丽水山耕""丽水山居""丽水山景"等"山"字系品牌，以品牌赋能促进生态产品增值溢价。在生态产品价值实现的过程中，不仅为乡村增商引资，为居民提高收入，而且不断促进绿色低碳意识在居民心中"生根发芽"。

3. 公众绿色低碳消费习惯蔚然成风

随着政府和企业对绿色低碳理念宣传的不断深入，低碳消费理念融入人们衣、食、住、行等方方面面，普通民众参与碳中和行动的方式也是多种多样的。浙江省碳普惠应用累计用户数已达 30 万人，开展低碳出行、绿色消费、线上办理、二手回收等低碳行为 223 万次。以杭州市为例，截至 2021 年 9 月底，配合地铁 9 号线的开通，公交集团新辟地铁接驳线 10 条，已完成新增地铁站 100 m 内的公交站点 27 个。优化公交线路 83 条，调整 1 364 辆公交车型。广大居民还通过垃圾分拣、一水多用促进"无废城市"建设；通过选购节能

---

① 在"瘦身"中生长：长兴县铅蓄电池产业的绿色转型路[R]. 央广网，2018-11-25.
② 工业重镇"变形记"：浙江镇海深入推进生态环境整治[R]. 央广网，2016-05-02.
③ 杭州文化创意产业研究中心课题组. 杭州发展文化创意产业的思考及建议[J]. 杭州科技，2018（4）：34-37.
④ 杭州文化产业迎"春风"[N]. 杭州日报，2022-03-09（1）.

灯具、节能家电等节能环保型的商品促进资源节约型社会建设；通过以环保购物袋替代塑料袋等手段，促进环境友好型社会建设。

（二）行动方案基本形成

浙江省委、省政府适时印发了《关于完整准确全面贯彻新发展理念做好碳达峰碳中和工作的实施意见》，明确指出浙江省"双碳"的三个时间节点、三个阶段目标，通过十项举措和三大保障确保"双碳"工作稳妥推进，加快构建"6+1"领域"双碳"体系。在科技创新方面，浙江省率先出台全国首个"双碳"行动方案《浙江省碳达峰碳中和科技创新行动方案》（省科领〔2021〕1号），打响"双碳"第一枪。该行动方案紧扣浙江省实际，依据"4+6+1"的总体思路，提出了具体的技术路线图和行动计划，抢先抢抓"双碳"科技制高点。在金融支持方面，人民银行杭州中心支行联合浙江省银保监局、省发展改革委、省生态环境厅、省财政厅发布《关于金融支持碳达峰碳中和的指导意见》，在全国率先出台金融支持"双碳"10个方面25项举措。浙江省还发布了《浙江银行业保险业支持"6+1"重点领域 助力碳达峰碳中和行动方案》、《浙江省人民政府关于加快建立健全绿色低碳循环发展经济体系的实施意见》（浙政发〔2021〕36号）、《浙江省财政厅关于支持碳达峰碳中和工作的实施意见（征求意见稿）》（浙财资环〔2022〕37号）、《2022年建筑领域碳达峰碳中和工作要点》（浙建设发〔2022〕338号）、《关于印发绿色工业园区、绿色工厂建设评价导则的通知》（浙经信绿色〔2021〕88号）等文件指导"双碳"工作落实推进。《浙江省国民经济和社会发展第十四个五年规划和二〇三五年远景目标纲要》、《浙江省生态环境保护"十四五"规划》（浙发改规划〔2021〕204号）、《浙江省数字基础设施发展"十四五"规划》、《浙江省新能源汽车产业发展"十四五"规划》（浙发改规划〔2021〕107号）、《浙江省应对气候变化"十四五"规划》（浙发改规划〔2021〕215号）、《浙江省林业发展"十四五"规划》（浙发改规划〔2021〕136号）等系列文件均谋划了"双碳"工作。

各设区市也纷纷出台各地的方案和政策，杭州市出台了《关于完整准确全面贯彻新发展理念做好碳达峰碳中和工作的实施意见》，宁波市出台了《宁波市碳达峰碳中和科技创新行动方案》，嘉兴市出台了《嘉兴市完整准确全面贯彻新发展理念做好碳达峰碳中和工作的实施意见》等。

（三）节能减排成效显著

1. 单位产出能耗强度显著下降

"十三五"期间浙江省规模以上工业增加值能耗累计下降20.4%，高耗能行业装备和管理现代化步伐明显加快，石油石化、化纤印染、电力热力、水泥等重点行业能效水平领跑全国。全省城市建成区清洁能源化公交车、出租车使用比例达到80%，杭州、湖州主城区实现清洁能源公交车全覆盖。2002—2021年浙江省单位GDP能耗（t标煤/万元）、单位工业产值能耗（万t/亿元）和单位GDP电耗（亿kW·h/亿元）如图10-1所示。从图10-1可以看出，2002—2020 年浙江省单位工业产值和单位 GDP 能源消耗总体呈降低的趋势，单位 GDP 能耗呈现波动下降趋势。其中，浙江省单位 GDP 能耗从 2002 年的 1.03 亿 t 标煤/亿元下降到 2020 年的 0.38 亿 t 标煤/亿元，这说明浙江省在节能方面取得的效果很显著；浙江省单位 GDP 电耗则由 2002 年的 0.13 亿 kW·h/亿元下降到 2020 年的 0.07 亿 kW·h/亿元；单位工业产值能耗由 2002 年的 3.44 亿 t 标煤/亿元下降到 2020 年的 0.33 亿 t 标煤/亿元，与单位 GDP 电耗相比其下降幅度更为明显，说明在浙江省节能工作中电力节能发挥着重要作用。

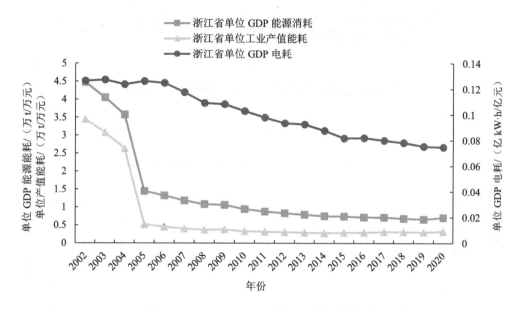

图 10-1　2002—2020 年浙江省能耗相关指标

2. 碳排放形势依然十分严峻

各地并未公布二氧化碳排放量数据，不同学者也有不同的测算方法，本报告参照郑长德等[①]的计算方法，利用每吨标煤的碳排放系数与浙江省的能源消费总量（单位：万 t 标煤）两者相乘来测算碳排放量（单位：万 t），本报告的碳排放系数也按照郑长德等的方法，令其等于 2.499。

2002—2020 年浙江省二氧化碳排放总量和碳排放强度如图 10-2 所示。从图 10-2 可以看到，浙江省二氧化碳排放量并没有出现明显拐点，并在不断增加，这说明浙江省还处于碳排放递增阶段。单位 GDP 二氧化碳排放降低率总体呈降低趋势，这说明浙江省的减排工作取得显著成效，但是，存在反弹现象，需要警惕（图 10-3）。

---

① 郑长德，刘帅. 基于空间计量经济学的碳排放与经济增长分析[J]. 中国人口·资源与环境，2011（5）：80-86.

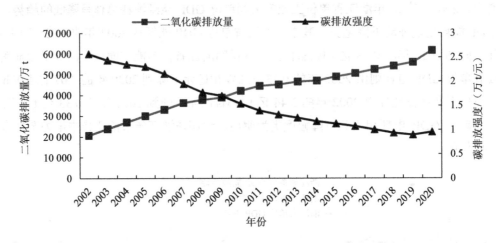

图 10-2 2002—2020 年浙江省碳排放量及碳排放强度

数据来源:浙江省统计年鉴。

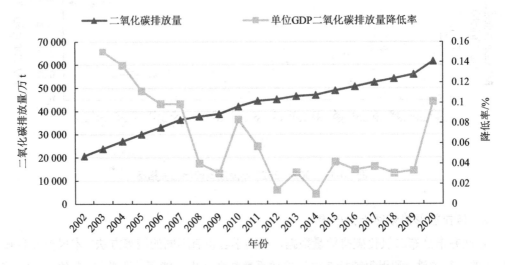

图 10-3 2002—2020 年浙江省碳排放量及单位 GDP 碳排放降低率

(四)减源增汇目标明确

1. 数字化转型促进高质量发展

浙江省抢抓新一轮科技革命和产业变革的机遇,全省数字经济进入了蓬勃发展阶段,成为全国唯一的国家信息经济发展示范区、首批创建国家数字经济创新发展试验区。2021年以来,浙江省全面开启数字化改革,用数字化技术、数字化思维、数字化认识,对经济社会各领域进行全方位、系统性重塑,在实现"双碳"过程中,以数字化改革撬动经济社会发展全面绿色转型,积极稳妥推进"双碳"工作。杭州市全力打造数字治理标杆城市。通过验收的余杭智能电网产业园区(智慧低碳改造项目),可以看到园区建筑实景及室外环境以 1∶1 建模形式呈现在 BIM 可视化系统，可实现园区实时运行态势监控、建筑楼控各子系统智能管控、能耗和设备台账信息展示，通过实时监测和智慧调控推动园区建筑向绿色低碳转型。国网浙江综合能源公司与全省 11 个设区市经信局建立了合作，以智慧用电为载体，将企业用电数据接入实时监测平台，推动工业经济监测及决策更为数字化、即时化、精准化。截至 2022 年 5 月，已摸排企业 27 070 户，完成全省产业链安装 13 992 户。

2. 循环化发展促进资源高效利用

2009 年起，浙江省开展"发展循环经济 991 行动计划"，大力促进生态循环农业和服务业的资源循环利用。依托工业循环经济"733"工程、"双百工程"等，开拓资源循环利用的新业态。浙江省在已有产业集群、产业集聚区、开发区（工业园区）基础上构建特色生态产业链，如利用已建及拟建的大型炼油、乙烯项目以及氟化工基地，大力发展下游产业，大力构建石化产业及其下游的纺织、塑料等共生发展的循环经济产业链。浙江省着力推进再生资源回收利用与区域特色产业进一步融合。浙江省以"永康（五金）模式"（金属再生资源购入以原材料为依托），"路桥-温岭模式"（废旧金属拆解产业为主导）和"余姚-慈溪模式"（废旧金属、塑料回收为切入点）为代表，积极延伸资源经济产业链，发展绿色再制造产业，示范建设"块状经济+专业市场+资源循环经济"新模式。浙江省政府出台了《浙江省循环经济试点实施方案》，这一方案是浙江省建设全国循环经济示范省的重要指导性文件。大力发展循环经济，建立循环经济试点，提高资源利用效率和再生资源回收利用效率，污染物排放得到有效控制。温州市重在清洁型工业、生态型农业、绿色服务业、节约型社会和资源综合利用等五个方面，组织实施循环经济"551 行动计划"重点项目；生态环境条件较好的丽水则以节能机电产业、竹资源综合利用等领域为重点。

3. 绿色化发展倒逼污染防治任务如期完成

浙江省持续推进绿色低碳发展。根据浙江省生态环境厅发布的《2021 年 1 至 12 月全省深入打好污染防治攻坚战重点工作绩效目标完成情况简报》：空气环境质量方面，2021 年全省设区城市 $PM_{2.5}$ 平均浓度为 24 μg/m³，同比降低 4%，达到年度目标要求。2021 年全省计划建设工业园区（工业集聚区）"污水零直排区"44 个、生活小区"污水零直排区"800 个、镇（街道）"污水零直排区"218 个。截至 2021 年 12 月底，44 个工业园区（工业集聚区）、1 106 个生活小区和 218 个镇（街道）"污水零直排区"完成建设。2021 年浙江省计划建设改造农村生活污水处理设施 2 500 个，开展农村黑臭水体治理 25 个。截至 2021 年 12 月底，3 246 个农村生活污水处理设施完成建设改造，25 个农村黑臭水体完成治理。

4. 低碳化发展促进产业结构升级

能源行业是实现"双碳"的主战场。2021 年，浙江省启动建设首批 11 个低碳试点县、10 个绿色低碳园区，100 家省级绿色低碳工厂推进改造，首批 24 个省级低（零）碳乡镇（街道）、200 个村（社区）试点投入建设，全面开展高能耗、高排放项目清理整治，坚决遏制高耗能高排放项目盲目发展，将碳排放强度纳入"亩均论英雄""标准地"指标体系，并在全国率先建立能耗在 5 000 t 标煤以上的 1 635 家重点企业碳账户，开展九大重点行业建设项目碳排放评价试点，同时严格规范"两高"项目环境准入，否决"两高"项目环评文件 39 个。[①] 抓牢产业结构的调整是实现"双碳"目标的一个重要抓手。[②] 沿着绿色高质量发展的脉络，浙江省提出调整产业结构，大力培育绿色低碳产业，包括加快发展新一代信息技术、生物技术、新能源、新材料、绿色环保以及新能源汽车、风电光伏装备、商用卫星等战略性新兴产业。根据浙江省统计公报，2021 年高技术产业、战略性新兴产业增加值分别增长 17.1%、17%，规模以上工业亩均税收增长 16.3%，数字经济核心产业增加值增长 20%。

5. 能源低碳化奠定碳达峰基础

浙江省提出开发利用风能、太阳能，实施"风光倍增"工程，推广光伏+农渔林业开发模式，推进整县光伏建设，打造若干百万千瓦级海上风电基地。宁波市通过美丽光伏工程、节能改造工程、梅山低碳港区示范工程、绿色建造工程、全国海铁联运示范工程、淘汰落后产能工程等一系列工程减少碳排放源和碳排放。2021 年浙江省计划新增光伏装机 279 万 kW，截至 2021 年 12 月底，浙江省已完成 347.8 万 kW 新增光伏装机，超额完成全省年度任务。除舟山和台州外，其余市均完成年度任务。浙江省已经成为全国光伏制造产业和分布式光伏应用第二大省，为"双碳"增添底气。[③]

6. 生态保护贡献碳汇力量

加强森林保护，贡献森林碳汇。2021 年以来，浙江省将林业碳汇工作纳入全省双碳建设总体布局，在全国率先编制完成《浙江省森林、湿地生态系统碳汇能力巩固提升实施方案》，建成全国首个负责森林碳汇管理的部门——丽水市森林碳汇管理局，[④] 积极探索区域性的碳汇交易平台和区域性森林碳汇交易机制，完成造林绿化面积 44.68 万亩，提升森林质量 218 万亩，创造第一批林业增汇试点县 4 个、先行基地 2 万亩。[⑤] 加强海洋保护，贡献海洋碳汇。积极推进海洋碳汇开发利用，综合开展蓝碳试点项目，增加沿海城市海洋碳汇资源储备。温州市洞头区已于 2019 年顺利完成海洋生态系统碳汇试点，形成了具有洞头特色、成本低、效果显著、可推广的蓝碳增汇新技术和综合管理方法。洞头一期 400 亩幼年红树林群每年固碳约 56 t，2018 年洞头约 2 800 hm^2 的羊栖菜和紫菜共吸收二氧化碳 14 040 t，并释放氧气 10 226 t。加强湿地保护，贡献湿地碳汇。实施湿地保护修复工程，增强湿地固碳能力。浙江省已经建成国际重要湿地 1 个、国家重要湿地 2 个、省重要湿地 80 个、县级湿地保护名录 397 个，湿地保护率达 52%，实施重要湿地生态修复项目 70 多个，补植、种植湿地植物 5 000 多亩，清淤 155 万 m^3，护坡护岸 100 km，栖息地改造

---

① 全国首个生态省的绿色潜力[N]. 浙江日报，2022-06-17（3）.
② 王帆. 江苏、浙江、四川等地公布"双碳"工作实施意见：均提遏制"两高"项目盲目发展 壮大绿色低碳产业[N].21 世纪经济报道，2022-04-07（6）.
③ 余林徽，唐学朋，符茜. 推进低碳经济发展 助力实现"双碳"目标[J]. 浙江经济，2022（1）.
④ "双碳"背景下的森林再定义[N]. 浙江日报，2022-04-21（3）.
⑤ 胡侠. 努力打造全国林业碳汇发展的"浙江样板"[J]. 浙江林业，2022（5）：4-5.

1万多亩。

三、浙江省碳达峰碳中和的初步经验

（一）治理理念上充分认识到"等不得，急不得"，稳妥推进"双碳"

习近平总书记强调[①]："绿色转型是一个过程，不是一蹴而就的事情。要先立后破，而不能够未立先破"、"实现'双碳'目标，必须立足国情，坚持稳中求进、逐步实现，不能脱离实际、急于求成，搞运动式'降碳'、踩'急刹车'"。浙江省在实现"双碳"的过程中，深刻认识到"双碳"是一项复杂工程和长期任务，坚持统筹兼顾、稳中求进、多措并举、协同推进、稳中求进。一方面，浙江省不遗余力推进存量经济和传统产业的快速改造，大力推进传统行业数字化、服务化、集群化、品质化、绿色化转型和产业链提升，大幅度提高了"资源生产率"和"环境生产率"。新昌轴承、兰溪纺织等模式的数字化，杭州数字安防、宁波新材料、温州乐低压电气等的集群化，宁波市"镇海炼化"等的绿色化，"吉利汽车"等的智能化生产达到了世界先进水平。另一方面，浙江省不遗余力推进增量经济和新兴产业的快速发展，大力推进战略性新兴产业的发展，做到产业经济发展的"高新化"（大力发展高新技术产业）和"轻型化"（大力发展文化创意产业），依靠脑袋就能赚钱的新经济增长出现两位数的高增长。大力推进之江实验室、杭州城西科创大走廊等创新平台建设的同时，着手打造绍兴集成电路产业平台、杭州钱塘新区高端生物医药产业平台等"万亩千亿"新产业平台，杭州市"城市大脑"的建设推广使杭州市的数字经济领跑全国[②]，杭州市文化产业总量居全国副省级城市第一。

（二）治理主体上构建起政府主导、企业主体、公众参与的结构，形成"双碳"的多元共治的格局

浙江省深刻意识到"双碳"不是依靠政府单打独斗，而是需要以政府为主体的政府机制、以企业为主体的市场机制和以居民与社会组织为主体的社会机制的三足鼎立、相互制衡、彼此配合，必须十分注重政府引领、企业主体、公众参与的治理结构的建设，形成"双碳"的多元共治的格局。

第一，政府主导"双碳"总进程。政府的主导作用主要是：一是明确"双碳"指导思想和理念。如关于统筹经济发展、能源安全、碳排放、居民生活四个维度的指导思想；关于省级统筹、三级联动、条块结合、协同高效的体系化推进的原则要求；关于以数字化改革撬动经济社会发展全面绿色转型的根本方法等。二是制定"双碳"规划，明确行动方案。浙江省按照国家总体部署，制定了低碳工业体系、现代化能源体系、交通运输体系低碳转

[①] 习近平总书记参加十三届全国人大五次会议内蒙古代表团审议时的重要讲话，2022-03-05.
[②] 沈满洪. 绿色发展的中国经验及未来展望[J]. 治理研究，2020（4）：20-26.

型、推进建筑全过程绿色化等一系列规划，构建起目标明确、分工合理、措施有力、衔接有序的"双碳""1+N"政策体系。三是健全"双碳"工作和制度机制。把"双碳"目标融入经济社会发展中长期规划《浙江省国民经济和社会发展第十四个五年规划和二〇三五年远景目标纲要》中。

第二，企业主体承担生产方式的绿色低碳转型。一方面，遏制高碳增长。企业要按照"双碳"相关规定和要求，坚决遏制"两高"项目盲目发展。浙江省开展"腾笼换鸟，凤凰涅槃"攻坚行动，淘汰落后产业，宁波市换上循环经济之"鸟"，建立循环经济发展模式框架；温州市招商引资，让本地"鸟"、外来"鸟"比翼齐飞；绍兴市从创业型向创新型提升，腾出"低小散"换来"高大优"。另一方面，推动低碳发展。从市场需求端分析，企业只有提供市场上需要的低碳价值，让市场对企业低碳行为认可、让消费者或者下游客户愿意接受企业产品或服务中的"低碳价值"并买单，才能实现真正意义上的价值创造，才能在未来碳中和的大趋势中实现可持续发展①。乐清市以"亩均论英雄"推动制造业低碳化发展，长清县建设起纺织"小微园平台+数字云平台"（物理平台+数字平台）的架构。

第三，公众既要承担生活方式低碳转型责任又要参与"双碳"治理。中国科学院发布的相关研究报告显示，居民消费产生的碳排放量占全社会碳排放总量的53%，其碳排放不容忽视。公众养成绿色低碳的消费理念、消费习惯、消费方式可以发挥低碳社会建设的"半壁江山"作用。同时，公众在"双碳"进程中承担着监督政府和企业的责任。

在"双碳"推进中，各主体既要各司其责又要相互协同，既要相互支持又要相互监督，从而形成政府主导、企业主体、公众参与的多元共治的格局（图10-4）。

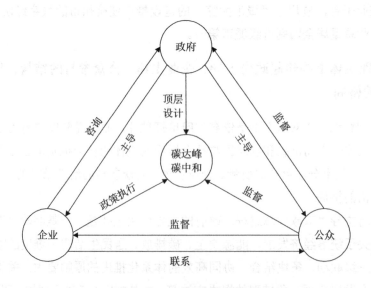

图10-4　碳达峰碳中和多元共治格局

---

① 郑琴琴. 世界环境日，我们来聊聊企业为何要进行"低碳"价值重构[R]. 界面新闻，2022-06-06.

(三)治理方式上强化数字化改革,实现"双碳"的信息共享和"数字倒逼"

在"双碳"实施中,浙江省积极探索"双碳"治理新方式,强化数字化改革,坚定不移把数字化改革作为全面深化改革的总抓手,有力推动省域治理质量变革、效率变革、动力变革,实现"双碳"的信息共享和"数字倒逼"。

数字化改革促进"双碳"信息共享。在推进"双碳"的过程中,浙江省充分利用数字赋能,融合应用互联网、物联网、云计算、大数据、人工智能、区块链等数字创新技术,汇集全息、海量、多维、实时数据,努力实现数字资源开放共享。政府积极推进全省碳账户金融试点工作,构建跨部门、数字化的碳信息共享机制,遵循可操作、可计算、可验证原则,积极创新金融应用场景。碳账户金融已被列入浙江省数字政府系统第一批"一地创新、全省共享"应用项目清单,同时被列为全省低(零)碳试点建设五个关键领域之一。企业也积极探索数字化改革,实现数字共享,不仅促进企业发展,而且可以降低碳排放。国网杭州供电公司依托全国首个地市级能源大数据研究与评价中心,受政府委托建设杭州能源"双碳"数智平台,汇聚电气煤油热多能数据,接入 2 199 家用能单位,助力政府精密智控;在此基础上,2022 年 3 月,公司着手开发"用能预算化"重点场景,结合不同企业的用能基准和亩均能效水平,对 1 397 家重点用能企业制定用能目标、用能计划,并进行预算使用"日历式"跟踪管理。[①]

数字化赋能倒逼"双碳"。一是数字化改革倒逼政府实施以服务为导向的治理变革。浙江省杭州市富阳区以互联网智治为政府赋能,创新构建"线上'民呼必应'、线下'昼访夜谈'"的双线联动服务工作体系,坚持边走访、边调研、边解难,确保调研工作直插一线,切实回应基层需求。二是数字技术赋能倒逼产业绿色低碳升级。无论是金融行业的"碳账户""碳标签""碳效码",制造业、工业的萧山未来智造小镇中的绿色工厂,还是能源行业的"能源双碳数智平台",都以数字化改革为引领,助力"双碳"目标的实现。三是数字技术倒逼公众绿色低碳生活方式。随着互联网、5G、大数据、人工智能等数字化技术的不断升级,移动化、数字化、智慧化等技术优势与政府治理和企业发展深度融合,倒逼政府治理能力提升,企业优化升级。开发"浙江碳普惠"应用,实施碳积分制度,促进人们在生活中偏向选择公交、地铁等绿色低碳的公共交通出行方式,积累碳积分,并兑换各类的权益。出台多项新能源汽车补贴政策,激励公众购买新能源汽车。

(四)治理制度上努力谋求体系化,形成"双碳"的制度工具箱和制度矩阵

制度是实现"双碳"目标的有力保障,浙江省在"双碳"实施过程中,不断完善各项制度建设,在治理制度上努力谋求体系化,逐渐形成"双碳"的制度工具箱(图 10-5)和制度矩阵。浙江省在实施"双碳"的过程中逐渐形成了三大制度体系:一是用能总量控制、

---

① 数智赋能,走好新的赶考之路[N]. 浙江日报,2022-03-31(13).

碳排放总量控制、环保督察制度等别无选择的强制性制度体系；二是生态补偿制度、低碳补助制度、碳排放权交易制度等权衡利弊的引导性制度体系；三是舆论绿色监督制度、生态节制度、绿色低碳志愿者制度等道德教化的选择性制度体系。

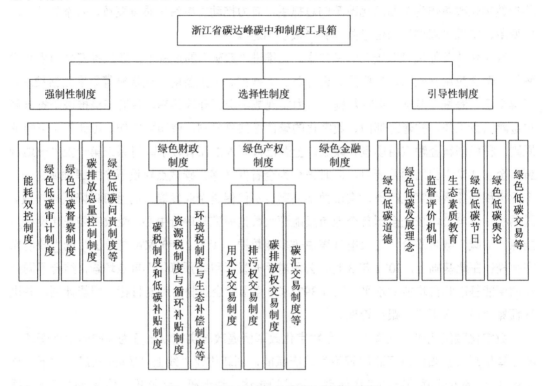

图10-5 浙江省碳达峰碳中和制度工具箱

从省际比较看，浙江省是绿色低碳制度出台最早的省份，也是制度体系最完整的省份，还是制度绩效最好的省份。浙江省绿色低碳制度建设的主要经验是：第一，重视制度的体系化建设，形成推进"双碳"制度的"四梁八柱"；第二，重视制度的相互协同和相互匹配，不是满足于单一制度的作用，强调了制度的组合作用。第三，在特定阶段高度重视别无选择的强制性制度的作用，以便尽快见效，同时也重视中国式权衡利弊的选择性制度的作用，以便降低成本。

第十一章

浙江省碳达峰碳中和工作展望

浙江省在打造中国式现代化先行省的过程中理当在全国率先实现"双碳"。本章基于测算,提出了浙江省2027年碳达峰和2050年碳中和的战略目标。进而阐述了浙江省在能源、工业、建筑、交通、农业和居民生活六大重点领域实现"双碳"的节能减排主要任务。根据"双碳"的战略目标,系统阐述了统筹兼顾的根本方法,特别是必须统筹兼顾"双碳"目标与现代化目标。

一、浙江省碳达峰碳中和的战略目标

(一)浙江省"双碳"战略目标确定的依据

浙江省"双碳"战略目标的确定主要从"领先性"和"可达性"两个方面进行权衡。一方面,按照"两个先行"的要求,应该确立率先实现"双碳"战略目标。全国2030年前争取碳达峰、2060年前争取碳中和是一个总体安排,各个区域有先有后,浙江省理当做到"率先"。另一方面,按照中国式现代化的要求,浙江省"双碳"目标的确立应该顾及可达性。根据党的十九届五中全会精神,2020年,我国人均国内生产总值为1万美元;到2035年,我国人均国内生产总值达到中等发达国家水平。根据浙江省委十四届八次会议精神,2020年,浙江省人均生产总值为1.6万美元,到2035年,人均生产总值力争达到发达经济体水平。浙江省的经济发展水平无论是过去还是未来都走在全国前列,而且越来越接近发达经济体水平。浙江省应该属于"有条件的地方",至少具备率先实现"双碳"的经济基础。

根据EDGAR数据库全球各国1990—2021年的32年的统计,美国长期处于碳排放的第一号大国,但是碳排放量基本稳定在50亿t/a左右;欧盟则处于稳定的小幅下降趋势,从37亿t/a下降到27亿t/a;日本基本稳定在11亿t/a的水平。中国则从2002年开始快速递增，2005年首次超过美国成为世界第一排放大国，2021年碳排放量达到美国的2.6倍。①可见，发达经济体碳排放或者已经达峰并趋于稳定，或者碳排放呈现递减趋势。而且，发达经济体实现碳中和的目标大多确定在2050年。按照"努力成为新时代全面展示中国特色社会主义制度优越性的重要窗口"的要求，浙江省应该对标发达国家。

（二）浙江省率先实现碳达峰的战略目标②

1. 浙江省碳达峰的时点与峰值预测

根据浙江省经济社会发展趋势和发达国家发展经验，对浙江省2021—2035年经济高速（5.6%）、中速（5.1%）、低速（4.6%）发展情形下的常住人口、城市化率等进行研判。将产业结构调整、能源结构调整、技术减排和生活减排等四种政策（以下简称四种政策）强度划分为强力和温和两种类型，运用情景模拟方法预测了48种情形下碳达峰时点和峰值。结果表明，浙江省碳达峰时点从2024年至2033年不等，峰值为75 579万t至95 350万t。虽然未来浙江省碳排放总量仍将较大幅度上升，但若政策力度得当，浙江省不仅可以率先碳达峰，同时可将峰值控制在较低水平，为率先碳中和赢得战略主动。不同经济发展情形下各种政策组合的碳达峰时间及峰值预测结果见图11-1~图11-3。图11-1~图11-3分别为经济高速、中速、低速发展情形下四种政策强弱不同组合时浙江省碳达峰时点及峰值预测，其中四位字母组合依次代表产业结构调整、能源结构调整、技术减排和生活减排四种政策的不同强度，H代表强力型政策，M代表温和型政策。

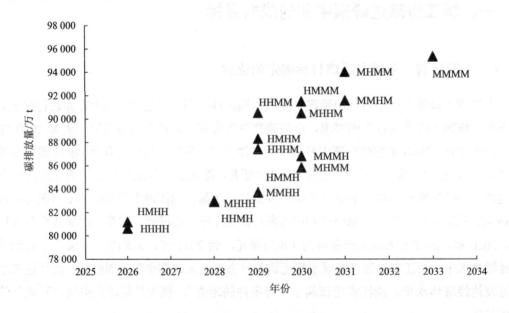

图11-1 经济高速发展情形下各种政策组合的碳排放峰值及达峰时间点预测结果

---

① 参见国际经合组织统计网站，https://stats.oecd.org/，2023年4月17日访问。
② 本节引用自：钱志权，吴伟光，顾光同，等. 关于浙江省率先实现碳达峰预测及方案选择[J]. 浙江社科要报，2021（32）。

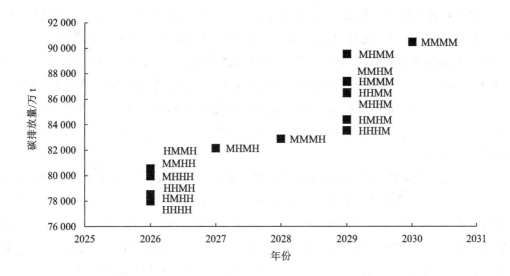

图 11-2 经济中速发展情形下各种政策组合的碳排放峰值及达峰时间点预测结果

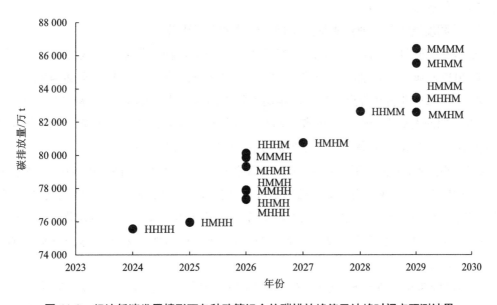

图 11-3 经济低速发展情形下各种政策组合的碳排放峰值及达峰时间点预测结果

在经济高速发展情形下，2035 年浙江省城市化率达到 85.4%，常住人口 2030 年达到峰值 6 091 万人，2035 年缓慢降至 6 085 万人。对这一情形下 16 种政策组合的情景模拟表明，各有 2 种组合可于 2026 年、2028 年碳达峰，5 种组合可于 2029 年碳达峰，4 种组合可于 2030 年碳达峰，其余 3 种组合则需到 2031 年、2033 年才能碳达峰。若四种政策均为温和型组合，浙江省最迟于 2033 年达峰，峰值为 95 350 万 t，将比 2020 年上升 17 731 万 t。若四种政策均采用强力型，则可于 2026 年达峰，峰值为 80 635 万 t。四种政策强力型变成温和型，峰值可减少 14 715 万 t，约占浙江省 2020 年碳排放量 19.0%。

在经济中速发展情形下，2035年城市化率达到82.3%，常住人口2030年达到峰值6 039万人，2035年缓慢降至6 029万人。对这一情形下16种政策组合的情景模拟表明，有6种组合可于2026年碳达峰，7种组合可在2029年碳达峰，各有1种组合可分别于2027年、2028年、2030年碳达峰。若四种政策均为温和型，浙江省最迟于2030年达峰，峰值为90 484万t，比2020年上升12 865万t。若四种政策均为强力型，则可于2026年达峰，峰值为78 000万t。四种政策强力型变成温和型，峰值可减少12 484万t，约占浙江省2020年碳排放量的16.1%。

在经济低速发展情形下，2035年城市化率达到79.4%，常住人口2030年达到峰值5 987万人，2035年缓慢降至5 974万人。对这一情形下16种政策组合的情景模拟表明，有7种组合可于2026年碳达峰，5种组合可于2029年碳达峰，各有1种组合可分别于2024年、2025年、2027年、2028年碳达峰。若四种政策均为温和型，浙江省最迟于2029年碳达峰，峰值为86 418万t，比2020年上升8 799万t。若四种政策均采用强力型，则可于2024年达峰，峰值为75 579万t。四种政策强力型变成温和型，峰值可减少10 839万t，约占浙江省2020年碳排放量14.0%。

2. 不同发展情形下浙江省率先实现碳达峰的方案比较

在经济高速发展情形下，若要2027年率先碳达峰，浙江省需采取四种政策强力型组合，即2027年碳排放强度比2005年下降65%，非化石能源占比需提高至26.4%，年均提高0.8%；第二产业占比降至32.4%，年均下降1.25%。根据国际经验，浙江省"十四五""十五五"期间人均生活碳排放仍有大幅度上升趋势。为率先实现碳达峰，人均生活碳排放增幅小于21.1%，年均增幅小于2.8%。这一方案的碳峰值为80 635万t。

在经济中速发展情形下，若要2027年率先碳达峰，浙江省需采用强力型的技术减排和生活减排政策，产业结构和能源结构则可采取温和型。即2027年碳排放强度比2005年下降65%；非化石能源占比提高至24.1%，年均提升0.5%；第二产业占比降至34.8%，年均下降0.75%；人均生活碳排放增幅小于21.1%，年均增幅小于2.8%。这一方案的碳峰值为80 507万t。

在经济低速发展情形下，浙江省达峰政策空间较大。若要2027年率先碳达峰，浙江省需采取强力型生活减排政策，其余三种政策采取温和型。即2027年，碳排放强度比2005年下降58.5%；非化石能源占比提高至24.1%，年均提升0.5%；第二产业占比降至34.8%，年均下降0.75%；人均生活碳排放增幅小于21.1%，年均增幅小于2.8%。这一方案的碳峰值为79 867万t。当然，若其余3种政策采取强力型，则可更早达峰，且峰值更低。

3. 浙江省率先实现碳达峰的基本结论

浙江省有能力率先实现碳达峰。浙江省能源领域改革全国领先，电力和非化石能源占比较高，能源利用效率居全国前列。数字经济领跑全国，低碳型服务业对经济增长贡献率较高。根据48种情景模拟可知，仅有3种结果无法在2030年前达峰，4种结果可在2030年达峰，其余41种结果均可提前1~6年达峰。因此，浙江省已经具备了率先碳达峰现实基础与工作条件。

而且,浙江省率先实现碳达峰在经济上是可以承受的。不同速度的碳达峰模拟结果显示,浙江省经济增长仍能保持在合理区间。对2027年碳达峰方案各种模拟表明,"十四五"期间浙江省经济仍可年均增长5.6%以上,城市化率达75%,常住人口达6 000万人左右,可如期实现"十四五"各项经济发展目标。若政策力度得当,碳峰值尚有14%~19%下降空间。同时,碳达峰过程中的发展方式转变和产业结构升级,可为浙江省率先实现碳中和奠定良好基础。此外,碳达峰所需的产业-能源结构转型、低碳技术研发将带动大规模投资,从而刺激技术创新、经济增长并新增大量就业。

(三) 浙江省率先实现碳中和的战略目标[①]

1. 浙江省率先实现碳中和的时点测算

基于浙江省未来碳排放变化趋势、固碳增汇变化趋势,以及碳捕集、利用与封存(CCUS)等负碳技术发展,可对浙江省碳中和时点做出大致研判。

(1) 2021—2060年浙江省碳排放变化趋势。本研究设置了高速、中速、低速3种经济增长情形,并在技术减排、生活减排、产业结构和能源结构4个方面,分别采取强力型与温和型2种政策工具,共计48种组合情景。据此,通过建模对2021—2060年浙江省碳排放变化趋势进行了预测。结果表明:若采取合适的政策组合工具,浙江省可于2027年实现碳达峰,最大峰值为80 635万t CO_2,之后碳排放总量均值逐步下降到2050年的66 347万t和2060年的56 606万t。

(2) 2021—2060年浙江省森林与湿地固碳增汇变化趋势。基于森林植被龄组转移概率推演法和湿地固碳速率潜力分析法进行测算,结果表明,浙江省2021—2060年森林与湿地碳汇呈持续上升态势。具体而言,森林每年吸收的CO_2将从2021年的7 293.8万t平稳上升到2045年的峰值8 559.8万t,之后基本保持稳定。湿地每年吸收的CO_2将从2021年的7 521.8万t持续上升到2060年的13 564.6万t。

(3) 不同情景下浙江省碳中和时点研判。如果仅仅考虑森林与湿地固碳增汇的情况,到2050年和2060年,两者合计每年可以吸收CO_2达22 751.7万t和22 924.1万t,分别占同期碳排放的34.3%和40.5%,各剩余43 595.3万t和33 681.9万t CO_2未能中和。

(4) 主动谋划碳捕集、利用与封存(CCUS)技术。如果考虑碳捕集、利用与封存技术的发展与应用,那么浙江省可与大部分发达国家保持同步,于2050年前后实现碳中和是完全可能的。理由是:基于现有全球已经启动的38个碳捕集、利用与封存大型项目的调查与预测,预计到2040年全球碳捕获利用与封存能力将达到40亿t,该技术将进入大规模商业化使用阶段,成为碳中和重要的技术手段。因此,森林与湿地固碳增汇未能中和掉的CO_2可以通过碳捕集、利用与封存加以中和。

[①] 本节引用自:吴伟光,顾光同,钱志权,等. 关于浙江省率先实现碳中和的时点测算和重点突破[J]. 浙江社科要报,2021(45)。

可见，浙江省有能力与大部分发达国家保持同步，于2050年前后实现碳中和，比国家设定的2060年实现碳中和的时间提前十年左右。2050年前后实现碳中和的政策组合为强力型减排政策与增汇固碳型政策组合，率先实现碳中和必须坚持碳减排和增碳汇双管齐下的方法。

2. 浙江省碳减排的重点领域及区域分布

按照IPCC国家温室气体清单指南，对浙江省2000—2020年的能源活动、工业、农业、林业与土地利用、废弃物处理五大领域温室气体排放总量进行全口径核算，并分析碳排放的地区与行业分布情况，结果表明：

（1）能源活动是浙江省温室气体排放首要来源。2020年，浙江省温室气体排放总量为77 619万t。其中，能源活动排放占比86.7%，工业排放占比11.1%，农业和废弃物处理分别占1.5%和0.7%。

（2）宁波市与杭州市是最主要的排放地区。从地区分布来看，宁波市和杭州市为高排放地区，2020年分别占浙江省排放总量的23%和15.7%；嘉兴市、绍兴市和温州市为中高排放地区，分别占10.6%、10.5%和10.1%；台州市、金华市、湖州市为中低排放地区，分别占8.3%、6.4%和5.3%；舟山市、衢州市、丽水市为低排放地区，分别占4.3%、3.5%和2.3%。特别需要关注的是，舟山市大型石化项目上马可能对浙江省未来碳排放格局产生较大影响，但因数据难以获得在本研究中未考虑。

（3）工业生产与城乡居民消费是重点排放领域。从不同领域分布来看，2020年，工业、城乡居民消费、交通、建筑业、农业和其他服务业等六大领域温室气体排放，占总排放量的比重分别为67.8%、11.9%、5.9%、2.1%、1.7%和10.6%。

可见，浙江省要率先于2050年前后实现碳中和，重中之重是进行能源革命，通过优化能源结构、提高能源效率进行能源碳减排；从地区来看，重点要加强宁波市与杭州市等高碳地区排放控制；同时，还要积极推动数字化信息化技术在节能减排领域应用。

3. 浙江省固碳增汇的关键领域

固碳增汇是碳达峰后实现碳中和目标不可或缺的手段。固碳增汇途径主要包括海洋固碳增汇、陆地生态系统固碳增汇、碳捕集、利用与封存三大类。其中，海洋固碳增汇潜力巨大，但目前人为可干预性不强；陆地生态系统固碳增汇包括森林、湿地、土壤、草地等多种类型碳库。研究表明，森林是陆地生态系统中最大的碳库，且人为可干预性强；湿地固碳潜力也较大，尤其是人工湿地可干预性较强；土壤碳库规模大，但人为可干预性弱。碳捕集、利用与封存技术目前尚处于研发试验阶段，应用成本高，但未来应用前景值得期待。因此，从近期来看，浙江省重点应着力提升森林碳汇与湿地尤其是人工湿地碳汇；从中长期来看，应重视碳捕集、利用与封存技术的研发与应用。

需要强调的是：尽管从长远来看，真正实现"零排放"关键在于能源脱碳，但对于我国而言，要实现2060年碳中和目标，基于自然方案实现碳中和是不可或缺的，坚决反对"碳汇无用论"。原因在于：一是"碳中和"并非真正的"零排放"，而是在采取最大努力减排措施之后,将人类活动过程中仍然无法避免的碳排放,通过基于自然的方法加以吸收,实现所谓的"净零排放",即碳中和;二是从成本角度来看,完全依赖能源脱碳实现零排放,经济成本是巨大的、无法承受的,且要在 2060 年之前依靠能源脱碳实现零排放难度很大。

森林与湿地是未来固碳增汇的重点领域。就浙江省最具发展潜力的森林与湿地固碳增汇进行测算,结果表明:2004—2019 年,浙江省森林蓄积量从 1.7 亿 m^3 上升到 3.6 亿 m^3,森林碳储量从 1.6 亿 t 上升到 2.8 亿 t(1 t 碳储量相当于 3.67 t CO_2 当量),2019 年森林新增固碳 7 293.8 万 t CO_2 当量,占同期碳排放的 9.4%。浙江省有各类湿地约 111 万 hm^2(其中,近海与海岸湿地 69.3 万 hm^2),每年增汇量达到 7 182.2 万 t CO_2 当量;占同期碳排放的 9.2%。

综上所述,浙江省在基于自然的固碳增汇方面具有独特优势,是实现碳中和不可或缺的重要手段;更为重要的是,基于自然的固碳增汇途径无须技术突破,是最为经济可行的,也是国际公认并积极加以推广的方法。因此,近期重点应加大森林质量提升与湿地修复工程,努力提升基于自然的固碳增汇能力;中长期应高度重视碳捕集、利用与封存等负碳技术的研发与应用,为未来绿色气候经济时代发展,做好技术储备,取得先机。

根据上述测算,浙江省碳达峰的时间可以考虑比全国略提前几年,例如确定为 2027 年。这是因为,浙江省不提前无法向中央和社会交代,提前太多又担忧工作推进措手不及,也担心是否具有足够的经济承受能力。浙江省碳中和的时间可以与发达经济体保持一致,也就是 2050 年。这样,一方面比全国碳中和时间提前了 10 年,另一方面与发达经济体保持一致,已经可以展示"重要窗口"的形象了。当然,准确时间的确定需要一般均衡方法进行相对精准的测算,从而实现"低碳"与"经济"的协调。

二、浙江省碳达峰碳中和的主要任务

(一)大力提升能源效率和优化能源结构

第一,深入实施能源消费强度和总量双控。之所以要实行能源双控制度,有两个原因:首先,能源双控是实现"双碳"目标任务的关键支撑。在"双碳"目标下,需要推动能源清洁低碳安全高效利用,倒逼产业结构、能源结构调整,有效发挥了能耗双控倒逼的制度优势,推动能源结构快速调整和高比例、大规模的可再生能源替代。虽然浙江省能源结构优化带来的减碳潜力将越来越明显,但在 2027 年实现碳达峰目标之前,能源消费仍需要大量依靠化石能源来满足。因此,应研究对化石能源消费进行控制的考核指标,并将能源要素高质量配置、深度挖掘节能潜力等作为重要考核内容。浙江省为加快实现"双碳"目标应实行用能预算管理,推动能源要素向单位能耗产出效率高的产业和项目倾斜,引导产业布局优化,既降低了碳中和的压力,也减少了不必要的投资损失。其次,能源双控是加快经济社会发展全面绿色转型的重要抓手。即便浙江省力争实现在全国率先做到"双碳"的目标，但在碳达峰目标实现之前，浙江省经济社会还将持续处于较快发展阶段，能源需求保持刚性增长。由此可见，严格控制能耗强度体现了浙江省注重提高发展的质量和效益的导向。因此，深入实施能源消费强度和总量双控要求：一是坚决管控高耗能、高排放项目，加强窗口指导、实施清单管理，对不符合要求的"两高"项目严把节能审查、环评审批等准入关，金融机构与金融服务市场不得对其提供信贷支持。二是对超额完成激励性可再生能源电力消纳责任权重的地区，超出最低可再生能源电力消纳责任权重的消纳量不纳入该地区能源消费总量考核，既坚持能源消费总量控制，又对可再生能源消费形成有效激励。① 三是严格控制能耗强度、二氧化碳排放强度，合理控制能源消费总量，落实新增可再生能源和原料用能不纳入能源消费总量控制要求，积极推动能耗"双控"向碳排放总量和强度"双控"转变。四是加强发展规划、区域布局、产业结构、重大项目与碳排放、能耗"双控"政策要求衔接。五是修订节能政策法规体系，严格实施节能审查，强化节能监察和执法。全面推行用能预算化管理，加强能源消费监测预警。

第二，大力推进能源效率提升。提高能源效率是我国经济转型与绿色发展的有效途径，也是降低碳排放的重要途径。一是开展能效创新引领专项行动，持续深化工业、建筑、交通、公共机构、商贸流通、农业农村等重点领域节能，提升数据中心、第五代移动通信网络等新型基础设施能效水平。二是实施重大平台区域能评升级版，全面实行"区域能评+产业能效技术标准"准入机制。三是组织开展节能诊断服务，推进工业节能降碳技术改造，打造能效领跑者。

第三，严控高碳能源消费。浙江省的能源消费总量在 2027 年碳达峰的目标达成前，仍将持续处于一定速度的增长中，因此，以减碳为目标导向的节能在现阶段需重点关注的仍是能源消费总量的控制问题。② 一是控制化石能源消费总量，优化能源消费结构。对标实现"双碳"目标所需控制的化石能源消费规模，强化重点地区、重点行业、重点企业的能耗管理，严格控制和减少煤炭消费总量。二是优化产业结构和空间布局，提升社会综合能效水平。加强顶层设计和统筹规划，编制"双碳"目标下的产业发展规划和区域发展规划，严格限制高能耗、高污染产业发展，以能源效率提升、能源消费结构优化为约束倒逼重点领域产业转型升级。拓宽可再生能源使用领域，推动城乡终端能源消费向电气化、低碳化方向转型。三是加强公众和社会节能减排意识，营造全社会协力推进碳中和的风尚。发挥融媒体作用，传播普及应对气候变化和碳中和知识，推动公众在衣、食、住、行、游、购、娱等方面加快向绿色低碳生活方式和消费模式转变。

第四，积极发展低碳能源。一是构建以新能源为主体的新型电力系统。充分考虑碳达峰与碳中和目标、能源资源禀赋、环境承载力等条件，在保障消纳基础上加快推进风能和

---

① 孙颖，谷立静．完善能耗双控制度，助力实现碳达峰碳中和目标[J]．中国经贸导刊，2021（19）：16-18．
② 张璐，龚乾厅．"双碳"背景下我国能源消费战略推进的路径选择[J]．南京工业大学学报（社会科学版），2022（2）：12-23，111．

太阳能开发，在做好生态环境保护前提下有序推进水电开发，在确保安全原则下有序发展核电。二是推进化石能源清洁高效开发利用。加快淘汰落后煤炭产能，优化煤炭开发布局和产能结构，提高煤电机组发电效率，推进煤电灵活性改造，发挥气电调峰作用，实现化石能源与可再生能源互补发展。三是建设面向碳中和的能源基础设施体系。针对实现"双碳"目标下浙江省能源供需变化和基础设施建设需求，加强跨区域输电通道建设，优化跨区域能源配置，推动能源基础设施与市政、水利、交通等基础设施融合互补。

第五，推动能源治理体系现代化。一是加强统筹规划和顶层设计，编制面向"双碳"目标的能源革命战略规划。结合浙江省力争在2027年之前实现碳达峰，与主要发达国家基本保持一致、在2050年前后实现碳中和的行动目标，研究到2035年、2050年的能源革命目标，适时发布面向碳中和的能源革命规划。二是建立健全能源法治体系，以法治凝聚能源革命共识。加快推进浙江省针对绿色低碳发展相关法律法规的制定，进一步完善适应"双碳"的能源法治体系。三是面向碳中和目标下的能源发展趋势，积极推进能源体制改革，建立起适应以新能源为主体的新型电力系统的治理体系和市场体系。四是完善能源监管和应急管理体制，加强应对自然灾害、极端天气等极端情况下的能源保障。按照"双碳"目标所规划的能源发展规模，适时扩大能源监管范围和监管力量，持续推进能源安全体系和监管能力现代化建设。重视完善与碳中和目标相适应的能源系统应急处置管理体系，提高防范和处置各类能源突发事件的能力。

第六，推动能源技术革命和科技创新。一是聚焦碳中和关键领域，加强能源科技基础研究。强化面向碳中和的能源科技战略规划和顶层设计，超前布局能源领域前沿性创新研究，加快打造一批浙江省"双碳"省级重点实验室和科研平台，加大可能对碳中和引起质变的共性技术、颠覆性能源技术的研发投入，全面加强尖端能源技术应用。推动大数据、云计算、物联网、人工智能等新技术在实现碳中和目标场景中的应用。完善碳中和人才培养体系，加快培育一批碳中和领军人才。二是以能源企业为主体，推动碳中和领域产学研深度融合，支持浙江省能源企业、各大高校、科研机构针对面向碳中和的新型能源系统的关键问题、关键技术、关键项目展开联合攻关，推动清洁低碳能源技术转移和创新成果转化。[1]

（二）加快推进工业节能减碳

第一，坚决遏制高耗能、高排放项目盲目发展。高耗能、高污染产品[2]的生产需同时密集使用环境实物资源和环境容量资源，故环境代价是其生产成本的重要构成。但在生产要素比价扭曲的情况下，此类产品的生产成本和价格几乎不包含相应的环境代价。可见，

---

[1] 魏文栋. 能源革命：实现碳达峰和碳中和的必由之路[J]. 探索与争鸣，2021（9）：23-25.
[2] 高耗能、高污染产品的界定参照欧盟委员会（2006）以及我国财政部、国家发展改革委、商务部等相关部门的定义，即将单位产值能耗、单位产值污染物排放量均高于同期全部产业平均水平的产业定义为高耗能、高污染产品，包括石油制品、焦炭、钢铁、电解铝、铜合金、水泥、陶瓷、纸制品、化学制品等。

要想实现浙江省率先完成"双碳"目标的工作任务，必须针对密集使用环境资源的高耗能、高排放项目、在经济社会发展中占据重要地位的高耗能、高污染工业产业，加快探索节能减排的有效途径以及提高其发展可持续性的方法路径。强化新建扩建工业项目能耗准入标准。对地方谋划新上石化、化纤、水泥、钢铁和数据中心等高耗能行业项目进行严格控制。将碳排放强度纳入"亩均论英雄""标准地"指标体系，开展建设项目碳排放评价试点。强化产能过剩分析预警和窗口指导。培育高耗能、高污染项目的"清洁发展机制"，从利益上激励企业节能减排，使之以较高的效率进行清洁生产技术创新与应用，获取较多的节能减排成果。引入高耗能、高污染项目的产业协会或企业联盟，通过调查研究明确特定清洁生产技术、收集相关技术信息，在企业之间实现信息共享与沟通传递，降低合作的交易成本。①

第二，大力发展低碳高效行业。要实现工业产业的绿色低碳转型，就必须鼓励先进制造业的技术路径转化，推动低碳高效工业企业的发展。为积极应对"双碳"目标约束，推动制造业实现绿色核心技术攻关，应充分发挥试点城市对制造业技术路径选择的引导效应，通过财政政策、金融支持、技术政策及产业政策组合，为新型低碳、高效工业企业的发展提供保障。与此同时，各地政府要加大对制造业技术路径转化的资金、人才、基础设施建设等支持，鼓励制造业积极开展自主创新活动，强化绿色技术创新对产业结构和能源结构优化的驱动作用，有力推动制造业实现绿色低碳转型和"双碳"目标。②此外，浙江省应依托政策高地和区域优势，加快建成一批集中依靠现代化生产技术的高新产业链。打造新一代信息技术、汽车及零部件、绿色化工、现代纺织和服装等世界级先进制造业集群。推进生物医药、集成电路等十大标志性产业链的基础再造和提升。加快发展生命健康、新材料、高端装备等战略性新兴产业，培育发展绿色低碳未来产业。深入实施数字经济"一号工程"，推动数字技术在制造业研发、设计、制造、管理等环节的深度应用。

第三，改造提升高碳高效行业。清洁生产是减少资源消耗和浪费、提高工业企业的生产效率、增加工业企业的经济收益、提升工业企业的竞争力的重要方式和途径。实施传统制造业改造提升计划升级版，建设国家传统制造业改造升级示范区。推动产业链较长、民生影响较大的制造业低碳化转型升级，对中小微企业实施竞争力提升工程。鼓励企业兼并重组，以市场化手段推进落后产能退出。全面推行清洁生产，将低碳理念融入工业园区、产业基地、小微企业园等平台建设。借助先进的科学技术手段，进行生产技术改良和创新，推广使用先进的数据监测系统，对工厂生产设施运作情况进行实时的监测，使清洁生产尽快地投放到工业企业的生产中。加大扶持节能减排政策资金的投入。在完善清洁生产的相关制度的同时，财政部门和税务部门应加大对实施清洁生产策略的工业企业在资金投入方

---

① 张小蒂，罗堃. 中国高能耗、高污染产业节能减排的可持续性——兼论新型清洁发展机制[J]. 学术月刊，2008（11）：79-86.
② 胡亚男，余东华. 低碳城市试点政策与中国制造业技术路径选择[J]. 财经科学，2022（2）：102-115.

面的扶持与优惠政策力度。①

第四,加快建设生态工业园区。生态工业园区的建设将为不同企业提供信息交流传递与资源交换的平台,通过这样一个生产闭环强化企业间的合作,有效利用工业生产废弃物,增进资源流转与多级循环利用,从而实现循环经济想要产生的效果。通过物质能量储存、信息交换传递、资源循环利用等生产手段,可以实现生态工业园区的污染物零排放的目标,形成覆盖整个园区的共生网络系统。妥善处理好土地科学规划及闲置土地开发、回收等土地清理工作,增加园区内土地有效利用的数量,提升土地利用率。在生态工业园区中推行先进适用技术尤其是自主创新技术。打造绿色低碳、循环高效的工业生态网络。构建循环产业链,打造循环经济平台,建立起废物资源循环利用体系,推进绿色制造在工业中的进一步创新。②

(三)加快推进建筑行业及建筑节能减碳

我国尚处于新型城镇化发展进程中,建筑消耗的钢铁、水泥等主要建材用量几乎与基础设施建设用量持平,两者合计占到了社会生产总量的一半左右,因此,加快转变建筑行业绿色低碳发展具有重要意义。浙江省加快推进建筑行业生产全过程绿色化,培育节能减碳的现代化建筑业体系成是浙江省"双碳"行动必须攻破的重点课题。

第一,提升新建建筑绿色化水平。建筑设计对于建筑建设全过程及全生命周期碳排放控制起着至关重要的作用,对于避免形成建筑全生命周期"高碳锁定效应"尤为重要。提高标准,修订公共建筑和居住建筑节能设计标准。建设零碳社区,在城乡建设各环节全面践行绿色低碳理念。控制大型建筑,适度控制城市现代商业综合体等大体量建筑。推进绿色建造,大力发展钢结构等装配式建筑。完善标识制度,建设大型建筑能耗在线监测和统计分析平台。推进材料革命,全面推广绿色低碳建材及建筑材料循环利用。

第二,推动既有建筑节能低碳改造。建筑能源结构需要进行电能替代和清洁替代两个转型:既要减少不可再生化石能源的使用,也要逐步实现建筑物全部用能清洁化,大力发展建筑光伏发电清洁能源,逐步过渡成为与电网交互的高效能建筑。加强低碳运营管理,改进优化节能降碳控制策略。推进建筑能耗统计、能源审计和能效公示,探索开展碳排放统计、碳审计和碳效公示。完善建筑改造标准,逐步实施建筑能耗限额、碳排放限额管理。加强建筑用能智慧化管理,推进智慧用能园区建设。

第三,推动建筑建材及设备制造业改造。要实现建筑行业用材清洁化、低碳化、绿色化,就必然带来建材制造业产业结构调整,促进研发高性能维护结构新材料和新产品。大力发展建材型光伏构件,采用工业化生产的装配式建材。建筑设备需要改变用能方式,淘汰过度依赖化石能源的用能设备,推广用能电气化转变。大力推广新型可回收、可重复利用的建筑材料,提升建材制造业与建材市场的质量安全水平,奠定建筑业节能减碳的基础。

---

① 么旭,吴方. 我国工业清洁生产发展现状与节能减排对策研究[J]. 资源节约与环保,2016(4):2-3.
② 蒋建胜."双碳"背景下生态工业园区建设对策研究[J]. 中国产经,2022(9):126-128.

摒弃传统的粗放型施工方式，采取集约化、低碳的施工方式与措施。开发创新再利用技术，将建筑材料废弃物回收加工后再次使用，降低建筑行业绝对碳排放总量。

第四，加强可再生能源建筑应用。提高建筑可再生能源利用比例，发展建筑一体化光伏发电系统，因地制宜推广地源热泵供热制冷、生物质能利用技术，加强空气源热泵热水等其他可再生能源系统应用。结合未来社区建设，大力推广绿色低碳生态城区、高星级绿色低碳建筑、超低能耗建筑。制定浙江省级政府采购条例，在政府采购工程中强制性要求采购发电玻璃、新型光伏电池、光伏产品部件等光伏材料产品，积极应用装配式、智能化等新型建筑工业化建造方式，充分发挥政府采购的引导作用。加快修订与完善可再生能源建筑一体化标准，加速制定出台新型建筑材料与集成建筑构件标准，在已有新能源建筑一体化系统验收标准基础上修订完善，尽快制修订和市场发展相匹配的标准体系，推动建筑行业向规范化方向发展。①

（四）加快推进交通行业的节能减碳

2021年世界交通运输行业的碳排放约占全球碳排放总量的24%，我国交通行业的碳排放量在国内行业中排第三位，仅次于电力供应与石油化工行业。预计到2025年，我国交通行业的碳排放总量在现有基础上还将有50%左右的增长。因此，交通运输部门是中长期节能减排工作的战略性重点领域。②浙江省可以从以下三个方面发力：

第一，推动交通运输装备低碳化。加大新能源推广政策支持力度，推进以电力、氢能等新能源为动力的运输装备应用，加快城市公交、一般公务车辆新能源替代，引导社会车辆新能源化发展。全面淘汰国三以下排放标准老旧营运柴油货车，逐步提高柴油货车淘汰标准，并严格设置高碳排放车辆限行区域和时段。相比传统燃油型汽车，混合动力汽车、压缩天然气汽车与电动汽车等能够有效降低能耗与碳排放量。浙江省交通运输行业未来应坚持推广低碳交通工具的发展趋势，将清洁能源的作用发挥出来，在能源供应比例中不断增加清洁能源的比重，进一步降低燃油汽车污染与碳排放，最终实现交通行业"零排放"。③

第二，优化交通运输结构。加快港航物流转型升级，培育水运发展新增长极。加快浙江省内河水运网络优化升级，积极引导内河集装箱运输发展，推进煤炭等大宗货物水-水中转联运；做强舟山江海联运服务中心，创新港产城协同发展的综合运作模式。着力提升铁路货运效能，有效扩大铁路市场份额。全面推进货运干线铁路网络提级，着力打通铁路货运"最后一公里"。深化公路货运行业治理，促进道路运输结构绿色低碳转型。深化公路货运车辆超限、超载、超额排放治理，推进公路货运车型淘汰升级与结构调整。激发企业

---

① 彭寿. 完善政策体系，加速光伏建筑一体化发展[J]. 中国环境监察，2022（1）：93-95.
② 交通运输部. 关于印发《建设低碳交通运输体系指导意见》和《建设低碳交通运输体系试点工作方案》的通知[M].《中国低碳年鉴》编委会. 2012中国低碳年鉴. 北京：冶金工业出版社，2013：348-355.
③ 王秀. 低碳经济下交通运输业发展探讨[J]. 科技经济市场，2016（3）：188-189.

主体创新活力，推动多式联运市场发展。加快组建运营市场主体联盟，培育壮大多式联运龙头企业和重点园区，提升运输业集约化水平；强化衔接多式联运服务规则，健全多式联运市场定价机制，增进交通行业经济效益。强化综合运输信息互联，推进"四港"联动发展，节约市场交易成本，提升交通运输效率。加快车辆结构升级和设施配建，发展城市绿色配送。推广应用新能源城市配送车辆，推进城市绿色货运配送示范。积极引导杭宁等试点城市将绿色货运配送网络纳入城市规划建设，完善集约化、绿色化、低碳化运输组织模式。①

第三，加快低碳交通基础设施建设。把绿色低碳理念贯穿到交通基础设施规划、设计、建设、运营和养护全过程，加快美丽公路、美丽航道、城乡绿道网建设。推进公路和水上服务区、公交换乘中心、港口等低碳交通枢纽建设。加快充（换）电、港口岸电等基础设施建设，搭建充电基础设施信息智能服务平台。统筹规划交通线路，建立现代综合运输体系，提高交通便捷性。充分利用电子信息技术优势进行交通行业数据采集、传输、存储、处理与应用，达成资源共享与交通资源利用率的提高，提升浙江省交通运输业的经济效益与社会效益。

（五）加快推进农业的节能减碳

低碳技术可将农业发展和生态保护有机地统一起来，农业减排能有力促进全产业减排，实现"双碳"目标。同时，碳排放约束对农业生产率和农业技术进步有推动作用，低碳技术不仅可以促进生产要素的集约利用，还可以提升要素边际生产率、降低农业生产成本，促进农业产业结构的整体升级。因此，绿色低碳农业是"双碳"背景下的农业转型升级的必经之路。②

第一，大力发展生态农业。加强农业低碳经济制度与激励机制建设。在生态农业现代化转型的过程中，政府的支持与鼓励政策起到了关键性的作用。应制定一整套完善的农业低碳经济制度，作为发展低碳生态农业现代化明确的导向系统和可靠的支撑体系。提高农业从业者的低碳生态农业意识。必须加强低碳生态农业的知识普及和培训，让低碳生产生活成为农民的共识，促使农业生产同资源和环境的协调发展结合起来，实现经济效益和生态效益的同步增长。提高低碳经济生态农业服务水平和能力建设水平。政府部门应提供必要的信贷服务作为发展低碳生态农业的经济支撑，改善生态农业信息服务水平，助力低碳生态农业生产结构的调整。提高低碳经济生态农业的产业化水平。在"双碳"背景下发展生态农业的根本目的，是实现农业生产生态、经济和社会效益的统一。加大低碳经济生态农业的推广力度。借鉴低碳工业园区的发展经验，探索出一条适合发展低碳经济生态农业园区的道路，充分发挥农业园区的示范作用和辐射作用，又好又快地推动低碳生态农业的

---

① 谢跌辰，张玉军. 浙江省交通运输结构调整思路及对策[J]. 综合运输，2020（11）：133-136.
② 张亦文. 碳达峰、碳中和目标下农业低碳化发展问题与解决途径[J]. 农业经济，2022（4）：18-20.

现代化转型。①

第二，巩固提升林业碳汇。持续推进林业固碳增汇行动。持续推进新增百万亩国土绿化行动、森林城市建设和新一轮"一村万树"五年行动，多形式多途径推动增绿增汇，"十四五"期间完成新增造林120万亩。全面推进千万亩森林质量提升工程，加快推进战略储备林、美丽生态廊道和健康森林建设，到2025年完成森林质量提升面积1 000万亩。大力推进松材线虫病五年防治攻坚行动，力争实现疫区数量、疫情发生面积、病死树数量"三下降"目标。大力发展林业绿色低碳循环产业。加快竹木产业高质量发展，支持安吉设立国家竹产业研究院，推动竹木人造板、日用品等传统产业智能化绿色化改造，支持竹缠绕、竹质纤维、竹基复合材料、生物活性产品等新兴产业发展，发展林业生物质能源产业，推进"以竹（木）代钢""以竹（木）代塑"，扩大竹木制品碳存储容量。加快探索区域性森林碳汇交易。推广安吉县林业碳汇收储交易模式，打造区域性林业碳汇收储交易平台。积极争取全国林草碳汇减排交易平台建设试点，打造全国领先的森林碳汇交易管理平台。着力打造林业碳汇标志性成果。围绕服务保障"零碳"亚运，开展"我为亚运种棵树"活动，探索将森林经营成效开发为林业碳汇项目，创新集体林碳汇交易+企业认购捐赠、国有林场捐赠等方式，助力杭州亚运会实现碳中和。高标准建设林业固碳增汇试点，研究制定《浙江省林业固碳增汇试点建设管理细则》，以造林绿化、质量提升、竹木制品固碳、机制创新为方向，推动森林、湿地碳汇能力提升，到2025年建成林业增汇试点县10个，林业碳汇先行基地10万亩。积极推进林业碳汇数字化改革。加快打造林业碳汇应用场景，率先建设林业碳账户、林业碳普惠、林业碳汇收储和交易等应用平台，提升林业碳汇智治水平。加快林业碳汇科研推广，加强固碳增汇技术、碳汇造林树种培育、湿地碳汇方法等关键领域集中攻关，强化林业碳汇科技支撑。

第三，增强海洋湿地等生态系统固碳能力。浙江省拥有丰富的河流湿地、滨海湿地资源。浙江省应充分利用湿地资源优势，充分开发海洋碳汇、湿地碳汇。建立健全系统性的海洋碳汇监控、评价体系。建立浙江省海洋碳汇信息共享平台，将海洋碳汇监测设备融入海洋新型基础设施建设框架。实现多源数据联通在支撑海洋碳汇研究的同时，吸引国内外多方主体参与海洋碳汇的分析评价。分阶段施策，逐步推动海洋碳汇成为碳排放治理的关键环节。环境保护部门应分阶段推进海洋碳汇交易，在以生态补偿为基础、以碳汇交易为补充的成长阶段，聚焦市场体系建设。基于碳排放权交易探索海洋碳汇市场化治理路径。海洋碳汇发展需要社会各方主体的共同参与，市场化的海洋碳汇机制将使得参与各方获得更好经济效益。在现有碳排放权交易体系的基础上，通过交易平台建设完善监测体系，将规范量化后的海洋碳汇进行认证并纳入碳排放交易系统。综合开展各类蓝碳试点项目，积极推进大型海藻、红树林等海洋碳汇开发利用。加快推广浅海贝藻养殖，探索发展海洋碳汇渔业。加强海洋保护区建设与管理，注重陆海统筹，增加沿海城市海洋碳汇资源储备。

---

① 吴长莹. 面向低碳经济的生态农业现代化转型研究[J]. 开发研究，2014（3）：19-21.

强化湿地保护，完善湿地分级管理体系，实施湿地保护修复工程，对集中连片、破碎化严重、功能退化的自然湿地进行修复和综合整治，增强湿地固碳能力。系统量化和预测浙江省滨海湿地蓝碳固碳功能。通过模拟人类活动和气候变化，结合地理信息系统和土地遥感数据，建立模型预测未来不同气候变化情景下蓝碳功能及其变化趋势，提高对滨海湿地蓝碳增汇机制的科学认识和对其未来碳汇强度的预测能力，突出其综合生态系统服务功能。[1]

（六）加快推进社区的节能减碳

社区是社会结构中的"细胞"，也是使公众参与到节能降碳行动中的基本单位。组织开展社区的节能减碳工作，是浙江省推进碳达峰碳中和目标任务的基础性工程。

第一，树立绿色低碳家庭生活消费新理念。大力宣传和普及节能减排和低碳知识。倡导社会公众以家庭为单位践行低能量、低消耗、低开支、低代价的低碳生活方式。在全社会倡导勤俭节约之风。引导广大家庭成员从自己做起、从家庭做起、从点滴做起，形成节约资源和保护生态环境的生活理念、消费模式。深入开展绿色生活行动，建设绿色学校、绿色商场等。全面实施生活垃圾分类回收，推行"互联网+"等废旧物品交易模式，推广应用绿色包装，减少一次性消费用品使用。

第二，开展家庭社区节能减排系列主题活动。开展低碳绿色出行活动，制定出台绿色出行激励机制和优惠政策，倡导以步行、骑车、乘公交等方式代替驾驶机动车出行。把节能减排社区行动中表现突出、做出较大贡献的家庭和个人，评选为节能环保模范。大力宣传节能环保家庭的先进事迹，发挥典型的示范带头作用，树立良好社会风尚。在广大社区和家庭中开展节能减排小发明、小妙招活动，并将设计新颖、效果明显的小发明、小妙招向全国家庭推广。开展"勤俭节约、文明健康饮食"主题活动，倡导节约粮食、适度消费理念。组织社区居民节能减排经验交流活动，指导社区居民做好垃圾分类回收。[2]

第三，深入开展家庭社区节能减排宣传教育。大力宣传节能减排家庭社区行动，对节能减排先进典型和先进事迹进行广泛宣传。建设完善节能减排社区平台，利用社区、街道宣传栏、黑板报等载体，张贴节能减排、低碳生活的标语、口号、宣传画、条幅等。向社区居民发放宣传资料、低碳科普读物，介绍和宣传日常节能环保知识。强化公众节能降碳理念，把节能降碳作为国民教育体系和干部培训教育体系的重要内容，举办全国节能宣传周、全国低碳日、世界环境日等主题宣传活动，深化"人人成园丁、处处成花园"行动，营造全社会共同参与的良好舆论氛围。支持和鼓励新闻媒体、公众、社会组织对节能降碳进行监督。

第四，开展全民碳普惠行动。加快完善"碳标签""碳足迹"等制度，推广碳积分等碳普惠产品。推动全省统一的碳普惠应用建设，逐步加入绿色出行、绿色消费、绿色居住、

---

[1] 王法明，唐剑武，叶思源，等. 中国滨海湿地的蓝色碳汇功能及碳中和对策[J]. 中国科学院院刊，2021（3）：241-251.
[2] "十二五"节能减排全民行动实施方案[J]. 中国资源综合利用，2012（1）：24-29.

绿色餐饮、全民义务植树等项目。强化激励保障措施，建立健全运行机制，引导公众践行绿色低碳生活理念。以政府为主导给予政策、资金支持，鼓励形成碳普惠市场化激励机制，并出台相关金融激励措施。①

三、浙江省碳达峰碳中和的根本方法②

实现"双碳"是一项紧迫的任务，又是一个长期的过程。因此，必须坚持统筹兼顾的根本方法，防止"碳攀峰"和"慢慢来"的两种错误倾向。

（一）统筹兼顾"双碳"目标与发展目标

实现"双碳"不是只要应对气候变化、不要推动经济发展，而是既要应对气候变化，又要促进经济发展。难就难在"双碳"目标与发展目标的统筹，妙就妙在"双碳"目标与发展目标的兼顾。

这就意味着：一方面，努力追求在"双碳"目标给定下的经济成本最小化。无论是一个省域、一个市域，还是一个行业、一个企业，不在万不得已的情况下，凡事都要成本-收益核算，这就是优化决策。如果仅仅为了实现"双碳"目标，其实很简单，只要停止化石能源的使用、回到农耕社会就可以了。但是，历史是不可能倒退的，收入水平是受到"工资刚性"规律约束的，生活水平是只能上升不能下降的。因此，必须以最小成本实现"双碳"目标。

另一方面，努力追求在发展目标给定情况下的碳排放最小化。现代化目标给定的情况下完全有可能实现碳排放最小化。只要真正实现从高速度增长向高质量发展的转变，就有可能做到碳排放的最小化。如果沿袭"高投入、高消耗、高排放、高增长"的粗放式增长模式，只会是碳排放最大化。坚定不移走高质量发展之路是实现"双碳"的唯一选择。

如何实现兼顾？大力推进低碳科技创新。通过低碳科技创新，提高收益，降低成本，实现从高碳科技向低碳科技的转变，进而实现从高碳产业向低碳产业、高碳消费向低碳消费、高碳能源向低碳能源的转变，从而做到从低质量发展向高质量发展的转变。

（二）统筹兼顾碳达峰目标与碳中和目标

"双碳"是"碳达峰"和"碳中和"两个相对独立又相互联系的目标。

"二氧化碳排放力争于2030年前达到峰值"这句话有三个关键词：一是"二氧化碳达峰值"；二是"力争"；三是"2030年前"。这就意味着，大致上2030年实现碳达峰，如果有条件可以提前，但是实现这一目标是需要努力争取的。需要指出的是，发达国家大多已经实现碳达峰，它们属于从工业化向后工业化转型过程中的自然达峰。中国仍然处于工业

---

① 曾红鹰，陶岚，王菁菁. 建立数字化碳普惠机制，推动生活方式绿色革命[J]. 环境经济，2021（18）：57-63.
② 沈满洪. 积极稳妥推进碳达峰碳中和[N]. 中国环境报，2023-01-10（3）.

化进程之中，中国的碳达峰不是自然达峰，需要人为控制。这意味着中国实现碳达峰，需要非凡的努力，需要付出更高的代价。这也正是中国对世界的贡献。

"努力争取 2060 年前实现碳中和"这句话也有三个关键词：一是"碳中和"；二是"努力争取"；三是"2060 年前"。这就意味着，大致上 2060 年实现碳中和，如果有条件可以提前，但是实现这一目标是需要努力争取的。需要说明的是，大多数发达国家把碳中和的时间确定在 2050 年。我国综合权衡比较发展阶段、排放基数、技术基础等因素后，确立了 2060 年实现碳中和的目标。对于一个发展中的大国而言，这也是一个非常积极的方案。

碳达峰的时间节点确定后，关键就是确定"峰值"。峰值定低了，近期发展压力加大，远期碳中和目标的实现就容易了；峰值定高了，近期发展压力相对较小，远期碳中和的目标实现难度就加大了。图 11-4 中，横轴表示时间，三个特征时间分别是 2020 年、2030 年和 2060 年；纵轴表示净碳排放量，净碳排放量等于零就表示实现碳中和，水平的虚线就表示碳中和线；C_1、C_2、C_3 分别表示碳达峰峰值从高到低相对应的三条曲线，该曲线就是"双碳"的轨迹。图 11-4 显而易见，碳达峰峰值越高，在 2020 年到 2030 年期间的日子越好过，但是从 2030 年的碳达峰到 2060 年的碳中和的曲线就越陡峭，也说明碳中和难度越大。

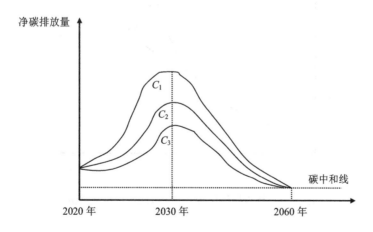

图 11-4　不同峰值情况下的"双碳"路径

碳达峰的峰值确定后，关键就是确定"时间"。时间提前，近期难度加大，远期难度减小；时间延后，近期难度减小，远期难度加大。所以，国家层面要统筹确定碳达峰的峰值及达峰时间，区域层面要统筹确定各地的碳达峰时间及峰值，不能搞"一刀切"。

本章第一部分提出的浙江省 2027 年碳达峰和 2050 年碳中和的目标，不仅体现了"领先性"，2027 年碳达峰比全国 2030 年碳达峰提前了 3 年，2050 年碳中和比全国 2060 年碳中和提前了 10 年，与大多数发达国家保持一致；而且体现了"现实性"，充分考虑浙江现代化先行省的发展谋划，上述目标是在不影响浙江省现代化进程的前提下测算出来的。

(三) 统筹兼顾碳减排与增碳汇

碳中和是人为排碳量与人为增汇量相等时的状态。碳排放量趋于零，即使没有碳汇增量，也是碳中和；碳排放量减小到一定程度，被新增碳汇所吸收，也是碳中和。在图 11-5 中，横轴表示时间；纵轴表示边际成本 MC；MC_1 表示二氧化碳的边际减排成本曲线；MC_2 表示增碳汇的边际增汇成本曲线。由于二氧化碳的边际减排成本曲线是以一条以递增速度递增的曲线，试图达到碳零排放的边际成本是极高的甚至是无穷大的（MC_1）。当然，增碳汇的边际增汇成本曲线也是一条以递增速度递增的曲线，只是相对于碳减排的边际成本曲线可能更加缓和（MC_2）。在时间 T_e 之前，$MC_1 < MC_2$，说明碳减排边际成本小于边际增碳汇成本，这时当然选择碳减排更加有利；在时间 T_e 之后，$MC_1 < MC_2$，说明碳减排边际成本大于边际增碳汇成本，这时当然选择增碳汇有利。因此，实现社会利益最大化的临界点是二氧化碳边际减排成本与碳汇边际增汇成本相等时，即图 11-5 中与 T_e 对应的 MC_1 与 MC_2 相交的交点。

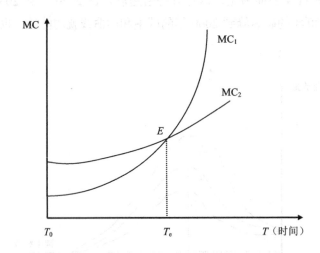

图 11-5 碳减排与增碳汇的边际成本比较示意图

碳中和必然是碳减排和增碳汇相向而行的过程。一方面，也是主要的方面是碳减排。一是通过能源结构优化和能源效率提升实现碳减排；二是通过产业结构优化从高速度增长转向高质量发展实现碳减排；三是通过消费结构优化从高碳消费转向低碳消费实现碳减排；四是通过科技创新从高碳技术转向低碳技术实现碳减排。另一方面，就是增碳汇。一是通过森林生态系统、湿地生态系统、农地生态系统、海洋生态系统的生态修复和环境治理，实现生态系统增汇；二是通过碳捕获、碳封存、碳填埋、碳利用等工程技术手段实现工程系统增汇。

碳减排和增碳汇都是基于科技创新。碳减排技术能够让企业"低碳且经济"，那就是可以市场化的技术，否则就是"低碳不经济"。减碳与增汇的功能是一样的。因此，统筹碳减排和增碳汇就是寻找边际成本相等点。

（四）统筹兼顾改善能源结构与提高能源效率

碳排放总量的80%以上来自能源。我国化石能源又占能源碳排放的85%左右。我国是煤炭大国，煤炭能源又占化石能源的70%左右。浙江省是"经济强省"，但属于"能源小省"，能源形势比其他省份更加严峻。可见，碳减排的根本任务在于"能源革命"。

"能源革命"的第一个方向是推进能源结构优化，从化石能源转向非化石能源，以新能源替代化石能源。要大力发展太阳能、风能、生物质能、潮汐能、氢能等，适当发展水能、核能等。发展新能源的关键点是两个：一是成本问题，二是安全问题。我国太阳能光伏发电的实践表明，技术进步具有无限的潜力，我国太阳能光伏发电的成本从十多年前的每千瓦时电1.1元下降到现在的0.3元以下，如今完全可以依靠市场机制上网供电。当然，在推进的过程中，新能源总体上属于"政策性产业"，还是需要政府财政补贴，一直补贴到新能源生产成本具有市场竞争力为止。

"能源革命"的第二个方向是推进能源效率提升。从我国自身纵向比较来看，我国的能源效率有了大幅度提升；从国家之间的横向比较来看，我国单位GDP的能耗是世界平均水平的近2倍。如果能源效率达到世界平均水平，即使不增加能源消耗，也可以实现GDP翻一番。中国与世界尤其是发达国家的能源效率的差距就是潜力。因此，通过技术创新，以更低的能耗带来更大产出，就是我们的目标。正因为如此，即使是化石能源也可能需要相当长的过渡时期，通过超低排放既提升能源效率又提高碳效率。

优化能源结构具有显著的突变性，提高能源效率具有显著的渐变性。两个方面的工作都要大力推进。但近期的目标重在提高能源效率，远期的目标重在优化能源结构。

（五）统筹兼顾生态碳汇与工程碳汇

无论是生态碳汇还是工程碳汇，实现碳中和的功能是一样的。所不同的是，增碳汇的成本是不同的。如果生态系统增汇的成本低于工程方法增汇，那就优先发展生态系统增汇产业；反之，则优先发展工程方法增汇事业。图11-6中，横轴T表示时间，纵轴AC表示平均成本。AC_1表示工程增汇的平均成本线，曲线比较陡峭，有点类似于"L"字形的长期成本曲线；AC_2表示生态增汇的平均成本线，曲线比较平缓，有点类似于"U"字形的长期成本曲线；E点为两条曲线的交点。在T_e以前，$AC_1>AC_2$，说明工程增汇成本大于生态增汇成本，应优先选择生态增汇；在T_e以后，$AC_1<AC_2$，说明工程增汇成本小于生态增汇成本，应优先选择工程增汇。

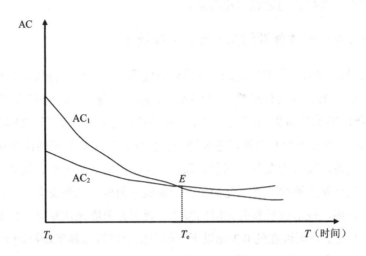

图 11-6 生态增汇与工程增汇的边际成本曲线比较

从现有碳汇技术状况看,生态系统增汇成本相对更低,要优先发展生态系统增汇技术和增汇产业。从长远来看,工程方法增汇具有无限潜力,因为技术进步具有无限的潜力,要大力发展工程方法增汇产业。

二氧化碳等温室气体又是重要的工业原料,利用二氧化碳不仅可以生产聚碳酸亚丙酯(PPC)、甲醇等材料和能源,而且可以生产淀粉等食品。以生产淀粉为例,关键有二:一是所生产出来的淀粉的质量是否不亚于农业系统生产出来的淀粉,这是食品的安全性问题;二是生产淀粉的成本无论是高于、等于还是低于农业生产的成本,这是生产的经济性问题。只有在淀粉质量不亚于农业生产的质量,生产成本不高于农业生产的成本,这项技术才是可行的。这就是科学家和工程师奋斗的方向。

因此,片面强调生态系统碳汇是不妥的,片面强调工程方法碳汇也是不妥的。正确的态度是统筹兼顾生态碳汇与工程碳汇,选择平均增汇成本相对低廉的碳汇增汇技术。

(六)统筹兼顾碳减排与污染治理

发达国家的工业化经历两三百年的时间。它们走了一条"先污染,后治理""先治污,后减碳"的路子,且碳达峰是自然达峰,是服务业高度发达后的达峰。而我国还处于工业化后期,污染治理的任务并未完成,减碳的目标又提上了议事日程。我国是污染防治攻坚战、生态产品有效供给、实现"双碳"多重任务叠加的时期。

如何突破重围?根本方法就是统筹兼顾降碳、治污、扩绿。从经济学上讲,降碳、治污、扩绿等分别治理或分阶段治理的成本要高于统筹治理的成本,这就是范围经济效果。设计建设一个化工厂,在没有环境规制的前提下,往往不考虑环境代价,会排放二氧化硫、氮氧化物、二氧化碳等废气。在有环境规制的前提下,必须考虑环境代价,具体有两种模式:"分治模式"下先治理二氧化硫、氮氧化物等污染物,再治理二氧化碳等温室气体;"统治模式"下就是二氧化硫、氮氧化物、二氧化碳等废气一并治理。"分治模式"需要分别上马污染物或温室气体处理设施,"统治模式"下可以共享某些设施,从而实现成本节约的目的。

因此,企业发展要努力谋求以环境目标为主的绿色发展、以资源目标为主的循环发展、以气候目标为主的低碳发展的统筹兼顾,以实现范围聚焦效果。

(七)统筹兼顾低碳科技创新与低碳制度创新

无论是碳减排还是增碳汇,无论是优化能源结构还是提高能源效率,无论是产业结构的升级还是消费结构的优化,都离不开低碳科技创新。科技创新不到位,要么是"高碳而经济",要么是"低碳不经济";科技创新到位,才能实现从"低碳不经济"向"低碳且经济"的转变,并放弃"高碳而经济"模式。低碳科技创新是实现"双碳"的根本驱动。

在制度状况给定的情况下,低碳科技创新可以促进低碳成本降低,进而实现从"低碳不经济"向"低碳且经济"转变,从而实现低碳发展目标;低碳科技创新还可以挤出高碳技术,使之淘汰出局,进而导致高碳产品退出,促进低碳发展目标的实现(图11-7的下半部分)。

在技术状况给定的情况下,低碳制度创新也可以改变生产者和消费者的行为选择。征收高碳碳税,可以遏制高碳产业的发展和高碳产品的消费;提供低碳补助,可以激励低碳产业的发展和低碳产品的消费。实施碳排放权交易制度,可以激励企业将稀缺的碳排放权配置到能够带来更高碳生产率的企业那里,从而实现社会福利的最大化。低碳制度创新是实现"双碳"的根本保证(图11-7的上半部分)。

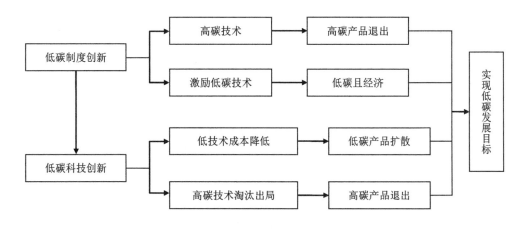

图11-7 低碳创新的机理示意图

低碳制度创新还可以通过激励低碳科技创新发挥作用。低碳补贴制度就可以激励企业低碳科技创新积极性,进而加快低碳产品的研发和生产,丰富市场的低碳产品,促进低碳消费形成时尚。这样，一方面高碳产品退出；另一方面，低碳产品扩散（图11-7的下半部分）。从这个角度看，低碳制度创新是实现"双碳"的终极保障。

因此，不仅要统筹兼顾低碳科技创新和低碳制度创新，而且要让低碳制度创新发挥实现"双碳"的终极保障作用。